Statistik mit R Schnelleinstieg

Björn Walther

Statistik mit R

Schnelleinstieg

R einfach lernen in 14 Tagen

mitp

Bibliografische Information der Deutschen Nationalbibliothek
Die Deutsche Nationalbibliothek verzeichnet diese Publikation in der Deutschen Nationalbibliografie; detaillierte bibliografische Daten sind im Internet über http://dnb.d-nb.de abrufbar.

Bei der Herstellung des Werkes haben wir uns zukunftsbewusst für umweltverträgliche und wiederverwertbare Materialien entschieden.
Der Inhalt ist auf elementar chlorfreiem Papier gedruckt.

ISBN 978-3-7475-0494-9
1. Auflage 2022

www.mitp.de
E-Mail: mitp-verlag@sigloch.de
Telefon: +49 7953 / 7189 - 079
Telefax: +49 7953 / 7189 - 082

Lektorat: Janina Bahlmann
Sprachkorrektorat: Petra Heubach-Erdmann
Covergestaltung: Janina Bahlmann, Christian Kalkert
Covergrafik & Icons: Tanja Wehr, sketchnotelovers
Satz: Petra Kleinwegen
Druck: Plump Druck & Medien GmbH, Rheinbreitbach

Inhalt

Nachschlagehilfe

Mithilfe der unten abgebildeten Entscheidungsbäume können Sie die richtige statistische Testmethode finden und im jeweils darunter ausgewiesenen Abschnitt nachschlagen. Alsdann finden Sie im angegebenen Abschnitt stets den Vierklang aus 1) Voraussetzungsprüfungen, 2) Durchführung, 3) Interpretation der Ergebnisse und 4) Reporting.

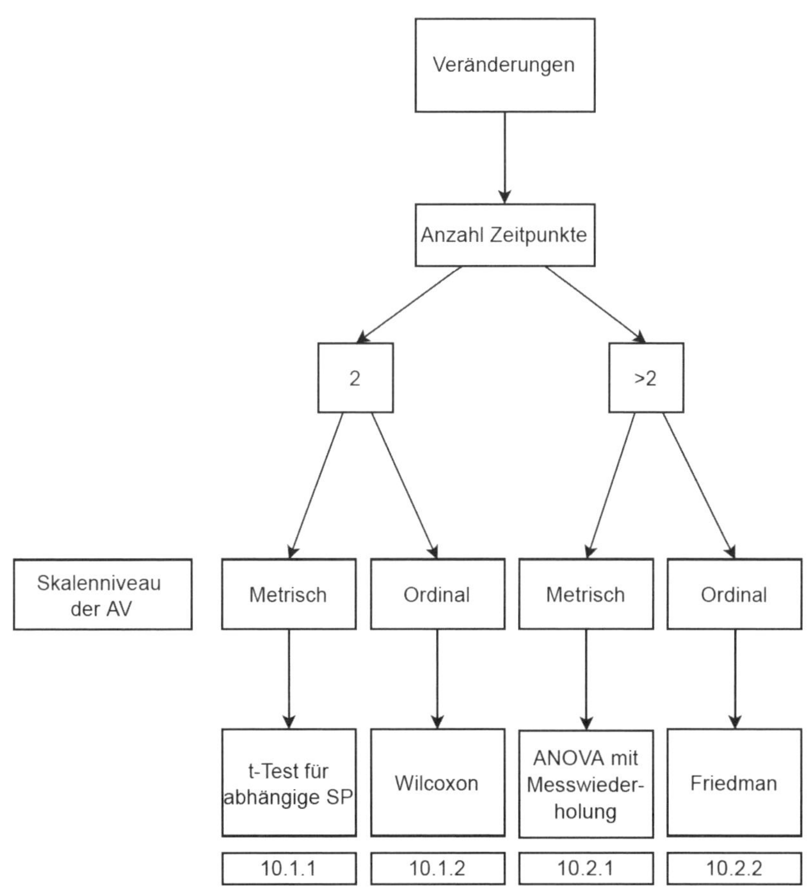

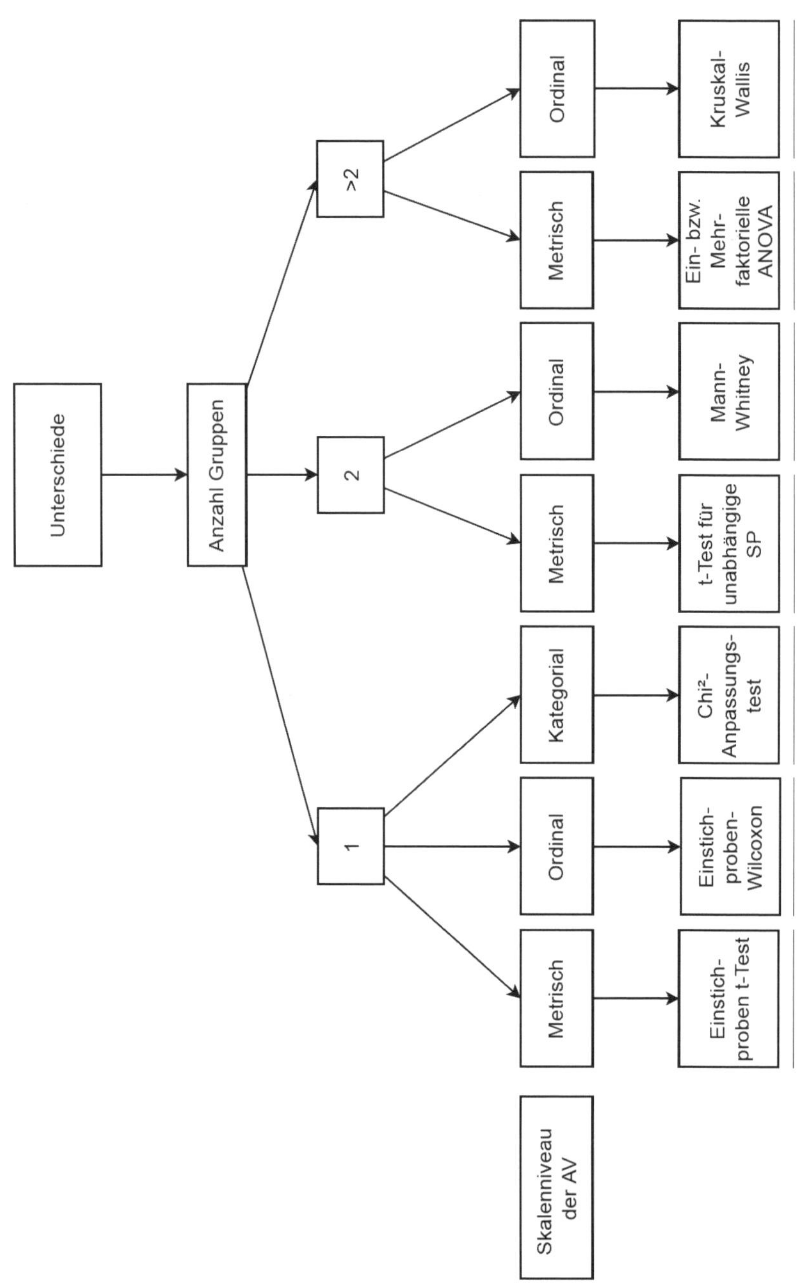
Unterschiede
Anzahl Gruppen
1
2
>2
Skalenniveau der AV
Metrisch
Ordinal
Kategorial
Metrisch
Ordinal
Metrisch
Ordinal
Einstichproben t-Test
Einstichproben-Wilcoxon
Chi²-Anpassungstest
t-Test für unabhängige SP
Mann-Whitney
Ein- bzw. Mehrfaktorielle ANOVA
Kruskal-Wallis

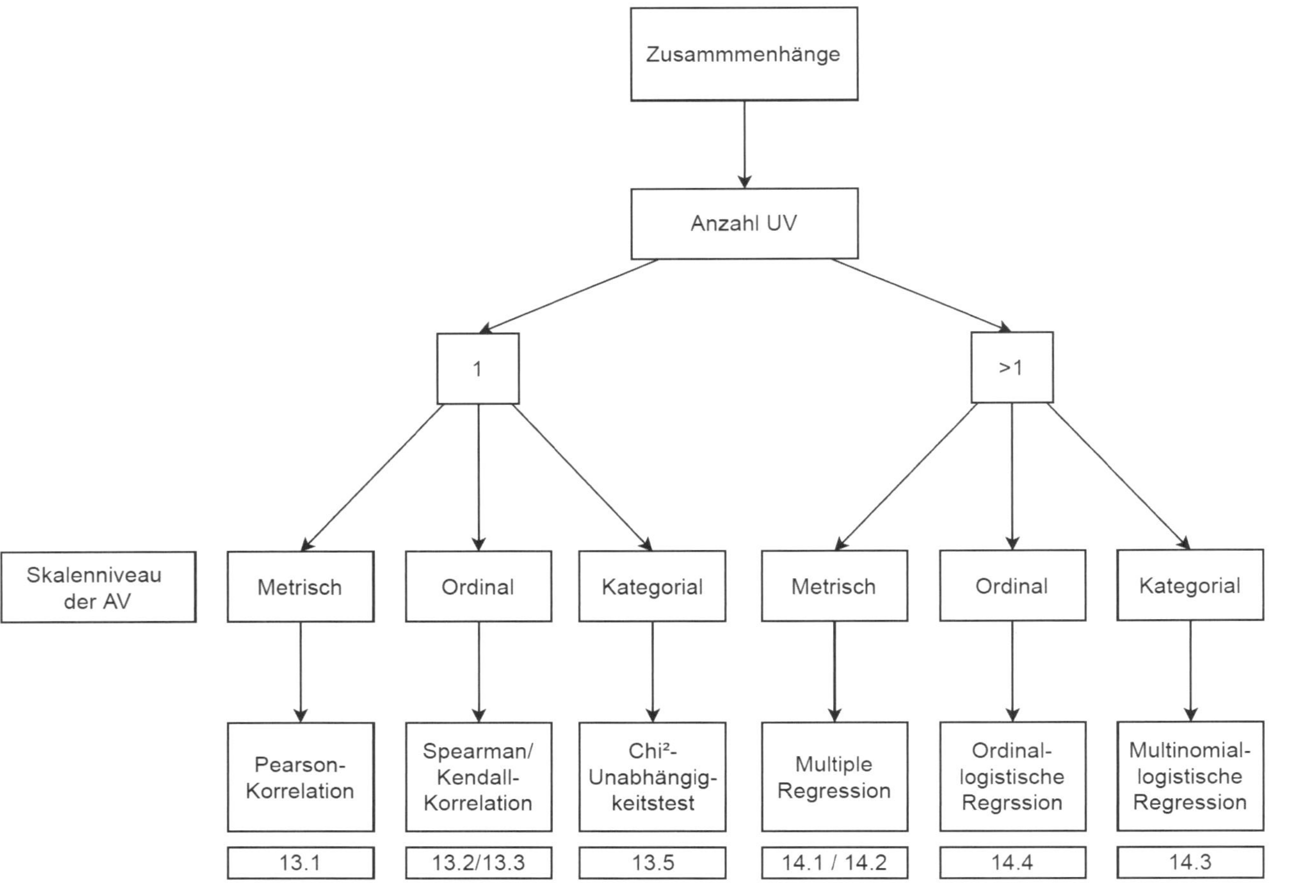
Zusammmenhänge
Anzahl UV
1
>1
Skalenniveau der AV
Metrisch
Ordinal
Kategorial
Metrisch
Ordinal
Kategorial
Pearson-Korrelation
Spearman/Kendall-Korrelation
Chi^2-Unabhängigkeitstest
Multiple Regression
Ordinal-logistische Regrssion
Multinomial-logistische Regression
13.1
13.2/13.3
13.5
14.1 / 14.2
14.4
14.3

Einleitung

E.1 R lernen in 14 Tagen

Mit diesem Buch haben Sie sich für einen einfachen, praktischen und fundierten Einstieg in die Welt der statistischen Analysen mit R entschieden. Sie lernen ohne unnötigen Ballast (in 14 Tagen oder Ihrem eigenen Tempo) alles, was Sie wissen müssen, um selbstständig statistische Analysen in R effektiv für Projekte in Ihrem Berufs-, Interessensgebiet oder Studienfach durchzuführen.

Alle Erklärungen sind leicht verständlich formuliert und setzen keine Vorkenntnisse in R voraus. Ein Grundverständnis von Statistik ist allerdings notwendig, da eine Erklärung jedes Fachbegriffes den Rahmen des Buches sprengen würde.

Dieses Buch ist als Nachschlagewerk konzipiert, welches Ihr Untersuchungsdesign in eine konkrete Analysemethode überführt. Hierbei helfen die Entscheidungsbäume, die Sie im Anschluss an das Inhaltsverzeichnis finden: Ausgehend vom Untersuchungsziel (Veränderung, Unterschiede, Zusammenhänge) und der Beschaffenheit der Testvariable(n) geben sie eine Entscheidungshilfe, um ein angemessenes Testverfahren auszuwählen.

E.2 Der Aufbau des Buches

Dieses Buch ist kein klassisches Lehrbuch. Zur Geschichte und Entwicklung kann man sich – sofern man das möchte – ausführlich auf Wikipedia informieren. Vielmehr ist dieses Buch ein anwendungsorientiertes Nachschlagewerk. Es gliedert sich in vier Teile, beginnend mit einer Einführung in R und die grafische Benutzeroberfläche RStudio in **Teil I**. Anschließend stehen in **Teil II** das Datenmanagement in R und deskriptive Statistiken im Mittelpunkt. In **Teil III** werden verschieden Arten von Diagrammen gezeigt, die in R erstellt werden können. Schließlich werden in **Teil IV** des Buches statistische Analysemethoden gezeigt, die sich grob in Veränderungen, Unterschiede und Zusammenhänge unterteilen lassen.

Am Ende des Buches finden Sie ein praktisches Glossar mit den wichtigsten Fachbegriffen sowie ein Stichwortverzeichnis, das Ihnen hilft, bestimmte Themen im Buch schneller zu finden.

E.3 Downloads zum Buch

Der Code aller Beispielprogramme steht Ihnen auf der Webseite des Verlags unter *www.mitp.de/0494* zum Download zur Verfügung.

E.4 Fragen und Feedback

Unsere Verlagsprodukte werden mit großer Sorgfalt erstellt. Sollten Sie trotzdem einen Fehler bemerken oder eine andere Anmerkung zum Buch haben, freuen wir uns über eine direkte Rückmeldung an *lektorat@mitp.de*.

Falls es zu diesem Buch bereits eine Errata-Liste gibt, finden Sie diese unter *www.mitp.de/0494* im Reiter DOWNLOADS.

Wir wünschen Ihnen viel Erfolg und Spaß bei den statistischen Analysen mit R!

Björn Walther und das mitp-Lektorat

Teil I
Einführung in die Arbeit mit R und RStudio

Im ersten Teil dieses Buches geht es primär darum, Grundlagen im Umgang mit R und RStudio zu schaffen.

Gute Gründe, R für statistische Analysen zu nutzen, werden in **Kapitel 1** kurz dargelegt.

In **Kapitel 2** stehen die Grundprinzipien der R-Programmierung (Abschnitt 2.1) sowie die zur Verfügung stehenden Objekttypen im Fokus (Abschnitt 2.2). Hieran schließt sich das Management von Analysepaketen an (Abschnitt 2.3), bevor die für die in diesem Buch gezeigten Analyseverfahren notwendigen Analyseformate und die gegenseitige Überführung (Abschnitt 2.4) gezeigt werden. Den Abschluss des zweiten Kapitels bilden die zunächst noch etwas abstrakt anmutenden Pipe-Operatoren (Abschnitt 2.5). Diesen Abschnitt können Sie zunächst getrost überspringen und erst nach Verweis durch einen konkreten Anwendungsfall durcharbeiten.

Den Abschluss des ersten Teils dieses Buches bildet die Einführung in RStudio in **Kapitel 3**. Speziell wird das Layout erklärt (Abschnitt 3.1) und empfohlene Einstellungen gezeigt (Abschnitt 3.2).

Warum gerade R für statistische Analysen?

Die Frage nach dem »Warum« ist auch in der Datenanalyse allgegenwärtig. Damit dieses Buch nicht zu philosophisch wird und seinem Versprechen eines anwendungsorientierten Nachschlagewerkes gerecht wird, werde ich hier nicht zu ausschweifend sein. So viel sei aber gesagt: Jede Person hat andere Präferenzen, **warum** gerade dieses eine Analyseprogramm das für sie beste ist. Zu den Kriterien zählen Einsteigerfreundlichkeit, Bedienbarkeit, Leistungsumfang, Updates, Preis – um nur ein paar zu nennen.

In den meisten o.g. Kategorien schneidet R sehr gut ab. Eigentlich in allen, außer der Einsteigerfreundlichkeit – aber dieses Buch ist ja dafür da, genau diesen Malus zu beheben. Eine gewisse Grundkenntnis statistischer Begriffe ist ohnehin bei allen Analyseprogrammen von Vorteil.

Zur Bedienung von R wird eine sog. *Syntax* verwendet. Sie beschreibt vereinfacht ausgedrückt das korrekte Kombinieren von Befehlen mit Objekten. Objekte können Variablen, Dataframes usw. sein. Diese Arbeitsweise zeichnet alle statistischen Analyseprogramme aus. Allerdings wurden im Laufe der Jahre aus Gründen der einfacheren Bedienbarkeit von manchen Herstellern (z.B. SPSS, inzwischen IBM) grafische Benutzeroberflächen mit Dialogfeldern aufgesetzt. Diese nehmen dem Nutzer das Eingeben der Syntax ab. Dies hat den Vorteil, dass man die Befehle nicht auswendig kennen muss und es nicht zu Tippfehlern kommen kann – allerdings zum Teil auf Kosten der Nachvollziehbarkeit und Reproduzierbarkeit der Analyseschritte.

Im Hinblick auf den Leistungsumfang ist R das »mächtigste« Analyseprogramm. Es werden standardmäßig sog. *Base packages* mitgeliefert, die aber nur einen Bruchteil der 19.000 existierenden Pakete darstellen. Diese Pakete beinhalten die von Nutzern verwendeten Analysefunktionen. Diese enorme Anzahl von Paketen wird größtenteils von Wissenschaftlern mit statistischem

Hintergrundwissen freiwillig erstellt und beständig mit Updates versorgt. Für jedes dieser R-Pakete existiert eine umfangreiche auf CRAN (Comprehensive R Archive Network) zugängliche Dokumentation.

Abschließend kann noch kurz der Preis erwähnt werden. R und sämtliche Pakete sind vollständig kostenlos herunterladbar. Es gibt auch kostenlose Zusatzprogramme, allen voran RStudio Desktop in der Open Source Edition. RStudio vereinfacht das Arbeiten erheblich, indem es die Übersichtlichkeit stark erhöht. Daher steht bereits an dieser Stelle meine klare Empfehlung, dieses Programm zu nutzen. Zu RStudio, dessen Installationen sowie Nutzung komme ich in Kapitel 3.

2 R-Grundlagen in Kurzform

In den Grundlagen geht es nur um die rudimentärsten Dinge, die in R möglich sind und uns eine einfachere Auswertung ermöglichen. Dazu gehört das Verständnis der Syntax und deren Aufbau (Abschnitt 2.1), die Variablenformate (sog. *Objekttypen*, Abschnitt 2.2) sowie das Management der bereits erwähnten Pakete (Abschnitt 2.3). Dazu kommt das je nach Analysemethode unterschiedliche Datenformat (Abschnitt 2.4) und das Prinzip einer sehr eleganten Art der Schachtelung von Befehlen mittels Pipe-Operatoren (Abschnitt 2.5), die Ihnen später häufiger begegnen wird.

2.1 Syntax

Im vorangegangenen Kapitel wurde bereits kurz auf die Syntax eingegangen. Bisweilen liest man auch den Begriff »R-Programmiersprache«. An dieser Stelle werde ich mit den Begrifflichkeiten nicht zu genau sein – die kann man bei Bedarf (erneut) bei Wikipedia oder in diversen Büchern (à la »Einführung in R«) sehr detailliert nachlesen. Da es der Zweck des Buches ist, ein anwendungsorientiertes Nachschlagewerk zu sein, sei zum Thema Syntax nur so viel erwähnt, dass die Kombination von Befehlen mit Objekten für die Datenanalyse im Mittelpunkt steht. Der vom Nutzer eingegebene Quelltext wird nicht extra an einen Compiler übergeben, der dies dann in Maschinensprache übersetzen müsste, und dann erst zur Ausführung gebracht. Vielmehr wird durch die `Enter`-Taste die Ausführung direkt angestoßen.

Wichtige zu verinnerlichende Prinzipien beim »Programmieren« mit R sind die folgenden:

- R unterscheidet **Klein- und Großbuchstaben** (»case sensitive«).
- Das **Dezimaltrennzeichen** in R ist ein Punkt (z.B. `3.45` in R bedeutet 3,45).

- **Zuweisungen** (dazu später mehr) erfolgen über `<-`.
  In vielen Funktionen ist auch = nutzbar.
- Die **Bezeichnung** von Variablen bzw. Objekten allgemein darf nur alphanumerische Zeichen (A–Z, 0–9), Punkte und Unterstriche beinhalten, darf aber nicht mit einer Zahl beginnen (`data.2` wäre okay, `2.data` hingegen nicht).
- **Zeilenumbrüche** zur besseren Lesbarkeit sind mit + am Zeilenende möglich.
- **Abhängigkeiten** in Formeln werden mit ~ dargestellt. `y~x+z` bedeutet, dass die links stehende abhängige Variable »y« aus den rechts stehenden unabhängigen Variablen »x« und »z« geschätzt werden soll. Das + ist hier jedoch kein arithmetischer Operator und wird hier nur für die Aufnahme der Variablen verwendet.

2.2 Objekttypen in R

Die Arbeit in und mit R dreht sich um sog. **Objekte** bzw. **Objekttypen**. Dies sind Vektoren, Faktoren und Data Frames.

Im Gegensatz zur mathematischen Definition repräsentieren **Vektoren** in R *numerische* Variablen. Numerisch bedeutet Ordinal-, Intervall- und Verhältnisskalenniveau. Beispiel: Hat man die Körpergröße von Befragten (Vehältnisskalenniveau) erhoben, wird diese in einem beliebigen Vektor entsprechend der o.g. Namenskonvention gespeichert. Jede weitere *numerische* Variable (z.B. Alter, Einkommen) wird in einem extra Vektor gespeichert. Dies sind sog. **numeric-Vektoren**.

Ein Spezialfall eines Vektors ist der sog. **Faktor**. Faktoren enthalten Variablen auf Nominal- bzw. Kategorialskalenniveau. Hierzu zählen z.B. das Geschlecht von Befragten oder deren Lieblingsfarbe. Diese können entweder als Zahlen mit zusätzlicher Identifikation hinterlegt sein (z.B. 0-männlich, 1-weiblich) oder direkt als Wort (sog. **character-Vektoren**).

Eine Menge von Vektoren und Faktoren sind in einem sog. **Data Frame** zusammenfassbar. Sie können sich dies wie eine große Datentabelle (aus Excel oder SPSS) vorstellen, die zeilenweise die Befragten und spaltenweise die Variablen enthält:

ID	Geschlecht	Alter	Körpergröße	Einkommen
1	W	20	1,62	2100
2	M	21	1,78	2200
3	W	22	1,94	2300
4	...	...	...	...

In R ist die Arbeit mit Data Frames alltäglich, weil nach einem Datenimport die Speicherung der Daten in der Regel in einem Data Frame vorgenommen wird.

Der Vollständigkeit halber sei noch erwähnt, dass es drei weitere Objekte gibt, die aber im Rahmen der in diesem Buch gezeigten Analysemethoden praktisch keine Relevanz besitzen. **Matrizen** beinhalten wie Data Frames Objekte, allerdings können sie nur *entweder* numerische *oder* Textdaten beinhalten.

Arrays umfassen mehrere Matrizen und sind mehrdimensional. Sie können sie sich also wie eine Stapelung von Matrizen vorstellen.

Listen umfassen, ähnlich wie Data Frames oder Matrizen, mehrere Objekte. Der Unterschied ist, dass Listen Vektoren mit unterschiedlichen Längen (= Anzahl von Elementen) und Eigenschaften repräsentieren können.

2.3 R-Pakete finden und verwenden

2.3.1 Pakete installieren und laden

Es wäre logischer, an dieser Stelle mit dem Auffinden von Paketen zu beginnen. Allerdings findet man bestenfalls per Hörensagen heraus, welche Pakete für die eigenen Vorhaben taugen. Das Orientieren an Paketnamen schlägt leider ebenfalls fehl, da es z.T. sehr generische Namen sind und kaum Konventionen zu existieren scheinen. Und R wäre nicht R, wenn es kein Paket für das Finden von Paketen geben würde. ;-) Daher zeige ich zunächst anhand des Pakets **`packagefinder`** die Installation und das Aktivieren von Paketen.

Ein Paket wird stets mit der `install.packages()`-Funktion installiert. Hierbei ist es zwingend notwendig, das Paket mit exaktem Namen in Anführungszeichen in die Klammer zu setzen. Nach Ausführung dieser Codezeile werden benötigte Dateien bzw. Pakete, auf die das aktuell zu installierende Paket zugreift, automatisch heruntergeladen und installiert.

```
install.packages("packagefinder")
```

Nach erfolgreicher Installation (und bei jedem Start von RStudio, sofern kein Startskript existiert) muss das Paket zwingend geladen werden. Zum Laden wird die `library()`-Funktion verwendet. Hier ist das Paket erneut mit exaktem Namen, allerdings OHNE Anführungszeichen einzugeben. Zum Entladen wird die `detach()`-Funktion verwendet.

```
# Laden des Pakets packagefinder
library(packagefinder)

# Entladen des Pakets packagefinder
detach("package:packagefinder", unload = TRUE)
```

2.3.2 Finden von Paketen

Neben den Erfahrungen anderer, die Auswertungen vornehmen und hierfür für sie gut funktionierende Pakete gefunden haben, oder diesem Buch, wo ich auch diverse Pakete vorstelle, gibt es noch die Möglichkeit, über das Paket »packagefinder« Stichworte einzugeben.

Die `fp()`-Funktion erlaubt das gezielte Suchen nach Stichwörtern, die sich im Namen, der Kurz- und Langbeschreibung des Pakets befinden. Speziell in beiden Letzteren ist die Chance sehr gut, Treffer zu erzielen. Hierzu muss lediglich in Anführungszeichen das entsprechende Stichwort in die Klammer gesetzt und diese Codezeile ausgeführt werden.

Bei mehr als einem Stichwort wird in `fp()` zusätzlich `c()` eingefügt und die Stichwörter per Komma getrennt. Das Argument `mode=""` gibt mit einem logischen Operator an, ob ein oder mehrere der Stichwörter in der Suche vorkommen müssen. `or` verlangt *mindestens eins* der Stichwörter, `and` verlangt zwingend das Vorkommen *aller* Stichwörter.

```
fp("regression")
fp(c("regression", "interaction"), mode = "or")
```

Nachfolgend erhalten Sie im *Viewer* von RStudio (das Fenster unten rechts) eine Ergebnisübersicht (vgl. Abbildung 2.1), die einen kleinen Score am Anfang der jeweiligen Zeile hat, der als Indikator des Suchmatchings fungiert. Daneben stehen Paketname, die Kurzbeschreibung und der sog. **GO-Code**.

Score	Name	Short Description	GO
100.0	SIMPLE.REGRESSION	Multiple Regression and Moderated Regression Made Simple	15891
90.6	fRegression	Rmetrics - Regression Based Decision and Prediction	5637
85.6	iRegression	Regression Methods for Interval-Valued Variables	7878
84.4	quickregression	Quick Linear Regression	13120
83.6	AnchorRegression	Perform AnchorRegression	377
82.8	mrregression	Regression Analysis for Very Large Data Sets via Merge and Reduce	10284
74.1	deepregression	Fitting Deep Distributional Regression	3492
73.3	safeBinaryRegression	Safe Binary Regression	15104
71.9	TwoRegression	Process Data from Wearable Research Devices Using Two-Regression Algorithms	18106
69.8	UniIsoRegression	Unimodal and Isotonic L1, L2 and Linf Regression	18192
68.1	MultipleRegression	Multiple Regression Analysis	10453
67.7	riskRegression	Risk Regression Models and Prediction Scores for Survival Analysis with Competing Risks	14221

Abb. 2.1: Suchergebnisübersicht für das Stichwort »regression« im RStudio Viewer

Mit dem GO-Code, am Beispiel des SIMPLE.REGRESSION-Pakets 15891 arbeitet man wie folgt:

- `go(15891)` gibt die Kurzbeschreibung des Pakets in die R-Konsole aus.
- `go(15891,"manual")` ruft das Handbuch des Pakets im PDF-Format auf, während
- `go(15891,"website")` zur Homepage des Pakets führt, die in einem separaten Browserfenster geöffnet wird.

Wenn Sie die Arbeit im Browser bevorzugen, arbeiten Sie mit dem Zusatzargument `display = "browser"`.

```
fp("regression", display = "browser")
```

Im Ergebnis wird im Browser (vgl. Abbildung 2.2) zusätzlich eine Langbeschreibung, die Anzahl an Downloads, Links zur Beschreibung und zum Handbuch auf CRAN sowie der Installationscode angezeigt. Letzterer kann per Klick in die Zwischenablage kopiert und im R-Skript oder der R-Konsole eingefügt werden.

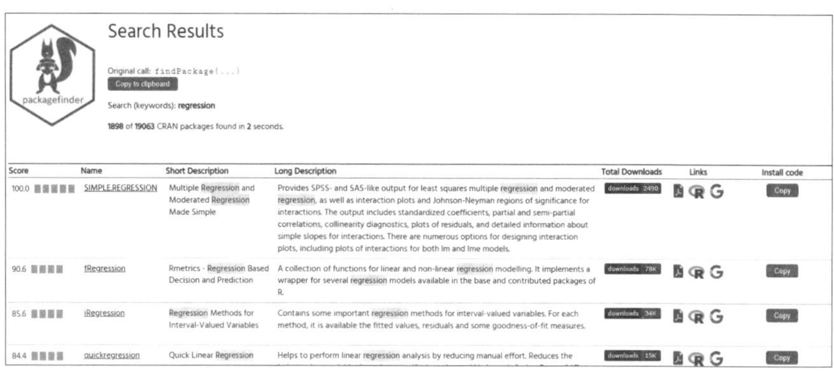

Abb. 2.2: Suchergebnisübersicht für das Stichwort »regression« im Browser

2.4 Datenformate in R

Die aus der Statistik bekannten Datenformate *wide* und *long* können natürlich auch in R verwendet werden. Diese Unterscheidung ist essenziell, da je nach Analyseziel und anzuwendender Methode das eine oder andere Datenformat notwendig ist. Daher wird an dieser Stelle eine kurze Einordnung vorgenommen.

2.4.1 Wide-Format

Das Wide-Format ist das in den meisten Disziplinen häufiger anzutreffende Format. Es wird auch »ungestapelt« genannt und zeichnet sich dadurch aus, dass jedes Untersuchungsobjekt in einer separaten Zeile steht. Gleichzeitig stehen in den Spalten die Variablen, die für die Untersuchungsobjekte erhoben wurden. Ähnlich der Darstellung in Tabelle 2.1.

Sollte beispielsweise der BMI für die Probanden zu verschiedenen Zeitpunkten erhoben werden, wird für jeden Messzeitpunkt eine separate Variable angelegt, z. B. `BMI_t0`, `BMI_t1` usw. Das ist zwar prinzipiell möglich und auch deutlich übersichtlicher, z.B. verlangt aber eine ANOVA mit Messwiederholung, dass die Daten im Long-Format vorliegen.

ID	Geschlecht	BMI_t0	BMI_t1	BMI_t2
1	w	21,72	21,48	21,65
2	m	30,41	30,00	29,48
3	w	24,05	24,18	23,82
...	...	...	...	...

Tab. 2.1: Beispiel für das Wide-Format

2.4.2 Long-Format

Im Long-Format (auch »gestapelt«) wird, um im Beispiel des BMI zu bleiben, für jede Messung des BMI eine separate Zeile erstellt. Zusätzlich bedarf es zweier Variablen: Zum einen muss erkennbar sein, um welche Messung bzw. welchen Zeitpunkt es sich handelt. Zum anderen ist das Untersuchungsobjekt mit einem **Identifier** (ID) eindeutig zuzuordnen.

ID	Geschlecht	Zeitpunkt	BMI
1	w	1	21,72
2	m	1	30,41
3	w	1	24,05
1	w	2	21,48
2	m	2	30,00
3	w	2	24,18
1	w	3	21,65
2	m	3	29,48
3	w	3	23,82
...	...	...	...

Tab. 2.2: Beispiel für das Long-Format

2.4.3 Transformation der Formate

Für die Transformationen vom einem zum anderen der beiden o.g. Formate kann das sog. **`tidyr`**-Paket verwendet werden. Die Installation und das Laden von Paketen kennen Sie bereits aus Abschnitt 2.3 und wenden dieses Wissen direkt an. Mit `install.packages()` wird es installiert und mit `library()` geladen:

```
install.packages("tidyr")
library(tidyr)
```

Transformation Wide-Format zu Long-Format

Aus dem `tidyr`-Paket wird die `pivot_longer()`-Funktion verwendet.

In die Funktion ist zu Beginn der Data Frame einzugeben, der transformiert werden soll. Anschließend sind die Variablen, in denen die Messwiederholungen stehen, anzugeben. Schließlich werden die Namen, die den Zeitpunkt (`names_to`) sowie die Messwerte (`values_to`) bezeichnen, vergeben.

Im Beispiel heißt der zu transformierende Data Frame `data_wide` und die Variablen `t0` bis `t20` aus ihm sollen transformiert werden. Die neue Zeitpunktvariable wird schlicht mit `t` und die Wertevariable mit `v` abgekürzt und benannt.

```
data_long <- pivot_longer(data_wide, t0:t20,
                          names_to = "t",
                          values_to = "v")
```

Transformation Long-Format zu Wide-Format

Für das umgekehrte Prinzip wird die `pivot_wider()`-Funktion aus dem `tidyr`-Paket angewandt. Mit (`names_from`) werden die Variablennamen für die Variable, die die x Zeitpunkte (hier `t`) ausdrückt, erfasst. Mit (`values_from`) wird die Variable (hier `v`) benannt, aus der die Werte in die neuen x Spalten verschoben werden.

```
data_wide <- pivot_wider(data_long,
                         names_from = t,
                         values_from = v)
```

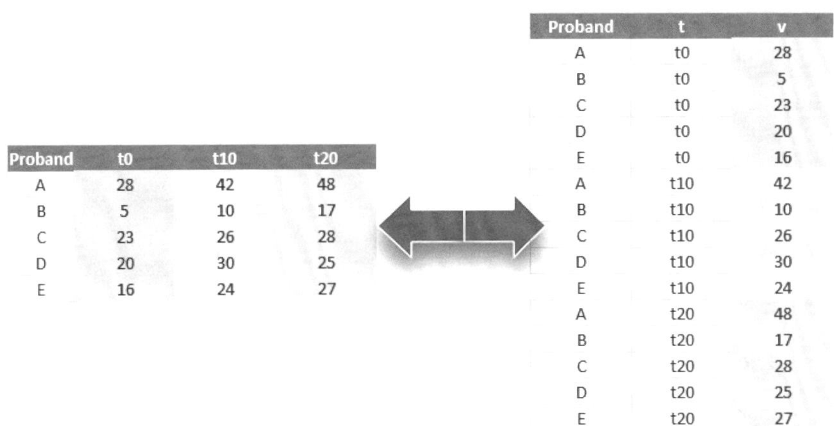

Proband	t0	t10	t20
A	28	42	48
B	5	10	17
C	23	26	28
D	20	30	25
E	16	24	27

Proband	t	v
A	t0	28
B	t0	5
C	t0	23
D	t0	20
E	t0	16
A	t10	42
B	t10	10
C	t10	26
D	t10	30
E	t10	24
A	t20	48
B	t20	17
C	t20	28
D	t20	25
E	t20	27

Abb. 2.3: Beispiel des Wide-Formats (links) und des Long-Formats (rechts) und die jeweilige Überführung in das andere Format

2.5 Pipe-Operatoren

Dieser Abschnitt behandelt ein recht kompliziertes Vorgehen und ist erst für spätere Kapitel relevant und kann und sollte daher zunächst übersprungen und erst im konkreten Anwendungsfall durchgearbeitet werden – für den Umgang mit R erachte ich ihn als unbedingt grundlegend. Speziell in späteren Kapiteln dient es zur erheblichen Reduktion des Arbeitsaufwands. Unscheinbar, aber sehr hilfreich, ist der sog. Pipe-Operator `%>%`, der ursprünglich aus dem `magrittr`-Paket stammt und inzwischen fester Bestandteil der Paketsammlung `tidyverse` ist.

Im Rahmen dieses Buches findet der Pipe-Operator vor allem in den Pakten `dplyr` und `rstatix` seine Anwendung, weil er eine sehr einfache Möglichkeit bietet, Funktionen zu schachteln, ohne sie paradoxerweise schachteln zu müssen. Beim Piping werden Befehle aneinandergereiht und mit dem Pipe-Operator `%>%` verbunden. Das Ergebnis sind flexiblere und weniger geschachtelte Funktionen. Dieses Vorgehen mutet zunächst kryptisch und kompliziert an, ist aber der einfachste Weg.

Dieses Vorgehen ist v.a. bei Auswertungen von Datensätzen im Long-Format (speziell bei mehr als zwei Beobachtungszeitpunkten, vgl. Abschnitt 10.2) sehr hilfreich. Die Simplizität kann an einem einfachen Beispiel dargelegt werden:

Anstelle der aggregate()-Funktion und einer Schachtelung diverser Argumente und Dopplungen:

```
aggregate(data.a_l[, 3], list(data.a_l$Zeitpunkt), mean)
```

kann eine viel intuitivere Verkettung vorgenommen werden:

```
library(dplyr)
data.a_l %>%
  group_by(Zeitpunkt) %>%
  summarize(M = mean(Wert))
```

Die Ergebnisse sind identisch:

```
# aggregate()-Funktion
  Group.1     Wert
1      T0 24.48333
2      T1 27.40000
3      T2 29.01667
# Pipe Operator >%>
  Zeitpunkt        M
1        T0 24.48333
2        T1 27.40000
3        T2 29.01667
```

Mit einer zunehmend komplexeren Datenstruktur, speziell von im Long-Format vorliegenden Daten, ist die Auswertung mittels Pipe-Operatoren bequemer, teilweise auch nahezu alternativlos. Dies wird uns v.a. in den Kapiteln zur Untersuchung von Unterschieden und Veränderungen begegnen.

3 RStudio als hilfreiche Oberfläche

Eine große Erleichterung im Arbeiten mit R war für mich von Beginn an RStudio. Es hebt die verschiedenen Syntaxelemente farblich hervor und erlaubt mit einer Autokomplettierungsfunktion von Befehlen ein zügigeres Arbeiten. Es gibt neben RStudio noch weitere grafische Benutzeroberflächen für R (z.B. RCommander, Rattle). Meine persönliche Empfehlung ist RStudio, das kostenlos heruntergeladen und installiert werden kann: *https://www.rstudio.com/products/rstudio/download/#download.*

RStudio ist NICHT zwingend für die Arbeit mit R und diesem Buch notwendig, hilft aber ungemein, den Überblick zu behalten.

Eine kurze Einführung in den Umgang mit RStudio gibt es auch in Form eines Videos auf meinem YouTube-Kanal: *https://youtu.be/tyvEHQszZJs*

3.1 Layout von RStudio

Nach der Installation von RStudio erhält man eine viergeteilte Übersicht (vgl. Abbildung 3.1), in der stets gearbeitet wird. Jeder Teil erfüllt eine oder sogar mehrere spezifische Aufgaben.

Oben links spielt sich der Hauptteil der Programmierung ab. Sämtlicher Code kann hier geschrieben und ausgeführt werden. Dieser Code kann in sog. *R-Scripts* gespeichert und wieder geladen werden, was die Dokumentation sehr transparent macht und die Nachvollziehbarkeit sowie Wiederausführbarkeit stark erleichtert.

Abb. 3.1: Startbildschirm von RStudio

Unten links ist die sog. **Console**, in der Ergebnisse sowie Hinweise, Fehlermeldungen usw. von R ausgegeben werden. Die Eingabe und die Ausführung von Code ist hier ebenfalls möglich. Im Sinne der Dokumentation und einfachen Wiederausführbarkeit sollte allerdings mit einem R-Script gearbeitet werden.

Oben rechts findet sich das **Environment**, wo aktuell geladene Objekte wie z.B. Data Frames usw. zu finden sind. Im Reiter History kann nachvollzogen werden, welche Befehle ausgeführt wurden. Im Reiter Connections geht es v.a. um die Verbindung zu Datenbanken wie SQL, was für den normalen Anwender nicht relevant ist. Der Reiter Tutorial hält, was er verspricht, und bietet Tutorials zu bestimmten R-Paketen.

Unten rechts ist im Reiter Files das **Arbeitsverzeichnis** (*Working Directory*) zu finden. Hier finden sich in der Regel einzulesende Dateien und werden R-Scripts sowie Daten- und Bildexporte gespeichert. Import und Export müssen aber nicht zwingend vom bzw. ins Working Directory vorgenommen werden. Unter Plots werden Grafiken ausgegeben, die dann betrachtet und wahlweise als Bild oder PDF-Datei exportiert werden können. Packages zeigt eine Übersicht installierter Zusatzpakete. Ist ein Paket angehakt, ist es gleichzeitig geladen und es kann mit seinen Funktionen gearbeitet werden. Help stellt die Dokumentation zu Paketen und ihren Funktionen dar und erläutert die Verwendung von Zusatzargumenten und deren Syntax. Im Reiter Viewer können lokale Webinhalte angezeigt werden, was für normale Anwender nicht relevant ist, im Rahmen dieses Buches in Kapitel 2 aber Verwendung findet, wenn man Pakete sucht.

3.2 Empfohlene Einstellungen

Dieser Abschnitt ist recht kurz, da viele Grundeinstellungen von RStudio bereits ein sehr zügiges und effizientes Arbeiten ermöglichen.

3.2.1 Dark Mode

Ein für mich persönlich sehr angenehmes Feature ist die Möglichkeit, das Aussehen von RStudio an meine Vorlieben anzupassen. Allen voran kann RStudio im sog. *Dark Mode* betrieben werden. Zusätzlich kann die Lesbarkeit der Syntax mit farbigen Hervorhebungen verbessert werden.

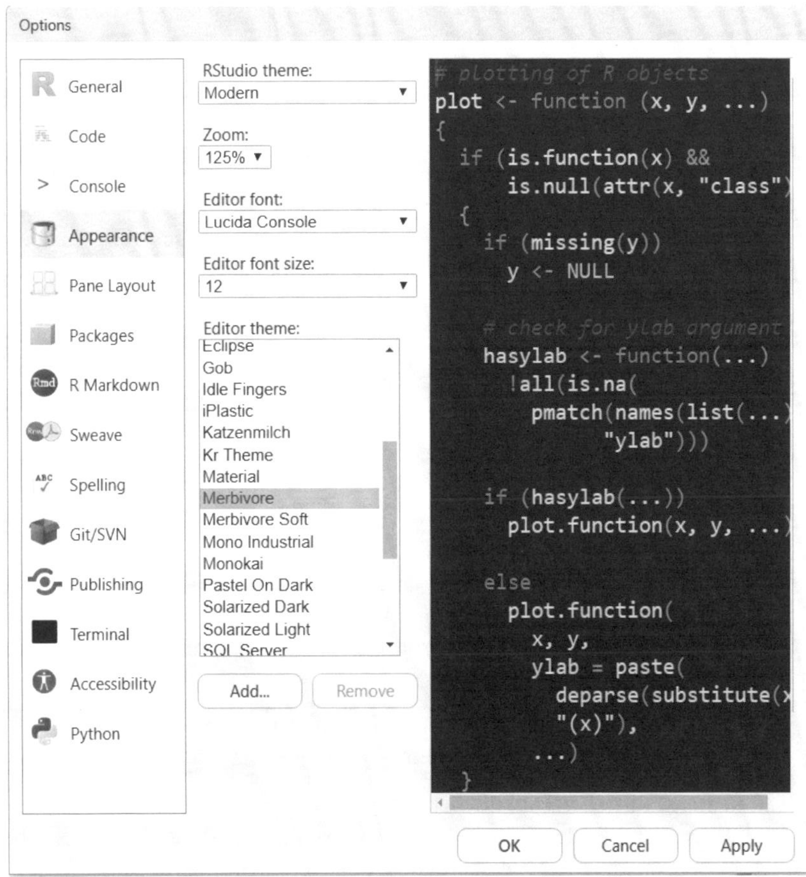

Abb. 3.2: Ändern des Themes

Über TOOLS|GLOBAL OPTIONS kann im Unterpunkt APPEARANCE das Design angepasst werden.
Unter EDITOR THEME existieren bereits einige vorformatierte dunkle Designs, z.B. Merbivore (vgl. Abbildung 3.2).

Hinweis

Es besteht darüber hinaus auch die Möglichkeit, weitere Designs einzubinden sowie ein eigenes Theme zu designen:
https://tmtheme-editor.herokuapp.com/#!/editor/theme/Monokai.

3.2.2 Tastatur-Shortcuts

Zur Ausführung von geschriebenem Code im Script-Editor kann der RUN-Button verwendet werden. Allerdings ist es effizienter, wenn man Code per Shortcut über die Tastatur ausführt, statt ihn mit einem Griff zur Maus per Klick auszuführen. Standardmäßig ist in RStudio für das Ausführen von Code die Tastenkombination `Strg` + `Enter` definiert. Dies führt die aktuelle Codezeile, oder wahlweise den selektierten Code, aus und setzt den Cursor in die nachfolgende Zeile.

Hinweis

Über TOOLS|KEYBOARD SHORTCUTS HELP kann man sämtliche Shortcuts einsehen, die über die Tastatur ausgeführt werden können. Hierfür gibt es aber auch den Shortcut `Alt` + `Umschalt` + `K`. ;-)

Über TOOLS|MODIFY KEYBOARD SHORTCUTS können die Shortcuts angepasst werden. Ich empfehle aus Bequemlichkeit, wie in alten RStudio-Versionen das Ausführen von Code der aktuellen Zeile oder des selektierten Codes (RUN CURRENT LINE OR SELECTION) auf `Strg` + `R` zu legen.

3.2.3 In Projekten arbeiten

Man neigt dazu, direkt mit dem Programmieren zu beginnen. Dabei lohnt sich das Erstellen eines R-Projekts, um voneinander abgegrenzte statistische Analyseprojekte auch hinsichtlich Arbeitsverzeichnissen, Workspace, Datenquellen, Skripten usw. separat zu halten.

Hinweis

Über FILE|NEW PROJECT kann ein neues Projekt angelegt werden. Der Assistent zur Erstellung begleitet hierbei sehr gut, weshalb an dieser Stelle auf weitere Ausführungen verzichtet werden kann.

Ein weiterer Vorteil ist die Möglichkeit, im jeweiligen Projektordner bzw. Arbeitsverzeichnis eine `.Rprofile`-Datei anzulegen. Hierin können bereits typische Befehle angegeben werden, die beim Laden des Projekts ausgeführt werden. Nützlich sind hier vor allem das Laden von Paketen oder das Einlesen von Daten, was im nachfolgenden Kapitel behandelt wird.

Teil II
Datenmanagement und deskriptive Statistiken

Im zweiten Teil dieses Buches steht in **Kapitel 4** das Datenmanagement im Vordergrund. Dazu gehört das Einlesen von Datensätzen aus verschiedenen anderen Dateiformaten wie CSV, TXT, XLS, XLSX, SAV und DTA (Abschnitt 4.1).

Anschließend wird das Zusammenfügen von Datensätzen gezeigt, speziell das Hinzufügen zusätzlicher Variablen oder Fälle. Dies tritt typischerweise immer dann auf, wenn zwischen Erhebungen Zeit vergangen ist, aber ein Gesamtdatensatz erstellt und später analysiert werden soll (Abschnitt 4.2).

Der umgekehrte Weg, die Überführung nur bestimmter Variablen oder Fälle in einen Teildatensatz, wird ebenfalls gezeigt (Abschnitt 4.3).

Ein weiterer wichtiger Aspekt ist der Export von Datensätzen aus R in die eben genannten Dateiformate (Abschnitt 4.4).

Um Änderungen an Datensätzen nicht immer wieder neu durchführen zu müssen, wird das lokale Speichern und Laden von Datensätzen kurz dargestellt (Abschnitt 4.5).

Hieran schließt sich der Ausschluss von Fällen mit fehlenden Werten an (Abschnitt 4.6), bevor der Zweck einer Faktorisierung (Abschnitt 4.7), die korrekte Datumsformatierung (Abschnitt 4.8) sowie das Prinzip einer Dummycodierung (Abschnitt 4.9) von Variablen erklärt und durchgeführt wird. Den Abschluss bilden Erklärungen zur Bildung von Skalen (Abschnitt 4.10).

In **Kapitel 5** geht es um deskriptive Statistiken von Stichproben, wo die Berechnung und Interpretation von absoluten, relativen und kumulierten relativen Häufigkeiten (Abschnitt 5.1), Lageparametern (Abschnitt 5.2), Streuparametern (Abschnitt 5.3) und Schiefe und Wölbung (Abschnitt 5.4) gezeigt werden.

R bietet bequemerweise auch Übersichtsfunktion für die vorgenannten Parameter, deren Umgang kurz dargestellt wird (Abschnitt 5.5). Dies kann auch nur für Teilgruppen des Datensatzes durchgeführt werden (Abschnitt 5.6).

Schließlich werden überblicksartig Zusammenhänge mit Kreuztabellen und erste Korrelationsklassifizierungen dargestellt (Abschnitt 5.7).

Datenmanagement in R

R dient zur Datenanalyse und das Management der Daten ist essenziell. Wir hatten bereits einen kurzen Blick auf die Datenformate *wide* und *long* gewagt. Nachfolgend geht es vor allem um die Arbeit mit den Daten.

Diese müssen zunächst eingelesen werden (Abschnitt 4.1), mitunter müssen auch mehrere Datensätze zusammengefügt (Abschnitt 4.2) oder ein Datensatz muss geteilt (Abschnitt 4.3) und wieder exportiert werden (Abschnitt 4.4). Jene für die spätere Wiederverwendung zu speichern, ist ebenso eine notwendige Grundfunktion (Abschnitt 4.5).

Daran schließt sich die Suche und der Ausschluss fehlender Werte (Abschnitt 4.6), die Notwendigkeit, kategoriale Variablen zu faktorisieren (Abschnitt 4.7) sowie als Dummy zu codieren (Abschnitt 4.9) und letztlich die Skalenbildung, also die Zusammenfassung mehrerer Items an (Abschnitt 4.10).

4.1 Datensätze in R einlesen

In R können die gängigsten Datenformate eingelesen werden. Dazu zählen u.a. CSV, XLSX, SAV, TXT und DTA. Prinzipiell gibt es zwei Möglichkeiten, Daten in R einzulesen. Zum einem kann im Falle der Nutzung von RStudio der mitgelieferte Importassistent verwendet werden. Zum anderen kann dies mit wenigen speziellen Codezeilen erfolgen.

4.1.1 Nutzen des Importassistenten

Der Importassistent von RStudio wird über den Pfad des Menüs FILE|IMPORT DATASET aufgerufen. Je nach vorliegendem Dateiformat der Daten ist ein anderer Menüpunkt relevant:

- FROM TEXT für TXT-Dateien – es gibt zwei Pakete, die dies leisten (`base` sowie `readr`)
- FROM EXCEL für XLS- und XLSX-Dateien

- FROM SPSS für SAV-Dateien
- FROM SAS für SAS-Dateien
- FROM STATA für DTA-Dateien

Ein Import von CSV-Dateien ist über den Importassistenten nicht möglich.

Nach der entsprechenden Dateitypauswahl ist lediglich über **1** BROWSE die Datei auszuwählen (vgl. exemplarisch für XLSX-Import: Abbildung 4.1) und per Klick auf **2** IMPORT abzuschließen. Der Name des Data Frames, in dem die Daten in R gespeichert werden, wird standardmäßig aus dem ursprünglichen Dateinamen übernommen. Der Name des Data Frames kann noch bei NAME geändert werden.

Bei Dateien aus Excel muss zusätzlich das richtige Tabellenblatt bei SHEET ausgewählt sein.

Im Vorschaufenster (*Data Preview*) kann man das Ergebnis des anschließenden Imports bereits sehen.

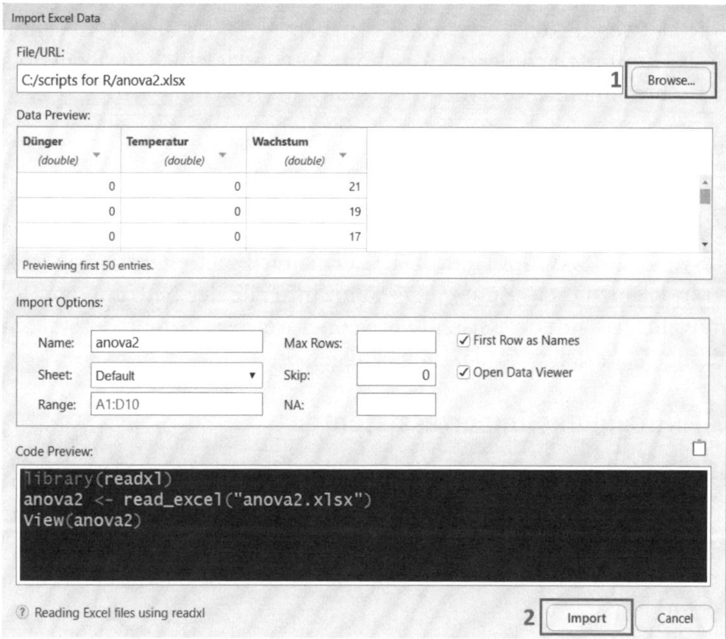

Abb. 4.1: Beispiel eines XLSX-Imports

Wenn möglich, sollten Sonderzeichen (z.B. ö, ä, ü, ß) in den Variablennamen vermieden werden, da es sonst zu Darstellungsfehlern in R kommt und die Adressierung von Variablen unnötig kompliziert wird.

4.1.2 Import über Code

Vor dem Datenimport muss ein Arbeitsverzeichnis festgelegt werden, aus dem die hinterlegten Daten importiert werden. Hierzu dient der Befehl `setwd()`. In der Klammer ist in Anführungszeichen das entsprechende Verzeichnis zu schreiben, idealerweise das Verzeichnis, in der das R-Projekt angelegt wurde.

```
setwd("C:/Projekt01")
```

Nach Festlegen des Arbeitsverzeichnisses beginnt jedwedes Einlesen einer Datendatei mit der Vergabe eines Namens für den Data Frame. In Kapitel 3 wurde bereits im Rahmen der Syntaxerläuterungen `<-` für die Objektzuweisungen eingeführt. Der Objektname vor `<-` kann frei gewählt werden, ist jedoch meist `dataframe`, häufig auch nur `df` oder `data`, erweitert durch eine Ziffer oder Abkürzung, die für den Autor hilfreich bei der Identifikation bei der Arbeit mit mehreren Data Frames ist.

`[Einlesefunktion]` im unteren Codebeispiel wird durch die entsprechende Funktion (z.B. `read_excel`, `read_table`) ersetzt, die je nach Ausgangsdateiformat gewählt wird.

```
dataframe <- [Einlesefunktion]
```

Vor dem eigentlichen Import werden noch einige allgemeingültige Funktionsargumente vorgestellt. Grundlegende Argumente, die für den Import von CSV und TXT gelten, sind:

- `na = "NA"` – Zuweisung von fehlenden Werten im Falle von leeren Feldern in der Ausgangsdatei. Leere Felder werden immer als fehlende Werte (NA – *not available*) in R codiert.
- `dec = ""` – Definieren des Dezimaltrennzeichens, der Ausgangsdatei. Möglich sind Punkt (`.`) oder Komma (`,`).
- `header =` – Angabe, ob eine Kopfzeile mit Variablennamen in der Ausgangsdatei existiert (`TRUE`) oder nicht (`FALSE`). Falls nicht, werden die Variablen mit V1, V2 usw. durchnummeriert.
- `sep = ""` – Definieren des Trennzeichens zwischen Werten. Leerzeichen ( ), Komma (`,`), Semikolon (`;`) und Tabstopp (`\t`) sind möglich.

- `strip.white =` – Sollten Leerzeichen vor oder nach Zahlen in der Ausgangsdatei existieren, werden diese beim Import bei `TRUE` entfernt. Bei `FALSE` bleiben sie bestehen. Text mit mehreren Wörtern ist stets nicht betroffen.
- `file.choose()` – Auswahl der Datei mit der Maus in einem Zusatzfenster. Die Angabe des Namens der Ausgangsdatei ist nicht notwendig (siehe Code-Beispiel unten für die Anwendung).

CSV-Import

Da ein Import von CSV-Dateien über den Importassistenten von RStudio nicht möglich ist, beginnt dieser Abschnitt mit diesem Dateityp. Für den Import von CSV-Dateien wird in diesem Beispiel die Funktion `read.csv2()` verwendet. `read.csv2()` nutzt im Gegensatz zu `read.csv()` bereits standardmäßig das Komma als Dezimaltrennzeichen. Aus Gründen der Vollständigkeit habe ich dennoch das Argument `dec=","` mit angegeben. Die zu importierende Datei ist im Beispiel `data.csv`.

Der Dateipfad ist nicht notwendig, wenn sich die Datendatei im vorher festgelegten Arbeitsverzeichnis befindet. Sollte kein Arbeitsverzeichnis festgelegt sein, kann auch mit dem vorangestellten Dateipfad gearbeitet werden. Im Code unten wird zusätzlich die Existenz fehlender Werte (`na="NA"`) sowie die Beschriftung der Variablen im Spaltenkopf (`header=TRUE`) berücksichtigt.

```
# Einlesen per Navigation im Explorer
df.2 <- read.csv2(na = "NA", dec = ",", header=TRUE, file.choose())

# Einlesen aus dem Arbeitsverzeichnis
df <- read.csv2("data.csv", na = "NA", dec = ",", header=TRUE)

# Einlesen aus bestimmtem Verzeichnis
df.2 <- read.csv2("C:/Projekt01/data.csv", na = "NA", dec = ",",
header=TRUE)
```

TXT-Import

Ein TXT-Import funktioniert nahezu analog. Hierzu wird jedoch die Funktion `read.table()` verwendet und es muss angegeben werden, was als Trennzeichen verwendet wird (hier ein Tabstopp: `sep = "\t"`). Weitere Funktionsargumente finden sich am Beginn des Abschnitts.

```
# Einlesen aus dem Arbeitsverzeichnis
df2.1 <- read.table("data.txt", sep = "\t",
          header = TRUE, dec = ",", na = "NA",)

# Einlesen aus bestimmtem Verzeichnis
df2.2 <- read.table("C:/Projekt01/data.txt",
          sep = "\t", header = TRUE, dec = ",",
          na = "NA")
```

XLS- und XLSX-Import

Für den Import von Daten aus Excel-Dateien (xls vor Excel-Version 2007 und xlsx ab Version 2007) wird die `read_excel()`-Funktion verwendet.

- Mit `sheet = 2` werden die Daten des zweiten Tabellenarbeitsblatts importiert. Es ist auch möglich, die Bezeichnung anzugeben, z.B.: `sheet = "Tabelle 2"`
- Mit `col_names = TRUE` wird die Spaltenkopfbeschriftung als Variablenname übernommen.

```
# Einlesen aus dem Arbeitsverzeichnis
df3.1 <- read_excel("data.xlsx")

# Einlesen aus bestimmtem Verzeichnis und des Tabellenblatts 2 mit Übernahme der Spaltenköpfe als Variablennamen
df3.2 <- read_excel("C:/Projekt01/data.xlsx",
          na = "NA", sheet = 2, col_names = TRUE)
```

SAV-Import (SPSS)

Für den Import einer mit SPSS gespeicherten Datendatei (SAV) braucht es die `read_sav()`-Funktion des sog. haven-Pakets. Da bereits sämtliche relevante Informationen über Variablennamen, Skalenniveaus, systemdefiniert und benutzerdefiniert fehlende Werte usw. in einer typisch gepflegten SAV-Datei mitgeliefert werden, gestaltet sich der Import recht kurz. Zwar bietet die `read_sav()`-Funktion noch ein paar zusätzliche Argumente, deren Funktion ist aber für normale Anwendungsfälle nicht relevant. Das Einlesen aus anderen Verzeichnissen ist analog zu vorherigen Import-Beispielen und wird nachfolgend weggelassen.

```
install.packages("haven")
library (haven)
df4 <- read_sav("data.sav")
```

DTA-Import (STATA)

Für in STATA ab Version 13 (Release im Juni 2013) gespeicherte DTA-Dateien existiert im Beispiel des zuvor genutzten »haven«-Pakets die sog. `read_dta()`-Funktion. Der Import von Daten gestaltet sich ebenfalls sehr einfach und ist bzgl. der Syntax analog zum SAV-Import.

```
install.packages("haven")
library (haven)
df5 <- read_dta("data.dta")
```

4.2 Datensätze zusammenfügen

Bezüglich des Zusammenfügens von Datensätzen gibt es zwei Szenarien. Zum einen ist das Anfügen von Fällen relevant. Bildlich vorgestellt beschreibt es das Hinzufügen von Zeilen zu einer Tabelle. Dies stellt den deutlich häufigeren Anwendungsfall dar, z.B. wenn Daten nacherhoben werden oder mehrere Kohorten existieren.

Zum anderen ist das Anfügen von Variablen relevant. Bildlich vorgestellt sind das neue Spalten, die zu einer Tabelle hinzugefügt werden.

4.2.1 Fälle hinzufügen

Ein typischer Anwendungsfall für das Hinzufügen neuer Fälle bzw. Beobachtungen sind unterschiedliche Erhebungszeitpunkte, weil nicht alle Beobachtungsobjekte an einem Tag, in einer Woche o.Ä. vermessen werden können.

Es existieren demnach zwei oder mehr Data Frames, die denselben logischen Aufbau besitzen, also identische Variablen mitsamt identischen Eigenschaften besitzen. Ihre Verknüpfung erfolgt mit der `rbind()`-Funktion. Sollten unterschiedliche Variablen existieren, wird die Ausführung mit einem Fehler abgebrochen.

Im Beispielcode werden die bereits eingelesenen Data Frames `df_a`, `df_b`, `df_c` zum Data Frame `df_gesamt` zusammengefügt.

```
df_gesamt <- rbind(df_a, df_b, df_c)
```

Sollte es allerdings einmal dazu kommen, dass es unterschiedliche Variablen gibt, kann man die Datensätze dennoch zusammenfügen. Es werden in diesem Szenario die Fälle, für die Variablen nicht existieren, entsprechend mit fehlenden Werten (NA) aufgefüllt.

ID	A	B	X
1	...	...	...
2	...	...	...
3	...	...	...

ID	A	B	Z
4	...	...	...
5	...	...	...
6	...	...	...

ID	A	B	X	Z
1	...	...	...	NA
2	...	...	...	NA
3	...	...	...	NA
4	...	...	NA	...
5	...	...	NA	...
6	...	...	NA	...

Abb. 4.2: Fälle hinzufügen bei ungleichen Variablen. »...« sind Füllzeichen für beliebige Werte, »NA« steht für die automatisch ausgefüllten fehlenden Werte nach Zusammenfügen der beiden Data Frames.

Für das beschriebene Szenario verwendet man die `rbind.fill()`-Funktion des `plyr`-Pakets.

```
install.packages("plyr")
library(plyr)
df_gesamt <- rbind.fill(df_a, df_b)
```

Lediglich im Falle ungleicher Variablennamen bzw. Schreibweisen ist im Vorfeld eine Anpassung in der Datendatei sinnvoll.

4.2.2 Variablen hinzufügen

Ein typisches Szenario für das nachträgliche Hinzufügen von Variablen sind zeitlich auseinanderfallende Messungen. Beispielsweise werden dieselben

Menschen zu mehreren Zeitpunkten befragt oder vermessen. Die Beobachtungsobjekte benötigen zwingend eine eindeutige Identifikationsnummer, da nur anhand dieser eine korrekte Zuordnung erfolgen kann. Hierfür müssen die beiden *Data Frames*, die die zu kombinierenden Variablen enthalten, bereits eingelesen sein.

Anschließend werden sie mit dem `merge()`-Befehl zusammengefügt. Notwendig ist zusätzlich die Angabe im Argument `by`, anhand welcher Schlüsselvariable(n) die Identifikation und anschließende Zuordnung vorgenommen werden soll.

Im ersten Beispiel wird lediglich die ID herangezogen (`by = "ID"`), wohingegen im zweiten Beispiel die ID und die Gruppenzugehörigkeit (`by = c("ID", "group")`) verwendet werden, weil z.B. die IDs je Gruppe jeweils mit 1 beginnend vergeben wurden und erst die ID in Verbindung mit der Gruppennummer (1, 2 usw.) eine eindeutige Zuordnung erlaubt.

```
# Nutzen einer Matching-Variablen
df <- merge(data_t1, data_t2, by = "ID")

# Nutzen mehrerer Matching-Variablen
df2 <- merge(data_t1, data_t2,
         by = c("ID", "group"))
```

Sollten in den beiden Datensätzen die IDs unterschiedlich benannt sein (z.B. »ID« in Data Frame 1 und »INr« in Data Frame 2), bietet die `merge()`-Funktion die Argumente `by.x` und `by.y`. Ersteres legt die Schlüsselvariable des ersten Data Frames fest, Letzteres des zweiten Data Frames.

```
df <- merge(data_t1, data_t2, by.x = "ID",
        by.y = "INr")
```

Schließlich kann es vorkommen, dass je Zeitpunkt nicht alle Beobachtungsobjekte vermessen werden konnten. Mitunter ist mit *Dropouts* zu späteren Zeitpunkten zu rechnen. Es kann aber dennoch wünschenswert sein, je Zeitpunkt alle Fälle im Datensatz zu haben und bei fehlenden Messungen dies mit `NA` anzuzeigen. Die bisher gezeigten Vorgehensweisen stellen sicher, dass nur Fälle im finalen Datensatz sind, wo zu beiden bzw. allen Zeitpunkten Messungen existieren. Fehlen nun aber in einem der Zeitpunkte Messungen und sie sollen dennoch mit im kombinierten Datensatz auftauchen, wird das Argument `all = TRUE` in der `merge()`-Funktion verwendet. Dies setzt fehlende Werte ein, statt den Fall zu löschen, wenn keine Messungen existieren.

Schließlich kann das Argument `all` analog zu `by` mit `.x` und `.y` erweitert werden. `all.x = TRUE` übernimmt alle Fälle aus dem ersten Data Frame, unabhängig davon, ob im zweiten Data Frame (alle) Messungen existieren oder nicht. Mit `all.y = TRUE` wird das Gegenteil erzeugt und alle Fälle, die im zweiten Data Frame existieren, werden zwingend aufgenommen.

```
# Alle Fälle behalten
df <- merge(data_t1, data_t2, by = "ID", all = TRUE)

# Zwingend alle Fälle aus erstem Data Frame behalten
df <- merge(data_t1, data_t2, by = "ID", all.x = TRUE)
```

4.3 Teildatensätze erstellen

Mitunter kann es hilfreich oder sogar notwendig sein, nur gewisse Teile des Ursprungsdatensatzes für die Erstellung von Diagrammen oder Rechnung von Analysen zu verwenden. Es gibt hierfür – wie für vieles in R – verschiedene Möglichkeiten, die einfachste verwendet die sog. `subset()`-Funktion. Hierfür ist ein neues Objekt (Data Frame) zu definieren. In diesen neuen Data Frame wird der Teildatensatz übergeben.

Dieser kann a) nur bestimmte Variablen, aber alle Fälle beinhalten, b) alle Variablen, aber nur bestimmte oder zufällige Fälle sowie c) nur bestimmte Variablen und nur bestimmte oder zufällige Fälle enthalten.

4.3.1 Auswahl bestimmter Variablen

Der neue Data Frame `df.1` setzt sich aus nur drei von ursprünglich sieben Variablen des Data Frames `data` zusammen: `ID`, `Geschlecht` und `Lieblingsfarbe`. Dies wird mit der `select = c()`-Funktion erreicht.

```
df.1 <- subset(df, select = c(ID, Geschlecht, Lieblingsfarbe))
```

Neben dem Namen können aber auch die Spaltennummern verwendet werden. Geschlecht wäre im Beispiel-Data-Frame die zweite Spalte und Lieblingsfarbe die siebente Spalte:

```
df.2 <- subset(df, select = c(2,7))
```

Sollen nebeneinanderstehende Variablen, z.B. 2 bis 4 übernommen werden, kann dies in die `select=c()`-Funktion mit 2:4 eingetragen werden:

```
df.3 <- subset(df, select = c(2:4))
```

4.3.2 Auswahl bestimmter Fälle

Eine Auswahl nur bestimmter Fälle kommt einer Filterung gleich.

Sollen beispielsweise nur Befragte analysiert werden, deren Lieblingsfarbe Grün ist, kann dies mit `Lieblingsfarbe == "Grün"` angefordert werden.

Bei *Faktoren* oder Variablen, die als *character* hinterlegt sind, muss zwingend ein doppeltes Gleichheitszeichen (==) sowie die gewünschte Ausprägung in " " verwendet werden. *Numerische* Variablen können mit den einfachen Operatoren <, >, =, <=, >= verwendet werden.

```
df.4 <- subset(df, Lieblingsfarbe == "Grün")
```

Ein kombinierter Filter ist ebenso denkbar. Personen mit der Lieblingsfarbe Grün und dem Geschlecht w würden mit dem logischen Und-Operator (&) verknüpft:

```
df.5 <- subset(df, Lieblingsfarbe == "Grün" & Geschlecht == "w")
```

Weiterhin kann auch der logische Oder-Operator (|) mit [Strg] + [Alt] + [<] verwendet werden, beispielsweise für `Lieblingsfarbe == "Grün"` oder `Lieblingsfarbe == "Gelb"`.

```
df.6 <- subset(df, Lieblingsfarbe == "Grün" |
Lieblingsfarbe == "Gelb")
```

Eine Schachtelung ist zudem möglich, wenn gleichzeitig das Einkommen zwischen 1000 und 5000 liegen soll. Achtung, hierbei sollten Klammern um Terme gesetzt werden, die eine separate Bedingung darstellen.

```
df.7 <- subset(df, (Lieblingsfarbe == "Grün" |
Lieblingsfarbe == "Gelb") & (Einkommen <= 5000 & Einkommen >= 1000))
```

4.3.3 Auswahl bestimmter Fälle und Variablen

Im Lichte der beiden vorangegangenen Abschnitte 4.3.1 und 4.3.2 ist eine Kombination des erlangten Wissens zur Auswahl bestimmter Fälle und Variablen anwendbar. Sollen nur Geschlecht, BMI und Motivation für Befragte gefiltert werden, deren Lieblingsfarbe Grün oder Gelb ist und deren Einkommen weniger als 5000 ist, sieht das wie folgt aus:

```
df.8 <- subset(df, (Lieblingsfarbe == "Grün" |
                    Lieblingsfarbe == "Gelb") & Einkommen < 5000,
select = c(Geschlecht, BMI, Motivation))
```

Aus Kontrollgründen können innerhalb von `select = c()` die Filtervariablen (hier: Lieblingsfarbe und Einkommen) zunächst mit angefordert werden, bevor sie final innerhalb der Funktion `select = c()` herausgefiltert werden. Je Bedingung eine separate Zeile zu verwenden, hilft, den Überblick bei komplexeren Filtern zu behalten. Eine stufenweise Filterung ist auch denkbar, erfordert aber besondere Vorsicht.

4.4 Datensätze exportieren

Da die Export-Funktionen ähnlich zu den Importfunktionen sind, halte ich die Beschreibungen hierzu kurz. Zumeist sollten ohnehin die Datensätze gespeichert (vgl. nachfolgenden Abschnitt 4.5) und weitergereicht werden, statt sie in ein anderes Format zu exportieren.

Zunächst muss erneut entweder das Arbeitsverzeichnis mit `setwd()` definiert werden oder es wird fortan der komplette Dateipfad geschrieben. Dieser ist mit `file = ""` innerhalb der jeweiligen Funktion anstelle des Dateinamens zu benennen.

```
setwd("C:/Projekt01")
```

4.4.1 CSV- und TXT-Export

Der Export in eine CSV-Datei benötigt keine weiteren Pakete und gelingt direkt mit der `write.csv()`-Funktion. Hier wird der zu exportierende Data Frame zuerst benannt, gefolgt von Speichername und wahlweise -ort.

```
write.csv(data, "data_neu.csv")
```

Der Export in eine TXT-Datei ist mit der `write.table()`-Funktion möglich. Allerdings müssen hier explizit das Dezimaltrennzeichen (z.B. Komma mit `dec = ","`) und das Trennzeichen zwischen den Spalten (z.B. Tabulator mit `sep = "\t"`) definiert werden.

```
write.table(data, "data_neu.txt", dec = ",", sep = "\t")
```

4.4.2 XLSX-Export

Zunächst sollten Sie das openxlsx-Paket installieren und laden, damit Zugriff auf die write.xlsx()-Funktion besteht.

Innerhalb der Funktion ist zuerst der zu exportierende Data Frame zu benennen, gefolgt von Ort und Name der .xlsx-Datei mit file. Ob eine schon vorhandene Datei überschrieben werden soll, wird mit overwrite entschieden. Mit asTable wird festgelegt, ob die Tabelle in Excel auch als Tabelle formatiert werden soll. Der Name des Tabellenblatts wird mit sheetName festgelegt, dessen Farbe mit tabColour. Soll die Tabelle versetzt eingefügt werden, können mit startCol und startRow sowohl der Spaltenbuchstabe als auch die Zeilennummer festgelegt werden, an der die erste Spalte bzw. Zeile der Tabelle beginnen:

```
install.packages("openxlsx")
library(openxlsx)
write.xlsx(data, file = "data_neu.xlsx", overwrite = TRUE
           asTable = TRUE, sheetName = "Export",
           tabColour = "steelblue", startCol = "C", startRow = 5)
```

4.4.3 SAV-Export (SPSS) und DTA-Export (STATA)

Der Export zu SPSS und STATA wird mit dem haven-Paket realisiert und verwendet die write_sav()- bzw. write_dta()-Funktion. Auch hier wird der zu exportierende Data Frame zuerst benannt, gefolgt von Speichername und -ort.

```
install.packages("haven")
library (haven)
write_sav(data, "data_neu.sav")
write_dta(data, "data_neu.dta")
```

4.5 Datensätze speichern und wieder laden

Nach dem Import und dem möglicherweise Zusammenfügen von Datensätzen können diese gespeichert werden, um in einer neuen Sitzung nicht erneut alles zu importieren und zu bearbeiten. Hierzu können Sie die save.image()-Funktion verwenden.

```
# Speichern im aktuellen Arbeitsverzeichnis
save.image("daten.RData")

# Speichern in beliebigem Verzeichnis
save.image("C:/Projekt01/daten.RData")
```

Das Laden kann über Doppelklick auf die jeweilige Datei im Dateiexplorer oder über die `load.image()`-Funktion direkt in R erfolgen.

```
# Laden aus dem aktuellen Arbeitsverzeichnis
load.image("daten.RData")

# Laden aus einem beliebigen Verzeichnis
load.image("C:/Projekt01/daten.RData")
```

4.6 Fehlende Werte ausschließen

Das Ausschließen fehlender Werte ist mit der `na.omit()`-Funktion recht einfach möglich. Eine pauschale Bereinigung des ganzen Datensatzes ist jedoch aus folgendem Grund nicht zu empfehlen:

Für einen t-Test für unabhängige Stichproben werden nur zwei Variablen benötigt: die Testvariable und die Gruppenvariable. Sollten bei den Untersuchungssubjekten andere nicht untersuchungsrelevante Variablen fehlende Werte aufweisen, sollten diese unbeachtet bleiben. Die sauberste Variante ist in dem Fall, für jede zu rechnende Analyse einen neuen Data Frame zu erstellen, der nur die betroffenen Variablen beinhaltet. Hierzu kann die `na.omit()`-Funktion mit der bereits erläuterten Vorgehensweise der Teildatensatzerstellung (`subset()`-Befehl, vgl. Abschnitt 4.3) kombiniert werden.

```
data.t_test <- na.omit(subset (data, select = c(Einkommen,
                                                Geschlecht)))
```

4.7 Variablen faktorisieren

Die Faktorisierung von Variablen ist vor allem als Vorarbeit für die Erstellung von Diagrammen für Teilgruppen der Stichprobe oder für manche analytischen Tests notwendig. Kategoriale Variablen sind, wenn sie nicht aus SPSS-Dateien oder STATA-Dateien eingelesen werden, stets als *numeric* oder *character* hinterlegt und bedürfen einer nachträglichen Faktorisierung. Im

Falle von *numeric* empfiehlt sich zudem die Vergabe von Wertelabels, also Beschriftungen für Merkmalsausprägungen im Falle kategorialer und ordinaler Variablen.

Hierzu wird die `as.factor()`-Funktion verwendet. Am Beispiel der Variablen »Lieblingsfarbe« (als *character* importiert) und »Geschlecht« (als *numeric* importiert) wird dies wie folgt durchgeführt:

```
# Character-Variable faktorisieren
data$Lieblingsfarbe <- as.factor(data$Lieblingsfarbe)

# Numeric-Variable faktorisieren
data$Geschlecht[data$Geschlecht == "0"] <- "m"
data$Geschlecht[data$Geschlecht == "1"] <- "w"
data$Geschlecht <- as.factor(data$Geschlecht)
```

Wichtig

Wenn eine Variable wie »Geschlecht« als *numeric* im Data Frame gespeichert ist, können nach der Faktorisierung keine Wertelabels mehr vergeben werden. Demzufolge werden den Ausprägungen vorher Wertelabels bzw. Beschriftungen zugewiesen. Diese können beliebig gewählt werden.

Exemplarisch wurden Männer mit »m« für die ursprüngliche Ausprägung 0 und Frauen mit »w« für die ursprüngliche Ausprägung 1 hinterlegt.

4.8 Datumsvariablen als Datum formatieren

Nach dem Import wird ein Datum zumeist schlicht als *character* hinterlegt und ist zwingend in ein Datumsformat umzuwandeln. Da verschiedene Datumsformate und -schreibweisen zu sehr vielen Spezialfällen führen, zeige ich hier nur die grundlegende Funktionalität. Mit diesem Wissen können Sie anschließend Spezialfälle selbst erschließen.

In gewisser Weise funktioniert eine korrekte Datumsformatierung analog zur Faktorisierung aus dem vorherigen Abschnitt. Allerdings besteht die Notwendigkeit, das Ausgangsdatumsformat explizit zu benennen, damit in R eine korrekte Zuordnung von Tagen, Monaten usw. vorgenommen werden kann.

Konkret wird die Datumsvariable (hier `datum`) mit der `as.Date()`-Funktion umgewandelt. Das `format`-Argument hierin ist mit den entsprechenden Abkürzungen für z.B. Tage, Monate und Jahre zu füllen. Für ein standardmäßiges

Datum, z.B. 03.09.2022 wird mit `format = "%d.%m.%Y"` eine Umwandlung erzielt.

Wenn statt des Punkts (`.`) z.B. in der Ausgangsdatei ein Schrägstrich (`/`) zur Trennung verwendet wird, Monat und Tag umgedreht sind und KEIN Jahr angegeben ist (z.B. 10/21), würde die Umwandlung mit `format = "%m/%d"` gelingen.

```
arbeit$Datum <- as.Date(arbeit$Datum, format = "%d.%m.%Y")
```

4.9 Dummycodierung von kategorialen Variablen

4.9.1 Das Prinzip einer Dummycodierung

Eine Dummycodierung ist am häufigsten im Rahmen einer Regression (vgl. Kapitel 14) zu finden. Der Hintergrund ist, dass kategoriale Variablen (z.B. Lieblingsfarbe) in der linearen Regression nicht ohne Weiteres eingebracht werden können. Aus einer Variablen mit `n` Merkmalsausprägungen entstehen hierbei `n` Variablen mit jeweils 0 und 1 als Merkmalsausprägungen.

Aus der Variablen »Lieblingsfarbe« mit den 5 Ausprägungen Blau, Gelb, Grün, Rot und Schwarz entstehen durch eine Dummycodierung 5 Variablen mit jeweils 0 und 1 als Merkmalsausprägungen:

Blau	Gelb	Grün	Rot	Schwarz
1	0	0	0	0
0	1	0	0	0
0	0	1	0	0
0	0	0	1	0
0	0	0	0	1

In eine Regression brauchen nur `n-1` (hier 4) Variablen aufgenommen zu werden, weil die vollständigen Informationen aufgrund der Dummykonstruktion eine Variable obsolet werden lassen. Gleichzeitig ist die ausgelassene Variable die Referenzkategorie. Wird also z.B. die Variable »Blau« ausgelassen, sind die Koeffizienten der verbliebenen Variablen »Gelb«, »Grün«, »Rot« und

»Schwarz« immer jeweils in Bezug zu dieser ausgelassenen Variablen, also der Referenzkategorie, zu lesen.

4.9.2 Dummycodierung in R

Wie für fast alle in R zu erledigenden Aufgaben gibt es auch hier verschiedene Möglichkeiten. Die mit Bordmitteln einfachste Möglichkeit ist die `ifelse()`-Funktion. Die Funktion prüft eine Bedingung und weist bei erfüllter Bedingung einen Wert zu. Bei nicht erfüllter Bedingung wird ein anderer Wert zugewiesen.

Daher erstelle ich im Data Frame `data` mit `data$Blau` die Variable »Blau« und prüfe die bisherige Variable `data$Lieblingsfarbe` auf den Ausdruck »Blau«. Ist diese Bedingung erfüllt, also die Lieblingsfarbe ist Blau, weise ich `data$Blau` eine 1 zu, sonst eine 0. Dies wiederhole ich für alle Ausprägungen der Ursprungsvariablen:

```
data$Blau <- ifelse(data$Lieblingsfarbe == "Blau", 1,0)
data$Gelb <- ifelse(data$Lieblingsfarbe == "Gelb", 1,0)
data$Grün <- ifelse(data$Lieblingsfarbe == "Grün", 1,0)
data$Rot <- ifelse(data$Lieblingsfarbe == "Rot", 1,0)
data$Schwarz <- ifelse(data$Lieblingsfarbe == "Schwarz", 1,0)
```

Im Ergebnis sind nun 5 neue Variablen entstanden, die als Dummy mit beliebiger oder begründeter Auswahl der Referenzkategorie z.B. im Rahmen der linearen Regression verwendet werden können.

4.10 Skalenbildung

4.10.1 Zweck einer Skalenbildung

Skalen sind ein gebräuchliches Synonym für latente (nicht direkt messbare) **Konstrukte** wie z.B. Persönlichkeitseigenschaften von Menschen. Da latente Konstrukte nicht direkt messbar sind, werden sie anhand mehrerer Fragen (»Items«) operationalisiert. Auf den Internetseiten der GESIS finden sich viele solcher Skalen, die allesamt validiert sind. Somit kann ein zunächst nicht messbares Konstrukt nun doch erfasst und Hypothesen dazu beantwortet werden.

Hinweis

Validität und Reliabilität sind entscheidende Gütekriterien, die die Abwesenheit von Messfehlern beschreiben.[1] Reliabilität beschreibt die Abwesenheit von zufälligen Messfehlern, Validität zusätzlich die Abwesenheit von systematischen Messfehlern. Für uns Anwender ist die Nutzung von Skalen entscheidend, weshalb die Nutzung bereits validierter Skalen vorzuziehen ist.

4.10.2 Interne Konsistenz

Vor der Verwendung von Skalen sollte die interne Konsistenz, also das Ausmaß der Beziehung der Items zueinander, geprüft werden. Dies dient der Absicherung eines Mindestmaßes an Messgenauigkeit. Hierzu wird Cronbachs Alpha verwendet. In R kann die `alpha()`-Funktion aus dem `psych`-Paket verwendet werden.

Das `ggplot2`-Paket besitzt auch eine `alpha()`-Funktion und sollte daher NICHT geladen sein:

```
detach("package:ggplot2", unload = TRUE)
```

Zunächst ist aus dem Datensatz ein `subset` nur der betreffenden Items (hier `Item1-Item4`) zu ziehen. Die Items sind alle ordinalskaliert und besitzen den gleichen Wertebereich von 1 bis 5.

Mit `check.keys = TRUE` wird auf eine mögliche Inverscodierung aller Items geprüft. Sollte anhand des Codebuchs oder der Skalendokumentation bekannt sein, dass ein Item (hier `Item4`) invers codiert ist, kann dies mit `keys = "Item4"` angegeben werden. Inverscodierungen werden häufig für Kontrollfragen eingesetzt, um zu prüfen, ob die Antworten konsistent sind.

```
# (A) Automatische Prüfung auf inverse Codierung
alpha(subset(data.s, select = c(Item1, Item2, Item3, Item4)),
      check.keys = TRUE)

# (B) Item 4 als invers codiert angeben
```

1 Vgl. ausführlich zum Thema Messtheorie Schnell, R.; Esser, E.; Hill, P. B. (2011): Methoden der empirischen Sozialforschung. 9. Aufl. München [u. a.]: Oldenbourg.

```
alpha(subset(data.s, select = c(Item1, Item2, Item3, Item4)),
      keys = "Item4")
```

Im ersten Fall (A) wird bei Identifikation eines invers codierten Items eine Warnmeldung am Ende des Outputs ausgegeben:

```
Warning message:
In alpha(subset(data.s, select = c(Item1, Item2, Item3, Item4)),  :
  Some items were negatively correlated with total scale and were
automatically reversed.
 This is indicated by a negative sign for the variable name.
```

Bei dem sehr umfangreichen Output sind nur wenige Dinge tatsächlich interessant. Zunächst das `raw_alpha`, das das Cronbachs Alpha ist. Im Beispiel beträgt es 0.91 und ist exzellent. Eine generelle Einordnung sollte nach Streiner (2003), S. 103 fachdisziplinspezifisch sein. Als untere akzeptable Grenze findet sich zumeist 0.7.[2]

```
raw_alpha std.alpha G6(smc) average_r S/N   ase mean  sd median_r
     0.91      0.92     0.9      0.73  11 0.022  2.7 1.2     0.72
```

Vom weiteren Output ist speziell diese Passage interessant. Zunächst ist hinter `Item4` ein »-« zu erkennen, was konsistent zur oben gezeigten Warnmeldung ist, dass `Item4` als invers codiert erkannt wurde.

```
Reliability if an item is dropped:
      raw_alpha std.alpha G6(smc) average_r  S/N alpha se  var.r
med.r
Item1      0.89      0.89    0.85      0.74  8.4    0.029 0.0015
0.72
Item2      0.91      0.91    0.88      0.77 10.1    0.024 0.0034
0.78
Item3      0.89      0.89    0.86      0.73  8.0    0.031 0.0078
0.72
Item4-     0.87      0.87    0.82      0.69  6.6    0.035 0.0014
0.71
```

Hier ist weiterhin zu erkennen, wie sich das `raw_alpha`, also Cronbachs Alpha, ändert, wenn das betreffende Item aus der Skala entfernt wird. Im

2 Vgl. Streiner, D. L. (2003). Starting at the beginning: an introduction to coefficient alpha and internal consistency. Journal of personality assessment, 80(1), 99–103.

Beispiel würde das Alpha auf 0.89 absinken, wenn `Item3` ausgelassen wird. Eine Löschung dieses Items ist daher nicht sinnvoll. Es kann allerdings vorkommen, dass sich Alpha deutlich erhöht, wenn ein Item aus der Skala entfernt wird. Dies gilt es zu bedenken, speziell wenn das Alpha im eher niedrigen Bereich von 0.6 liegt.

Sollte Alpha 0.8 oder höher sein, ist ein Löschen meist nicht notwendig, besonders dann nicht, wenn eine bestimmte Facette der Skala dann nicht mehr abgedeckt ist. Hier würde demnach eine inhaltliche Begründung zusätzlich zu der zahlenmäßigen Erhöhung von Cronbachs Alpha erfolgen müssen.

Nachdem erkannt und festgelegt wurde, welche Items in die Skala aufgenommen werden sollten, wird diese gebildet.

4.10.3 Inverscodierung von Items

In `alpha()` im vorangegangenen Abschnitt wurde auf eine Inverscodierung von Items geprüft, allerdings muss diese noch durchgeführt werden. Dies ist mit der `recode()`-Funktion des `car`-Pakets recht einfach zu erreichen.

Zunächst muss ein neues Item innerhalb des Data Frames definiert werden. Hierfür gibt es keine Konvention, allerdings findet man häufig den Namen des alten Items um ein `r` wie *recoded* erweitert. Aus `Item4` wird also `Item4r`.

In die `recode()`-Funktion wird das ursprüngliche Item und die Transformation eingesetzt. Aus 1 wird 5, aus 2 wird 4, 3 bleibt 3, 4 wird zu 2 und 5 wird zu 1:

```
library(car)
data.s$Item4r <- recode(data.s$Item4, "1=5; 2=4; 3=3; 4=2; 5=1")
```

Als Kontrolle kann die Korrelation der Ursprungs- und der recodierten Variablen angefordert werden. Sie sollte -1 betragen:

```
> cor(data.s$Item4, data.s$Item4r)
[1] -1
```

4.10.4 Skalenbildung

Nachdem die interne Konsistenz geprüft und etwaige Inverscodierungen vorgenommen wurden, kann schließlich ein Skalenwert berechnet werden. Hier gibt es die Möglichkeit eines Summen- oder Mittelwertscores. In der Wissenschaft wird meist Letzteres bevorzugt, weil die Interpretation etwas einfacher ist. Im Zweifel geben die Dokumentationen zur Skala wie das Codebuch oder das Skalenhandbuch hierzu einen Hinweis.

Die `rowMeans()`-Funktion ist hier das Mittel der Wahl. Dabei werden erneut die Items in Form eines Subsets in die Funktion gegeben. Wichtig ist hier die Hinzunahme des Arguments `na.rm = TRUE`. Damit werden bei Untersuchungssubjekten fehlende Werte listenweise gelöscht, das bedeutet, bei Fehlen eines Items wird kein Mittelwertscore berechnet und die Skala erhält einen fehlenden Wert für dieses Untersuchungssubjekt.

```
data.s$skala <- rowMeans(subset(data.s, select = c(Item1, Item2,
                                                  Item3, Item4)),
                                   na.rm = TRUE)
```

Anschließend können mit z.B. der `summary()`-Funktion die Quartile und der Mittelwert angefordert werden:

```
> summary(data.s$skala)
   Min. 1st Qu.  Median    Mean 3rd Qu.    Max.
  1.750   2.500   2.750   2.827   3.000   4.000
```

Das in diesem Abschnitt beschriebene Vorgehen ist Grundlage für das sog. *Eliminierungsverfahren* – Ausschluss oder Eliminierung von Fällen in Analysen, die fehlende Werte aufweisen. Dies ist in der Literatur nicht kritiklos, da eine sog. *Schweigeverzerrung* existieren könnte, also nur auskunftswillige Befragte Eingang in die Analysen finden. Es ist allerdings ein generelles Problem bei der Stichprobenzusammensetzung bzw. Erhebung von Daten, dass i.d.R. eher Auskunftswillige teilnehmen. Die Verzerrung durch Antwortverweigerung kann mit einem intelligenten Fragebogendesign im Vorfeld mit der Antwortkategorie »keine Angabe« abgefedert werden und später kann dann konzeptionell über ein Vorgehen entschieden werden.

Es gibt bei (stellenweise) fehlenden Items auch die Möglichkeit der sog. *Imputation*. Das bedeutet, dass der fehlende Wert ersetzt wird. Hierfür gibt es zahlreiche Vorgehensweisen. Meine persönliche Philosophie hierzu ist allerdings klar: Imputation ist nicht anzuwenden, da den Untersuchungssubjekten etwas unterstellt wird, was selten gerechtfertigt oder begründbar ist – unabhängig davon, wie elaboriert die Methode ist.

5 Deskriptive Statistik von Stichproben

Wie der Name *deskriptiv* andeutet, handelt es sich um eine Beschreibung von Stichproben. Zur Beschreibung eignen sich, je nach Skalierung der zu beschreibenden Variablen, andere Maße bzw. Parameter. Die Ausprägungen kategorialer Variablen lassen sich lediglich zählen und ins Verhältnis setzen (Abschnitt 5.1), wohingegen Variablen mit höherer Skalierung mit Lage- (Abschnitt 5.2) und Streuparametern (Abschnitt 5.3 und 5.4) beschrieben werden können. Bequemerweise gibt es Funktionen in R, die einen Überblick über eine Vielzahl dieser Parameter geben (Abschnitt 5.5), wahlweise auch für Teilgruppen der Stichprobe (Abschnitt 5.6). Schließlich können auch zwischen Variablen gewisse Zusammenhänge in Form von Zahlen wiedergegeben werden (Abschnitt 5.7).

5.1 Häufigkeiten

Je nach Skalierung der Variablen (kategorial-, ordinal-, intervall- oder verhältnisskaliert) kann es sinnvoll sein, Merkmalsausprägungen zu zählen. Zum Beispiel kann es von Interesse sein, welches Geschlecht wie oft in der Stichprobe vorkommt oder was die Lieblingsfarbe der Befragten ist. Häufigkeiten sind in drei Formen quantifizierbar: absolute Häufigkeiten (Abschnitt 5.1.1), relative Häufigkeiten (Abschnitt 5.1.2) und kumulierte relative Häufigkeiten (Abschnitt 5.1.3).

5.1.1 Absolute Häufigkeiten

Die einfache Zählung des jeweiligen Vorkommens der Merkmalsausprägung wird mit *absoluten Häufigkeiten* bezeichnet (3 x Rot, 2 x Gelb usw.). Absolute Häufigkeiten können theoretisch für beliebig skalierte Variablen vorgenommen werden, am sinnvollsten sind sie aber für kategoriale und ordinale Variablen.

Nach dem Einlesen der Daten kann mit dem `table()`-Befehl eine absolute Häufigkeitstabelle angefordert werden. Im Beispiel fordere ich die absoluten Häufigkeiten für die Variable »Motivation« an:

```
table(data$Motivation)
```

In der ersten Zeile des Outputs ist die jeweilige Merkmalsausprägung angegeben, in der zweiten Zeile stehen die entsprechenden Zählungen. Wenn Wertelabels vergeben wurden, stehen diese in der obersten Zeile.

```
 1  2  3  4  5
16 18 11 12 14
```

Im obigen Beispiel ist erkennbar, dass die Motivation der Befragten 16-mal die 1, 18-mal die 2 usw. hat.

5.1.2 Relative Häufigkeiten

Das Verhältnis der jeweiligen Anzahl der Ausprägung zur Gesamtzahl sind die *relativen Häufigkeiten* (3/10 (= 30 %) Rot, 2/10 (= 20 %) Gelb usw.). Um im Kontext des bereits bei den absoluten Häufigkeiten begonnenen Beispiels zu bleiben, wird erneut für die Variable »Motivation« gearbeitet.

Für die Berechnung der relativen Häufigkeiten ist es zunächst notwendig, erneut die absoluten Häufigkeiten mit dem `table()`-Befehl zu ermitteln. Darauf setzt die `prop.table()`-Funktion auf, die die jeweiligen Häufigkeiten zur Gesamtzahl der Beobachtungen ins Verhältnis setzt.

Hinweis: Die Ausgabe wird jeweils Werte < 1 ausgeben, die zudem sehr viele Nachkommastellen haben. Dies kann mittels der `round()`-Funktion eingekürzt werden. Hierzu wird die komplette Funktion mit einer `round(Zahl,Nachkommastellen)`-Funktion auf z.B. 2 Nachkommastellen gekürzt. Eine vorherige Multiplikation mit 100 würde zudem für einfach lesbare Prozentwerte sorgen.

```
# (A) Relative Häufigkeiten - ungerundet
prop.table(table(data$Motivation))

# (B) Relative Häufigkeiten - gerundet
round(prop.table(table(data$Motivation)),2)

```

```
# (C) Relative Häufigkeiten - mit 100 multipliziert und gerundet
round(prop.table(table(data$Motivation))*100,2)
```

Die Ausgaben für (A) und (B) sind exemplarisch. In der ersten Zeile des Outputs ist die jeweilige Merkmalsausprägung angegeben, in der zweiten Zeile stehen die entsprechenden relativen Häufigkeiten.

```
# gerundete Ausgabe für (A)
   1    2    3    4    5
0.23 0.25 0.15 0.17 0.20

# gerundete Ausgabe mit 100 multipliziert für (B)
    1     2     3     4     5
22.54 25.35 15.49 16.90 19.72
```

5.1.3 Kumulierte relative Häufigkeiten

Die seltener gebrauchten *kumulierten relativen Häufigkeiten* sind erst ab Ordinalskalenniveau sinnvoll einsetzbar. Sie werden als Hilfsmittel zur Ermittlung der noch vorzustellenden Lageparameter Quantile verwendet. In einer aufsteigend sortierten Urliste beschreiben sie, wie viel Prozent der Verteilung unter jenem Wert liegt.

Für die Berechnung verwendet man die `cumsum()`-Funktion in R und setzt sie vor die bereits erstellte Funktion zur Ermittlung der relativen Häufigkeitstabelle. Analog können hier Rundung auf 2 oder mehr Nachkommastellen vorgenommen sowie durch Multiplikation mit 100 besser lesbare Prozentwerte erstellt werden.

```
# (A) Kumulierte relative Häufigkeiten
cumsum(prop.table(table(data$Motivation)))

# (B) Kumulierte relative Häufigkeiten - gerundet
round(cumsum(prop.table(table(data$Motivation))),2)

# (C) Kumulierte relative Häufigkeiten - mit 100 multipliziert und gerundet
round(cumsum(prop.table(table(data$Motivation))*100),2)
```

In der ersten Zeile des Outputs ist die jeweilige Merkmalsausprägung angegeben, in der zweiten Zeile stehen die entsprechenden kumulierten relativen Häufigkeiten.

```
# gerundete Ausgabe für (A)
   1    2    3    4    5
0.23 0.48 0.63 0.80 1.00

# gerundete Ausgabe mit 100 multipliziert für (B)
     1      2      3      4      5
 22.54  47.89  63.38  80.28 100.00
```

5.1.4 Übersichtstabelle

Eine Übersicht aller eben dargestellten Häufigkeiten ist in R recht leicht umsetzbar. Hierzu kann jede der Häufigkeitsformen mittels `<-` einem Objekt mit beliebigem Namen zugeordnet werden (siehe Abschnitt 2.1). Aus Gründen der Verständlichkeit stehen `absh` für absolute Häufigkeiten, `relh` für relative Häufigkeiten und `kumh` für kumulierte relative Häufigkeiten.

```
# Absolute Häufigkeiten
absh <- table(data$Motivation)

# Relative Häufigkeiten
relh <- round(prop.table
        (table(data$Motivation))*100,2)

# Kumulierte relative Häufigkeiten
kumh <-  round(cumsum(prop.table
         (table(data$Motivation))*100),2)
```

Das jeweilige einem Objekt Zugewiesene (Daten, Berechnung o.Ä.) kann mit Eingabe des Objektnamens in die CONSOLE und Drücken der `Enter`-Taste ausgegeben werden.

Schließlich können mittels der `cbind()`-Funktion die jeweiligen erstellten Objekte als Spalten (*Columns*) »aneinandergebunden« werden und eine dreispaltige Gesamttabelle erstellt werden:

```
tabelle <- cbind(absh, relh, kumh)
```

Im Ergebnis wird folgende Tabelle ausgegeben, wenn das Objekt `tabelle` in die Konsole eingegeben und mit `Enter` ausgeführt wird:

```
> tabelle
  absh  relh   kumh
1   16 22.54  22.54
2   18 25.35  47.89
3   11 15.49  63.38
4   12 16.90  80.28
5   14 19.72 100.00
```

5.2 Lageparameter

Lageparameter zeigen die zentrale Tendenz einer Verteilung. Sie beschreiben mit einer Kennzahl, wo das Zentrum der Verteilung liegt, also z.B. was der Einkommensdurchschnitt (Mittelwert) oder das mittlere Einkommen (Medianeinkommen) sind.

Die wichtigsten, weil gebräuchlichsten Lageparameter sind:

- der Mittelwert (= arithmetisches Mittel),
- der Median,
- der Modus sowie
- die Quantile.

Da es sich nicht um ein Grundlagenbuch zur deskriptiven und induktiven Statistik handelt, werde ich die jeweiligen Lageparameter nur kurz erklären.

Der **arithmetische Mittelwert** ist der Durchschnitt der Beobachtungen. Er summiert die Werte alle Beobachtungen auf und teilt sie durch die Anzahl der Beobachtungen. Im Beispiel des Mittelwerts des Einkommens spricht man vom Durchschnittseinkommen. R bietet mit der `mean()`-Funktion eine bereits implementierte Berechnungsmöglichkeit. Die zu berechnende Variable muss lediglich in die Funktion gesetzt werden.

Der **Median** ist der Mittelpunkt der Verteilung. 50 % der Werte sind ≤ Median sowie 50 % ≥ Median. Die Stichprobe würde man hier aufsteigend oder absteigend sortieren und anschließend den Wert in der »Mitte der Liste« wählen. Bei ungerader Anzahl ist die Mitte offensichtlich. Bei einer geraden Anzahl werden die beiden Werte links und rechts der theoretischen Mitte addiert und dieser Wert dann halbiert. In R nutzt man hierfür die `median()`-Funktion.

Der **Modus** ist der Wert, der in einer Stichprobe am häufigsten vorkommt (z.B. die Lieblingsfarbe Grün oder die Motivationsausprägung 2). In R existiert dafür leider keine Funktion. Die Funktion zur absoluten Häufigkeit (`table()`) kann hierfür jedoch genutzt werden. Die Häufigkeiten werden innerhalb der Häufigkeitstabelle mit der `sort()`-Funktion und dem Argument `decreasing = TRUE` absteigend sortiert, sodass am Beginn der Häufigkeitstabelle die am häufigsten vorkommende Ausprägung steht.

Die (p-)**Quantile** sind eng mit dem Median verwandt bzw. der Median stellt das 50%-Quantil dar. p-Quantile geben immer den Wert der Stichprobe zurück, sodass ein Anteil von p-Prozent kleiner als das p-Quantil ist. In R existiert hierfür die `quantile()`-Funktion. Standardmäßig gibt sie die Quartile aus, die die Stichprobe viertelt, also 25%-, 50%-, 75%-Quantile. Das 0%-Quantil ist das Minimum und das 100%-Quantil das Maximum der Stichprobe und beide werden auch ausgegeben.

Mit der `summary()`-Funktion können Minimum, Maximum, 1. sowie 3. Quartil, Median und Mittelwert angefordert werden.

```
# Berechnung des Mittelwerts
mean(data$Einkommen)

# Berechnung des Medians
median(data$Einkommen)

# Berechnung des Modus
sort(table(data$Motivation), decreasing = TRUE)

# Berechnung der Quartile
quantile(data$Einkommen)

# Berechnung des 0,1-Quantils, 10%-Quantils
quantile(data$Einkommen, probs = 0.1)

# Nutzen der summary()-Funktion
summary(data$Einkommen)
```

Der Output enthält Folgendes:

```
# Mittelwert des Einkommens
> mean(data$Einkommen)
[1] 3605.634
```

```
# Median des Einkommens
> median(data$Einkommen)
[1] 3600

# Modus der Motivation
> sort(table(data$Motivation), decreasing = TRUE)
 2  1  5  4  3
18 16 14 12 11

# Quartile
> quantile(data$Einkommen, probs = 0.1)
  0%  25%  50%  75% 100%
1400 2500 3600 4650 5500

# 0,1-Quantils, 10%-Quantils
> quantile(data$Einkommen, probs = 0.1)
 10%
1900

# Summary()_Funktion
> summary(data$Einkommen)
Min. 1st Qu.  Median    Mean 3rd Qu.    Max.
1400    2500    3600    3606    4650    5500
```

Neben diesen vier wichtigen Lageparametern zeige ich der Vollständigkeit halber noch die seltener verwendeten folgenden Lageparameter:

- der getrimmte Mittelwert,
- das geometrische Mittel sowie
- das harmonische Mittel.

Der **getrimmte Mittelwert** schneidet einen Prozentsatz der kleinsten und größten Werte ab und kann ebenfalls mit der `mean()`-Funktion berechnet werden, muss allerdings um das Argument `trim` = erweitert werden, das den Prozentwert der kleinsten und größten abzuschneidenden Werte angibt.

Das **geometrische Mittel** zieht die n-te Wurzel aus dem Produkt aller Beobachtungen. In R gibt es im `psych`-Paket die `geometric.mean()`-Funktion zur Berechnung.

Das **harmonische Mittel** teilt die Anzahl der Beobachtungen durch die Summe der Kehrwerte der Beobachtungen und wird mit der `harmonic.mean()`-Funktion des `psych`-Pakets berechnet.

```
# Berechnung des getrimmten Mittelwerts
mean(data$Einkommen, trim = 0.2)

# Berechnung des geometrischen Mittels nach Installation und Laden des psych-Pakets
install.packages("psych")
library (psych)
geometric.mean(data$Einkommen)

# Berechnung des harmonischen Mittels
library(psych)
harmonic.mean(data$Einkommen)
```

```
# Getrimmter Mittelwert des Einkommens
> mean(data$Einkommen, trim = 0.2)
[1] 3632.558

# Geometrisches Mittel des Einkommens
> geometric.mean(data$Einkommen)
[1] 3351.416

# Harmonisches Mittel des Einkommens
harmonic.mean(data$Einkommen)
[1] 3081.785
```

5.3 Streuparameter

Streuparameter zeigen die Streuung einer Verteilung. Sie beschreiben mit einer Kennzahl, wie die Verteilung um ihr Zentrum herum streut, also z.B. wie ungleich das Einkommen oder Vermögen verteilt ist.

Die wichtigsten und gebräuchlichsten Streuparameter sind:

- die Standardabweichung,
- die Varianz,
- der Variationskoeffizient,

- die Spannweite sowie
- der Interquartilsabstand.

Die **Standardabweichung** ist die n-te Wurzel der mittleren quadrierten Abweichungen der Beobachtungen vom Mittelwert. Sie ist die Streuung um den Mittelwert. In R wird hierfür die `sd()`-Funktion genutzt.

Die **Varianz** ist das Quadrat der Standardabweichung und kann in R über die `var()`-Funktion errechnet werden.

Der **Variationskoeffizient** ist der Quotient aus Standardabweichung und arithmetischem Mittel und kann in R mit den bereits vorgestellten Funktionen einfach berechnet werden. Er ist die dimensionslose Streuung um den Mittelwert und hängt damit nicht vom Wertebereich bzw. der Einheit der Variablen ab.

Die **Spannweite** ist die Differenz aus dem Maximalwert und dem Minimalwert und gibt an, wie breit die Verteilung ist. In R kann hierfür die `range()`-Funktion genutzt werden, die Maximal- und Minimalwert ausgibt. Aus jenen kann händisch in R die Differenz gebildet werden.

Der **Interquartilsabstand** ist die Differenz aus 3. Quartil (75%-Quantil) und 1. Quartil (25%-Quantil) und zeigt an, wie breit das Intervall ist, in dem 50 % der Beobachtungen liegen. In R kann die `IQR()`-Funktion genutzt werden.

```
# Berechnung der Standardabweichung
sd(data$Einkommen)

# Berechnung der Varianz
var(data$Einkommen)

# Berechnung des Variationskoeffizienten
sd(data$Einkommen)/mean(data$Einkommen)

# Berechnung der Spannweite
range(data$Einkommen)

# Berechnung des Interquartilsabstands
IQR(data$Einkommen)
```

```
# Standardabweichung des Einkommens
> sd(data$Einkommen)
[1] 1289.616
```

```
# Varianz des Einkommens
> var(data$Einkommen)
[1] 1663111

# Variationskoeffizient des Einkommens
> sd(data$Einkommen)/mean(data$Einkommen)
[1] 0.3576671

# Spannweite des Einkommens
> range(data$Einkommen)
[1] 1400 5500

# Interquartilsabstand des Einkommens
> IQR(data$Einkommen)
[1] 2150
```

5.4 Schiefe und Kurtosis

Schließlich sind noch Schiefe und Kurtosis zu nennen.

Die Schiefe gibt die Abweichung einer Verteilung von einer zum Mittelwert symmetrischen Verteilung an, wohingegen die Kurtosis die Gleichmäßigkeit der Streuung anzeigt. Zum Beispiel ist die Einkommensverteilung zumeist linkssteil. Es gibt recht viele Haushalte, die unter dem Einkommensdurchschnitt liegen. Je mehr Haushalte dasselbe Einkommen erzielen würden, desto stärker ist die Wölbung an dieser Stelle.

Für diese beiden Parameter existiert keine gesonderte Funktion im R-Basispaket. Im nachfolgenden Abschnitt 5.5 wird dies mit der `describe()`-Funktion des `psych`-Pakets beschrieben.

Die **Schiefe** gibt die Symmetrie der Verteilung an und ist bei einem Wert < 0 ein Indikator einer linksschiefen (rechtssteilen) Verteilung. Linksschief bzw. rechtssteil heißt grafisch ausgedrückt, dass die Verteilung auf der rechten Seite (vom Mittelwert aus) mehr Werte als links hat. Eine Schiefe > 0 bedeutet, die Verteilung ist rechtsschief bzw. linkssteil und hat mehr Werte auf der linken Seite (vom Mittelwert aus).

Die **Kurtosis** (auch **Exzess**) zeigt die Wölbung bzw. Steilheit oder »Spitzigkeit« der Verteilung. Ist sie gering (< 0), ist die Streuung eher gleichmäßig und es gibt folglich weniger Extremwerte als bei einer hohen (> 0) Kurtosis. Meist wird umgangssprachlich von Kurtosis gesprochen, aber eigentlich Exzess gemeint. Letzteres ist eine korrigierte Kurtosis, die leichter zu interpretieren ist. Sowohl in der `describe()`-Funktion des `psych`-Pakets als auch im Verlauf des Buches wird dies ebenso gehandhabt. Oben genannte Werte (< 0, > 0) sind hierauf bezogen.

5.5 Überblicksfunktionen für die deskriptive Statistik in R

An dieser Stelle werden zwei Funktionen gezeigt, die eine Sammlung an Lage- und Streuparametern ausgeben und für einen Ersteindruck sehr gut geeignet sind. Es gibt noch viele weitere Funktionen/Pakete, die dies leisten. Auf deren Auflistung verzichte ich an dieser Stelle.

5.5.1 Überblick mit describe()

Eine erste Möglichkeit, diverse Lage- und Streuparameter anzufordern, kann über die `describe()`-Funktion des `psych`-Pakets erfolgen.

```
install.packages("psych")
library(psych)
describe(data$Einkommen)
```

Hinweis: Die Ausgabe wurde aus Darstellungsgründen manuell umgebrochen und auf 2 Zeilen verteilt.

```
   vars  n    mean      sd median trimmed
X1    1 71 3605.63 1289.62   3600 3636.84

    mad  min  max range  skew kurtosis     se
1630.86 1400 5500  4100 -0.09    -1.39 153.05
```

Zu sehen sind die Anzahl der Beobachtungen (`n`), der Mittelwert (`mean`), die Standardabweichung (`sd`), der `Median`, der getrimmte Mittelwert (`trimmed`), die mittlere absolute Abweichung (`mad`), Minimum (`min`), Maximum (`max`), Spannweite (`range`), Schiefe (`skew`), Kurtosis (`kurtosis`) und Standardfehler des Mittelwerts (`se`).

In der Hilfe zur Funktion können noch viele weitere Anpassungsmöglichkeiten nachgeschlagen werden, wie z.B. `IQR = TRUE` für den Interquartilsabstand.

5.5.2 Überblick mit Desc()

Die `Desc()`-Funktion des `DescTools`-Pakets beschreibt hier die Variable »Berufserfahrung« (abgekürzt mit `Erfahrung`).

```
install.packages("DescTools")
library(DescTools)
Desc(data$Erfahrung)
```

`Desc()` gibt standardmäßig eine sehr umfangreiche textliche Darstellung aus:

```
data$Erfahrung (numeric)

  length       n     NAs  unique      0s    mean  meanCI'
      71      71       0      29       0   16.23   14.18
          100.0%    0.0%            0.0%           18.28

     .05     .10     .25  median     .75     .90     .95
    3.00    4.00    9.00   16.00   22.00   28.00   30.00

   range      sd   vcoef     mad     IQR    skew    kurt
   33.00    8.66    0.53   10.38   13.00    0.13   -0.84

lowest : 1.0 (2), 2.0 (2), 4.0 (5), 5.0, 6.0
highest: 27.0 (2), 28.0 (2), 29.0 (2), 31.0, 34.0 (3),
95%-CI (classic)
```

Zu sehen sind neben den bereits in den Abschnitten 5.2–5.4 vorgestellten Parametern auch mit `unique` sowohl die Anzahl einmalig vorkommender Ausprägungen (hier 29) als auch die Anzahl der niedrigsten und höchsten Werte am Ende des Outputs (`lowest`, `highest`).

Zusätzlich zur textlichen wird auch eine grafische Übersicht bestehend aus Histogramm, Boxplot und einer kumulierten Häufigkeitsfunktion (vgl. Abbildung 5.1) ausgegeben. Hier kann eine etwas linkssteilere Verteilung im Histogramm erkannt werden, da die Säulenhöhe als Ausdruck der Häufigkeit auf der linken Diagrammseite etwas höher ist als auf der rechten.

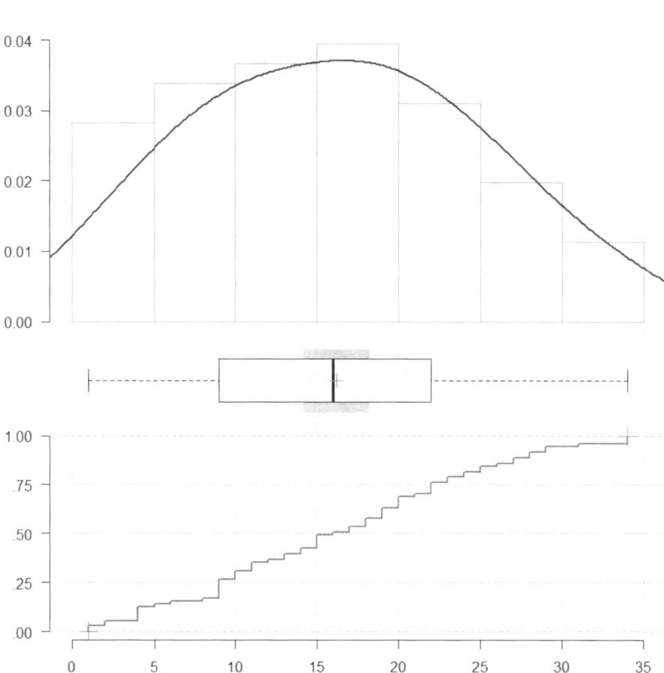

Abb. 5.1: Grafischer Output zur Charakterisierung der Verteilung einer Variablen, hier: (Berufs-)Erfahrung

5.6 Deskriptive Statistiken für Untergruppen

Die bisher gezeigten Funktionen wurden jeweils auf die vollständige Stichprobe angewandt. Mitunter kann es notwendig sein, deskriptive Statistiken für Teile bzw. Untergruppen anzufordern.

5.6.1 Nutzen von tapply()

Für deskriptive Statistiken für Teilgruppen bietet R die `tapply()`-Funktion. Zunächst muss die zu beschreibende Variable, danach die Gruppenvariable und anschließend die gewünschte Funktion eingegeben werden. Am Beispiel des Einkommens je Geschlecht würde dies wie folgt aussehen:

```
tapply(data$Einkommen, data$Geschlecht, summary)
```

und zu folgendem Ergebnis führen, wo geringfügige Unterschiede bei Minimum, Median, Mittelwert und 3. Quartil erkennbar sind:

```
$m
   Min. 1st Qu.  Median    Mean 3rd Qu.    Max.
   1400    2500    3800    3636    4625    5500

$w
   Min. 1st Qu.  Median    Mean 3rd Qu.    Max.
   1500    2500    3400    3574    4800    5500
```

5.6.2 Nutzen von describeBy()

Da es etwas mühselig sein kann, die benötigten Funktionen einzugeben, gibt es im psych-Paket die describeBy()-Funktion.

```
install.packages("psych")
library(psych)
describeBy(data$Einkommen, data$Geschlecht)
```

Dies führt zu einer recht breiten Darstellung. Zu sehen sind pro Geschlecht die bereits in Abschnitt 5.5 genannten Lage- und Streuparameter sowie Wölbung und Kurtosis:

```
Descriptive statistics by group
group: m
   vars  n    mean      sd median trimmed
X1    1 36 3636.11 1301.68   3800    3670

    mad  min  max range  skew kurtosis     se
1556.73 1400 5500  4100 -0.21    -1.32 216.95
------------------------------------------------------------
group: w
   vars  n    mean      sd median trimmed
X1    1 35 3574.29 1295.32   3400  3593.1
```

```
     mad  min  max range skew kurtosis      se
1779.12 1500 5500  4000 0.04    -1.52 218.95
```

Soll noch ein weiterer Faktor hinzugenommen werden, z.B. Herkunft (Land, Kleinstadt, Großstadt), wird dies mit `group =` und einem `:` zwischen den Faktoren ausgedrückt.

```
describeBy(data$Einkommen, group = data$Geschlecht :
data$Herkunft)
```

Dies ist besonders hilfreich für einen deskriptiven Ersteindruck für mehrfaktorielle oder gemischte ANOVA (vgl. Abschnitt 12.1 bzw. 12.2). Jedoch kann auch mit dem nachfolgend vorgestellten sog. Pipe-Operator das gleiche Ergebnis erzielt werden.

5.6.3 Nutzen des Pipe-Operators

Eine Einführung zum Pipe-Operator `%>%` wurde in Abschnitt 2.5 gezeigt. Nach Laden des `dplyr`-Pakets wird der Data Frame `data` eingegeben, gefolgt vom Pipe-Operator `%>%` und der `group_by()`-Funktion, die das Lage- und Streumaß nach Geschlecht für die Variable »Zufriedenheit« anfordert. Mit einem letzten Pipe-Operator `%>%` und der `mean()`- und `sd()`-Funktion werden Mittelwert und Standardabweichung berechnet. Das Anhängen von `as.data.frame()` sorgt für ein schöner lesbares Outputformat, ist aber optional.

```
library(dplyr)
data %>%
  group_by(Geschlecht) %>%
  summarize(M = mean(Zufriedenheit),
            SD = sd(Zufriedenheit),
  ) %>%
  as.data.frame()
```

Weitere berechenbare Lage- und Streumaße sind:

- `n()` für die Anzahl
- `var()` für die Varianz
- `min()` für das Minimum
- `max()` für das Maximum

- `median()` für den Median
- `quantile( , 0.25)` für z.B. das erste Quartil
- `IQR()` für den Interquartilsabstand

5.7 Zusammenhänge

Zusammenhangsprüfungen zwischen zwei (und später auch mehr) Variablen zeigen, ob gewisse Ausprägungen einer Variablen mit gewissen Ausprägungen einer zweiten Variablen auftreten. Gibt es beispielsweise geschlechterspezifische Lieblingsfarben oder sind größere Menschen schwerer? Je nach Skalenniveau sind hier allerdings Einschränkungen zu beachten. Für Variablen auf kategorialem und/oder ordinalem Skalenniveau kann im Rahmen einer deskriptiven Analyse problemlos kreuztabelliert werden. Kreuztabellen können zwar generell für alle Skalenniveaukombinationen generiert werden, allerdings ist dies bei intervall- oder verhältnisskalierten Variablen meist aufgrund der höheren Anzahl an vorkommenden Ausprägungen und geringeren Häufigkeiten weniger sinnvoll und Korrelationen rücken in den Vordergrund. Diese reiße ich im Rahmen dieses deskriptiven Kapitels nur grundlegend an und vertiefe sie in Kapitel 13 im Rahmen von Hypothesentests.

5.7.1 Kreuztabellen

Wie bereits erwähnt, ist es sinnvoll, Kreuztabellen für Variablen mit höchstens ordinalem Skalenniveau zu erstellen, weswegen sich die folgenden Ausführungen auch an dieser Empfehlung orientieren. Kreuztabellen stellen die Häufigkeiten des gemeinsamen Auftretens von Ausprägungen zweier verschiedener Variablen dar. Wie oft haben in der Stichprobe Frauen die Lieblingsfarbe Grün, wie oft Männer usw.?

Für die Erzeugung von Kreuztabellen existieren in R verschiedene Funktionen. Die einfachste knüpft an die Häufigkeitstabelle aus Abschnitt 5.1.1 an und verwendet den `table()`-Befehl. Diesmal sind allerdings die beiden Variablen, die kreuztabelliert werden sollen, mit Komma getrennt an die Funktion zu übergeben:

```
> table(data$Geschlecht, data$Lieblingsfarbe)

    Blau Gelb Grün Rot Schwarz
  m    6    9    9   8       4
  w    8    5    5   7      10
```

Hieran ist ersichtlich, dass Männer in der Stichprobe die Lieblingsfarbe Blau 6-mal haben, Gelb 9-mal usw. Frauen haben in der Stichprobe 8-mal die Lieblingsfarbe Blau, 5-mal Gelb usw.

Alternativ kann mit der `xtabs()`-Funktion eine Kreuztabelle mit identischem Ergebnis erzeugt werden. Hier werden lediglich die Variablennamen noch mit ausgegeben.

```
> xtabs (~ data$Geschlecht + data$Lieblingsfarbe)

                data$Lieblingsfarbe
data$Geschlecht Blau Gelb Grün Rot Schwarz
              m    6    9    9   8       4
              w    8    5    5   7      10
```

In Abschnitt 13.5 »Chi²-Test auf Unabhängigkeit« der beiden kreuztabellierten Merkmale stehen Kreuztabellen erneut im Fokus. Hierzu wird die `CrossTable()`-Funktion verwendet, die auch die zeilenweisen, spaltenweisen und tabellenweisen relativen Häufigkeiten ausgibt.

5.7.2 Korrelation

Wie bereits angedeutet, drücken Korrelationen einen Zusammenhang zwischen zwei Variablen aus. Es wäre unvollständig, sie an dieser Stelle nicht zu erwähnen, obgleich dieses Kapitel deskriptive Statistiken beschreibt und Korrelationen eher im Bereich von Hypothesentests zu finden sind. Dennoch gibt es viele statistische Arbeiten, die im Rahmen ihrer Stichprobenbeschreibung auch pauschal Korrelationstabellen präsentieren – diesen Ansatz vertrete ich explizit nicht.

Als Kompromiss benennt dieser Absatz die grundlegenden Korrelationskoeffizienten in Abhängigkeit zum Skalenniveau der zu korrelierenden Variablen in der nachfolgenden Tabelle 5.1.

Paarung	Intervall/ Verhältnis	Ordinal	Nominal
Intervall/ Verhältnis	Pearson (Abschnitt 13.1)	Spearman (Abschnitt 13.2) Kendalls Tau (Abschnitt 13.3)	Pearson-Punkt-biseriale Korrelation* (Abschnitt 13.4)
Ordinal		Spearman (Abschnitt 13.2) Kendalls Tau (Abschnitt 13.3.) Chi² ** (Abschnitt 13.5)	Chi² (Abschnitt 13.5) Kontingenzkoeffizient / Cramer V (Abschnitt 13.6)
Nominal			Chi² (Abschnitt 13.5) Kontingenzkoeffizient / Cramer V (Abschnitt 13.6) Odds-Ratio* (Abschnitt 13.7)
*: für dichotome nominale Variablen **: sofern beide Variablen über eine geringe Anzahl Ausprägungen verfügen			

Tab. 5.1: Übersicht der Korrelationskoeffizienten in Abhängigkeit der Skalenniveaus der zu korrelierenden Variablen

Teil III
Diagramme

Im dritten Teil dieses Buches stehen grafische Veranschaulichungen im Vordergrund. In **Kapitel 6** werden Diagramme und deren Erstellung vorgestellt, die eine Variable bzw. deren Verteilung charakterisieren: Histogramme (Abschnitt 6.1), Säulendiagramme (Abschnitt 6.2) und Balkendiagramme (Abschnitt 6.3), Boxplot (Abschnitt 6.4) sowie Kreisdiagramm (Abschnitt 6.5). Dies geschieht sowohl mit der Basisversion von R als auch aus Gründen einer besseren Darstellung mit dem Paket »ggplot2«. Am Ende dieses Kapitels wird das Q-Q-Diagramm als Spezialdiagramm vorgestellt (Abschnitt 6.6), das bei einigen analytischen Verfahren in der Voraussetzungsprüfung Anwendung findet.

In **Kapitel 7** werden Veränderungen einer Variablen im Zeitverlauf dargestellt, was vor allem über Liniendiagramme mit der Basisversion von R dargestellt wird (Abschnitt 7.1). Die deutlich umfangreicheren Möglichkeiten von »ggplot2« werden zusätzlich mit gestapelten Flächendiagrammen, Boxplots und Säulendiagrammen gezeigt (Abschnitt 7.2).

In **Kapitel 8** wird schließlich mit Streudiagrammen (Abschnitt 8.1) und Korrelationsdiagrammen (Abschnitt 8.2) die Möglichkeit von Zusammenhangsdarstellungen gezeigt.

Allgemeine Darstellungen von Verteilungen für eine oder mehrere Gruppen

Zu Beginn dieses Kapitel möchte ich darauf hinweisen, dass es nicht DEN besten Weg gibt, ein Diagramm zu erstellen und zu formatieren. Die Angemessenheit der Formatierung hängt stets von den Formatvorgaben des Lehrstuhls, Instituts, Verlags usw. ab. Als Faustregel gilt jedoch: Nüchterner ist »besser«. Die wichtigsten Abbildungen werden – sofern möglich und praktikabel – in der Standardformatierung von R erstellt. Allerdings können damit manche Elemente von Diagrammen nur unnötig kompliziert oder mit Abstrichen eingefügt werden.

Zusätzlich zeige ich daher das entsprechende Vorgehen im Paket `ggplot2`, das das Erstellen sehr ansehnlicher und gleichzeitig noch stärker anpassbarer Grafiken ermöglicht. Da `ggplot2` unglaublich viele Anpassungen und auch z.T. verschiedene Wege hierfür erlaubt, kann hier nur ein Bruchteil dargestellt werden (vgl. *https://raw.githubusercontent.com/rstudio/cheatsheets/main/data-visualization.pdf*). Die wesentlichsten Aspekte sind in jedem Fall abgedeckt.

Die Installation erfolgt einmalig über die `install.packages()`-Funktion. Die `library()`-Funktion muss bei jeder Verwendung nach einem Neustart von RStudio ausgeführt werden.

```
install.packages("ggplot2")
library(ggplot2)
```

6.1 Histogramm

6.1.1 Histogramm mit der Basisversion von R

Eines der zur Beschreibung einer Verteilung hilfreichsten Diagramme ist das Histogramm. Es wird ergänzend zu den im vorangegangenen Kapitel dargestellten Lage- und Streuparametern verwendet und beschreibt die Verteilung einer Variablen. Man könnte es auch als grafische Häufigkeitstabelle bezeichnen. Besonders gut eignet es sich für **intervall- bzw. verhältnisskalierte** Variablen, weil es, wahlweise auch automatisch, Intervalle bildet und die Häufigkeiten hierin zählt. Ein Beispiel könnte sein, wie sich das Einkommen in der Stichprobe verteilt, also wie häufig das Einkommen 1000€–1200€, 1200€–1400€ usw. vorkommt.

In R nutzt man hierfür die `hist()`-Funktion für die jeweilige Variable.

```
hist(data$Einkommen)
```

Hiermit wird ein einfaches Histogramm für die metrisch skalierte Variable »Einkommen« erzeugt, wie in Teil A von Abbildung 6.1 zu sehen ist.

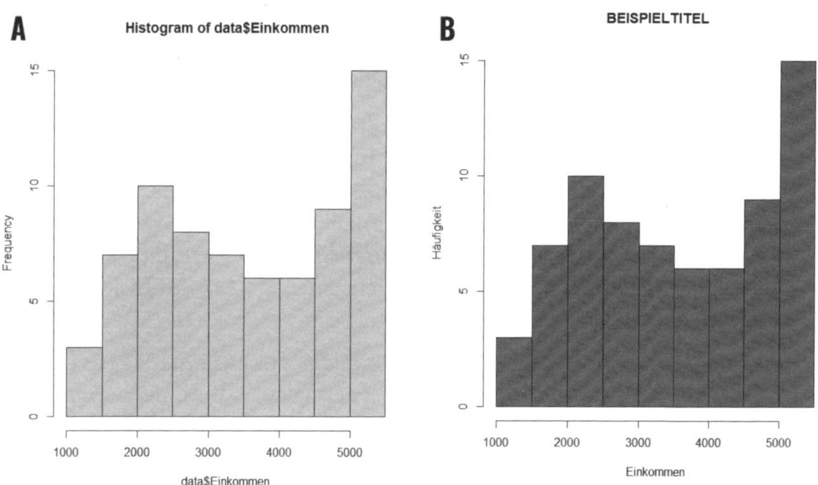

Abb. 6.1: Histogramm für die Variable »Einkommen« (A) sowie ein angepasstes Histogramm (B)

Allerdings ist erkennbar, dass ein aussagekräftiger Titel sowie treffende Beschriftungen für die x-Achse und die y-Achse zu ergänzen sind.

- Mit dem Argument `breaks = c()` innerhalb von `hist()` können manuell Säulenbreiten definiert werden, z.B.:

  ```
  breaks = c(0,1000,3000,5000,7000)
  ```

  Die erste Säule reicht von 0 bis 1000, die zweite von 1000 bis 3000 usw. Allerdings werden an der y-Achse die Häufigkeiten nun relativ statt absolut dargestellt. Daher ist diese Funktion bei Histogrammen zwar prinzipiell einsetzbar, in der Basisversion von R aber mit unnötigem Aufwand verbunden, um wieder eine absolute Darstellung zu erhalten. Deshalb ist die Empfehlung hier die Erstellung mit `ggplot`.
- Mit dem Argument `main = "BEISPIELTITEL"` innerhalb von `hist()` wird ein aussagekräftiger Titel vergeben. Soll kein Titel erscheinen, werden lediglich zwei Anführungszeichen ohne Zwischentext in das Argument eingesetzt. Standardmäßig wird sonst immer »Histogram of [Variable]« als Titel angezeigt.
- Die Achsenbeschriftungen werden mit den Argumenten `xlab` und `ylab` innerhalb von `hist()` vorgenommen. Hierbei wird die jeweilige Beschriftung analog zum Titel in Anführungszeichen gesetzt.
- Die Säulen können mit dem Argument `col` innerhalb von `hist()` eingefärbt werden, z.B. `"steelblue"`. Eine Übersicht über Farben in R gibt der Befehl `demo("colors")`.

```
hist(data$Einkommen, main = "BEISPIELTITEL",
     ylab = "Häufigkeit", xlab = "Einkommen",
     col = "steelblue")
```

Im Ergebnis erhält man das angepasste Histogramm in Teil B von Abbildung 6.1.

Schließlich kann der Informationsgehalt noch erhöht werden, indem an den Säulen jeweils die Häufigkeit der Ausprägung angezeigt wird. Dies ist leider nicht mit einem einzigen Argument lösbar. Zunächst muss das Histogramm einem Objekt (hier dem Buchstaben `h`) zugewiesen werden.

```
h<- hist(data$Einkommen, main = "BEISPIELTITEL",
         ylab = "Häufigkeit", xlab = "Einkommen",
         col = "steelblue")
```

Nun werden mit der `text()`-Funktion die Häufigkeiten nachträglich über das vorhandene Diagramm gelegt (»geplottet«). Hierzu werden im zweidimensionalen Raum die x- und die y-Koordinate definiert und mit dem sog. *labels*-Argument Beschriftungen vergeben:

- Die *x-Koordinate* kann im Objekt `h` mit `h$mids` adressiert werden. `h$mids` ist jeweils die Mitte der Säule bzw. zwischen den `breaks`.
- Die *y-Koordinate* ist schlicht die jeweilige an der y-Achse abgetragene Häufigkeit (`h$counts`).
- Mit `labels = h$counts` wird an jeder Säule die jeweilige Häufigkeit abgetragen.
- Mit `adj = c(0.5, -0.5)` wird die Beschriftung jeweils oberhalb und mittig der Säule geplottet. Die erste Zahl in `adj = c()` ist die Ausrichtung in x-Richtung; `0.5` ist mittig. Die zweite Zahl ist die Ausrichtung in y-Richtung. Mit `-0.5` wird die Beschriftung leicht nach oben abgesetzt.

```
001 text(h$mids, h$counts, labels = h$counts, adj = c(0.5, -0.5))
```

Im Ergebnis erhält man das angepasste Histogramm in Abbildung 6.2.

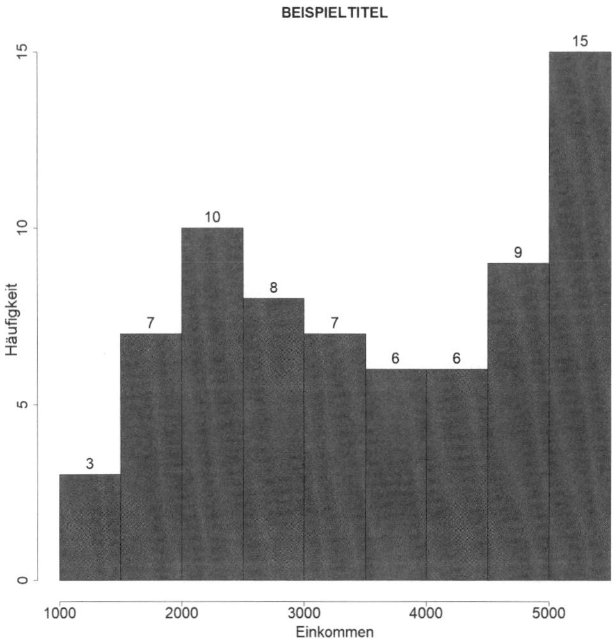

Abb. 6.2: Angepasstes Histogramm mit Häufigkeitsbeschriftung für die Variable »Einkommen«

Weitere Anpassungsmöglichkeiten von Achsen, Schrift usw., die universell für mit der R-Standardformatierung erstellten Grafiken gelten, sind im Anhang ausführlich dargestellt.

6.1.2 Einfaches Histogramm mit ggplot2

Die Erstellung eines Histogramms sowie jedes anderen Diagramms mit dem Paket `ggplot` beginnt stets mit der Funktion `ggplot()`.

- In die Funktion wird die Datenquelle, also der Data Frame, eingesetzt und mit `aes()` – kurz für *aesthetics* – wird definiert, welche Variable(n) im Diagramm dargestellt werden.
- Daran schließt sich nach einem + und einem Zeilenumbruch an, welcher Diagrammtyp erstellt werden soll. Ein Histogramm wird mit `geom_histogram()` angefordert. Für ordinal- und intervall- bzw. verhältnisskalierte Variablen kann dies bereits ausgeführt werden.
- Für **intervall- bzw. intervallskalierte Variablen** empfiehlt es sich noch, mit `binwidth` festzulegen, welcher Bereich mit der Säule abgedeckt werden soll. Im Beispiel von oben soll das Einkommen in 1000er-Intervallen dargestellt werden.
- Für **kategorialskalierte** Variablen ist es zusätzlich notwendig, in die `geom_histogram()`-Funktion das Argument `stat = "count"` aufzunehmen. Hiermit wird eine Zählung für nicht-numerische Variablen (z.B. Lieblingsfarbe) durchgeführt.

```
# (A) Histogramm für metrische Variablen
ggplot(data, aes(x = Einkommen)) +
  geom_histogram(binwidth = 1000)

# (B) Histogramm für kategoriale Variablen
ggplot(data, aes(x = Lieblingsfarbe)) +
  geom_histogram(stat = "count")
```

Der erste Teil (A) des obigen Codes führt zu Teil A in Abbildung 6.3:

Weitere Anpassungen sind hier notwendig und wünschenswert:

- Mit dem Argument `labs(x = ""` und `y = "")`werden die Achsen beschriftet.
- Mit dem Argument `ggtitle("")` wird ein Titel vergeben.

- Mit `color` innerhalb von `geom_histogram()` kann die Rahmenfarbe der Säulen geändert werden.
- Mit `fill` innerhalb von `geom_histogram()` kann die Füllfarbe der Säulen geändert werden.
- Mit `theme(plot.title = element_text(hjust = 0.5))` wird der Titel zentriert über das Diagramm gesetzt (Standard: linksbündig = 0, rechtsbündig = 1).
- Mit `label = ..count..` innerhalb des `aes()`-Arguments von `ggplot()` werden die Häufigkeiten zur Weiterverwendung für `geom_text()` vorbereitet – damit kann oberhalb der Säulen die jeweilige Häufigkeit angezeigt werden.
- `stat = "bin"` innerhalb von `geom_text()` fordert die Zählungen für die Säulen an, `vjust = -0.5` setzt diese zusätzlich etwas nach oben ab, wenn mit `position = "stack"` diese oberhalb der Säulen gesetzt werden.

```
ggplot(data, aes(x = Einkommen,label = ..count..)) +
  geom_histogram(binwidth = 1000, color = "white",
                 fill = "steelblue") +
  labs(x = "Einkommen", y = "Häufigkeit") +
  ggtitle("Histogramm für Einkommen") +
  geom_text(stat = "bin", vjust = -0.5, binwidth = 1000,
            position = "stack") +
  theme(plot.title = element_text(hjust = 0.5))
```

Obiger Code führt zu Teil B in Abbildung 6.3.

Schließlich können noch Funktionen über die Histogramme gelegt werden. Zwei Funktionen sind hierbei besonders wichtig. Zum einen die Normalverteilungskurve (Teil A in Abbildung 6.4) mit der separaten Funktion `stat_function()` mit dem Mittelwert sowie der Standardabweichung und `aes(y = ..density..)` innerhalb von `geom_histogram()`. Sie dient zur Orientierung, wie stark oder wenig die Verteilung der Variablen der Normalverteilung gleicht. Dies ist im späteren Verlauf bei Voraussetzungsprüfungen für analytische Tests noch relevant (vgl. Teil IV dieses Buches).

Zum anderen kann die Dichtefunktion der Variablen (Teil B in Abbildung 6.4) geplottet werden. Hierzu wird die Funktion `geom_density()` verwendet. `aes(y = ..density..)` findet sich hierin wieder. Die Multiplikation mit `(nrow(data)*1000)` sorgt für eine Skalierung der Funktion. 1000 ist hierbei die Intervallbreite der Säulen.

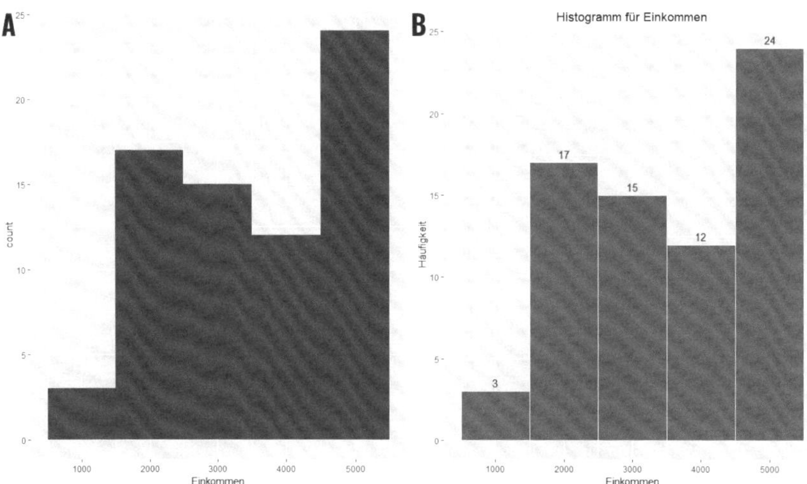

Abb. 6.3: Einfaches Histogramm mit ggplot2 für die Variable »Einkommen« (A) sowie angepasstes Histogramm für die Variable »Einkommen« (B)

Beide Funktionen sind rot (`color = "red"`) und in schmaler Breite (`size = 1`) formatiert.

```
# (A) Normalverteilungskurve
ggplot(data, aes(x = Einkommen))+
  geom_histogram(binwidth = 1000, aes(y = ..density..),
                 fill = "steelblue", color = "grey") +
                 labs(x = "Einkommen", y = "Dichte") +
  stat_function(fun = dnorm,
                args = list(mean = mean(data$Einkommen),
                sd = sd(data$Einkommen)), color = "black",
                size = 1) +
  ggtitle("Histogramm für Einkommen") +
  theme(plot.title = element_text(hjust = 0.5))

# (B) Dichtefunktion
ggplot(data, aes(x = Einkommen)) +
  geom_histogram(binwidth = 1000, fill = "steelblue",
                 color = "grey") +
                 labs(x = "Einkommen", y = "Dichte") +
  geom_density(aes(y = ..density.. * (nrow(data)*1000)),
                   color = "black", size = 1) +
```

```
ggtitle("Histogramm für Einkommen") +
theme(plot.title = element_text(hjust = 0.5))
```

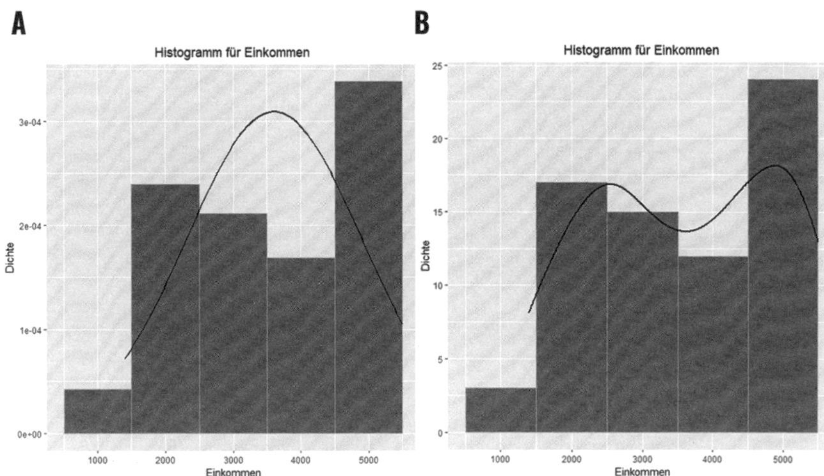

Abb. 6.4: Histogramm mit Normalverteilungskurve für die Variable »Einkommen« (A) sowie Histogramm mit Dichtefunktion für die Variable »Einkommen« (B)

Um bei den Formatierungen nicht unnötig zu experimentieren, gibt es in ggplot sogenannte vorgefertigte *Themes*. Diese werden mit z.B. `theme_minimal()` an den `ggplot()`-Code angehängt:

```
ggplot(data, aes(x = Lieblingsfarbe)) +
  geom_histogram(stat = "count")+
  theme_minimal()
Folgende Vorlagen existieren:
theme_gray()
theme_bw()
theme_linedraw()
theme_light()
theme_dark()
theme_minimal()
theme_classic()
theme_void()
theme_test()
```

6.1.3 Histogramm für Gruppen mit ggplot2

Mitunter kann es notwendig/hilfreich sein, eine grafische Analyse für Teilgruppen der Stichprobe vorzunehmen. Hierzu werden innerhalb von `aes()` noch die Argumente `color =` und `fill =` benötigt, denen die Gruppenvariable zugewiesen wird. Diese muss allerdings als Faktor (vgl. Abschnitt 4.7) vorliegen.

Hinzu kommt noch das Argument `position =` innerhalb von `geom_histogram()`. Die Säulen können

- nebeneinander: `position = "dodge"`
- gestapelt: `position = "stack"`
- übereinander: `position = "identity"`

positioniert werden.

```
ggplot(data, aes(x = Einkommen, color = Geschlecht,
                 fill = Geschlecht)) +
       geom_histogram(binwidth = 1000,
                      position = "stack",
                      color = "white")
```

Im Histogramm von Teil A in Abbildung 6.5 ist zu erkennen, dass ich je Teilgruppe eine andere Farbe verwendet und rechts am Rand eine Legende mit den Beschriftungen eingefügt habe.

Das Argument `position = "identity"` ist nicht zu empfehlen, da selbst mit einer Transparenz (`alpha = 0.5`) innerhalb von `geom_histogram()` die Lesbarkeit leidet.

Die Legende verwendet als Überschrift den Variablennamen und als Legendeneinträge die Faktorausprägungen.

Eine Anpassung der Farben ist mit den bereits im Rahmen der Erstellung eines einfachen Histogramms beschriebenen *Themes* möglich. Zusätzlich kann sowohl mit dem Befehl `scale_fill_manual()` manuell eine Färbung vorgenommen als auch die Legendenbeschriftung angepasst werden. Weitere hilfreiche Argumente (Beschriftung der Achsen, Titel, Zählung der Häufigkeiten), die bereits behandelt wurden, finden im nachfolgenden Diagramm ihren Eingang und sind in Teil B von Abbildung 6.5 zu sehen.

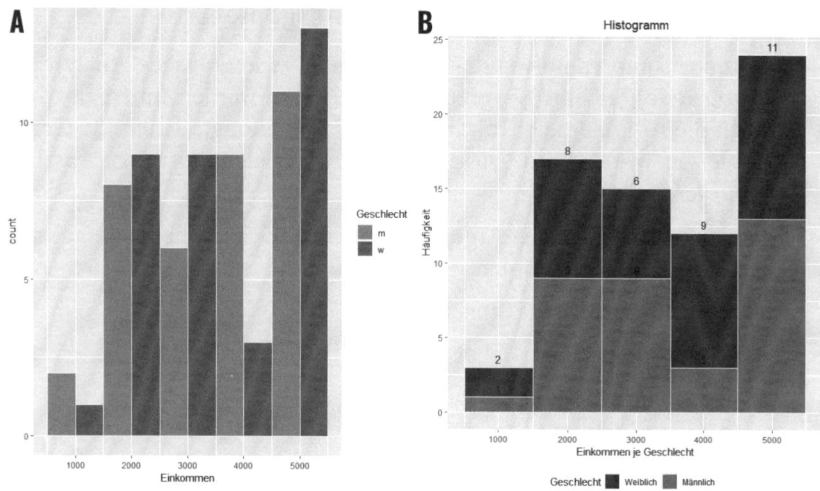

Abb. 6.5: Histogramm für die Variable »Einkommen« der Teilgruppen »m« und »w« (A) sowie angepasstes Histogramm für die Variable »Einkommen« der Teilgruppen »Männlich« und »Weiblich« (B)

```
ggplot(data, aes(x = Einkommen, fill = Geschlecht,
                 label = ..count..)) +
  geom_histogram(binwidth = 1000, position = "stack",
                 color = "white")+

  labs(x = "Einkommen je Geschlecht", y = "Häufigkeit") +
  ggtitle("Histogramm") +
  theme(plot.title = element_text(hjust = 0.5),
        legend.position = "bottom")+
  geom_text(stat = "bin", vjust = -0.5, binwidth = 1000,
            position = "stack", color = "black" )+
  scale_fill_manual(labels = c("Weiblich", "Männlich"),
                    values = c("darkred", "steelblue"))
```

6.2 Säulendiagramm

6.2.1 Säulendiagramm mit der Basisversion von R

Ein einfaches Säulendiagramm eignet sich für die grafische Darstellung der Häufigkeiten von **kategorial- oder ordinalskalierten Variablen**. Hierzu wird die barplot()-Funktion verwendet. Allerdings kann die abzutragende Variable nicht einfach in die Funktion gesetzt und ausgeführt werden. Bei kategorialskalierten Variablen führt dies zu einer Fehlermeldung und bei ordinalskalierten Variablen zu einer wenig hilfreichen Darstellung.

Der barplot()-Befehl wird mit dem in Kapitel 5 vorgestellten table()-Befehl kombiniert und exemplarisch für die Variable »Lieblingsfarbe« durchgeführt:

```
barplot(table(data$Lieblingsfarbe))
```

Hiermit werden die absoluten Häufigkeiten in das Säulendiagramm übertragen.

Zusätzlich sind noch die beim Histogramm eingeführten Argumente main, xlab, ylab, col anwendbar.

```
barplot(table(data$Lieblingsfarbe),
        xlab = "Farben", ylab = "Häufigkeit",
        main = "Lieblingsfarben",
        col = c("blue", "yellow", "green", "red", "black"))
```

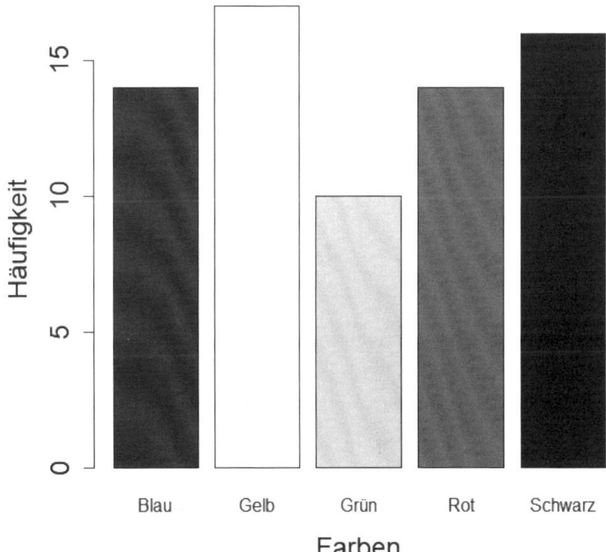

Abb. 6.6: Eingefärbtes Säulendiagramm für die Variable »Lieblingsfarbe«

Die Beschriftungen auf der x-Achse – im Beispiel die Farbkategorien – können mit dem Zusatzargument `names = c()` geändert werden. Hierzu werden die Namen in Anführungszeichen und mit Komma getrennt in die Klammer gesetzt. Dies ist vor allem dann hilfreich, wenn die Variable zwar faktorisiert ist, aber keine benannten Labels hinterlegt sind. Die Reihenfolge ist alphabetisch bzw. aufsteigend.

Eine Beschriftung der Säulen mit den jeweiligen Häufigkeiten ist zwar möglich, aber recht umständlich.

Eine Variante für Teilgruppen der Stichprobe ist auch möglich, wird hier aber aufgrund der geringen Anpassungsmöglichkeiten nur kurz angerissen. Die darzustellende Variable und die Gruppenvariable werden in den `table()`-Befehl gesetzt. Deren Reihenfolge innerhalb von `table()` determiniert hierbei, ob im Beispiel je Geschlecht oder je Lieblingsfarbe eine gestapelte Säule erstellt wird (siehe Teil A+B in Abbildung 6.7).

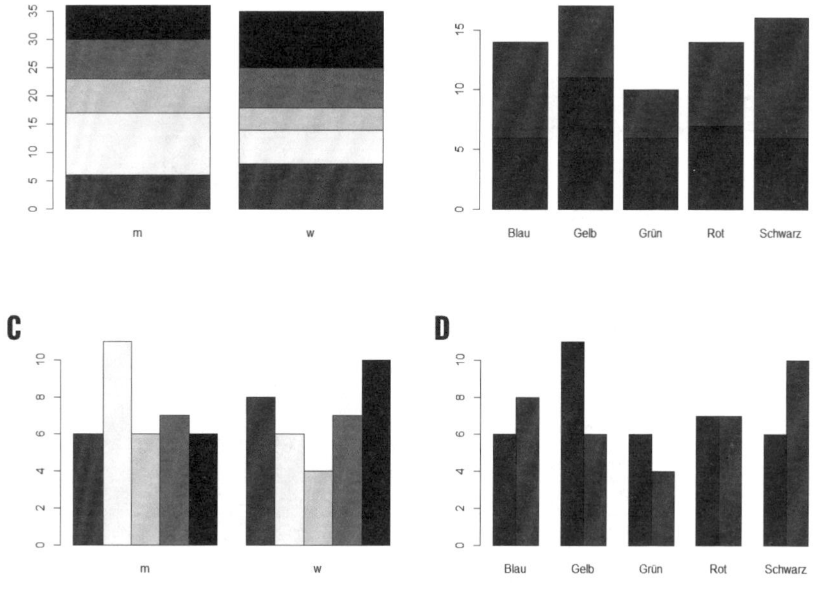

Abb. 6.7: Übersicht über mögliche gestapelte und gruppierte Säulendiagramme für die Variable »Lieblingsfarbe« für die Teilgruppen »m« und »w«

Sollen die Säulen nicht gestapelt, sondern nebeneinander dargestellt werden, kann das Zusatzargument `beside = TRUE` verwendet werden (siehe Teil C+D in Abbildung 6.7).

Im nachfolgenden Code sind die vier Varianten dargestellt:

```
# (A) Gestapelte Säulen - Farben werden je Geschlecht gestapelt
barplot(table(data$Lieblingsfarbe, data$Geschlecht),
        col = c("blue", "yellow", "green", "red", "black"))
# (B) Gestapelte Säulen - Je Farbe werden die Anzahl der Geschlechtsausprägungen gestapelt

barplot(table(data$Geschlecht, data$Lieblingsfarbe),
        col = c("darkblue", "darkred"))
# (C) Gruppierte Säulen - Je Geschlecht hat jede Farbe eine Säule
barplot(table(data$Lieblingsfarbe, data$Geschlecht), beside = TRUE,
        col = c("blue", "yellow", "green", "red", "black"))

# (D) Gruppierte Säulen - Je Farbe werden die Anzahl der Geschlechtsausprägungen in einer separaten Säule abgetragen
barplot(table(data$Geschlecht, data$Lieblingsfarbe), beside = TRUE,
        col = c("darkblue", "darkred"))
```

Eine Erstellung bzw. vor allem die Anpassung eines Säulendiagramms für Teilgruppen funktioniert besser mit `ggplot2`, was nachfolgend zu sehen ist.

6.2.2 Einfaches Säulendiagramm mit ggplot2

Analog zum Histogramm (Abschnitt 6.1) wird die `ggplot()`-Funktion mit dem Argument `data` und `aes()` befüllt. Hieran schließt sich mit einem `+` in der neuen Zeile die Funktion `geom_bar()` für das Säulendiagramm an. Analog zur Erstellung des Säulendiagramms mit der Basisversion von R muss mit `label = ..count..` eine Häufigkeitszählung angefordert werden – es existiert noch ein weiterer Weg, der hier aber nicht dargestellt wird. Bereits erläuterte Beschriftungen für die Achsen als auch den Titel sind identisch.

```
ggplot(data, aes(x = Lieblingsfarbe,label = ..count..))+
  geom_bar()+
  labs(x = "Lieblingsfarbe", y = "Häufigkeit") +
  ggtitle("Säulendiagramm") +
  geom_text(stat = "count", vjust = -0.5)+
  theme(plot.title = element_text(hjust = 0.5))
```

Optional ist eine Einfärbung der Säulen. `geom_bar()` wird entsprechend der (alphabetischen) Reihenfolge mit Farben mit `fill = c()` gefüllt (vgl. Teil A in Abbildung 6.8):

```
geom_bar(fill = c("steelblue", "gold", "darkgreen",
                  "darkred", "black"))
```

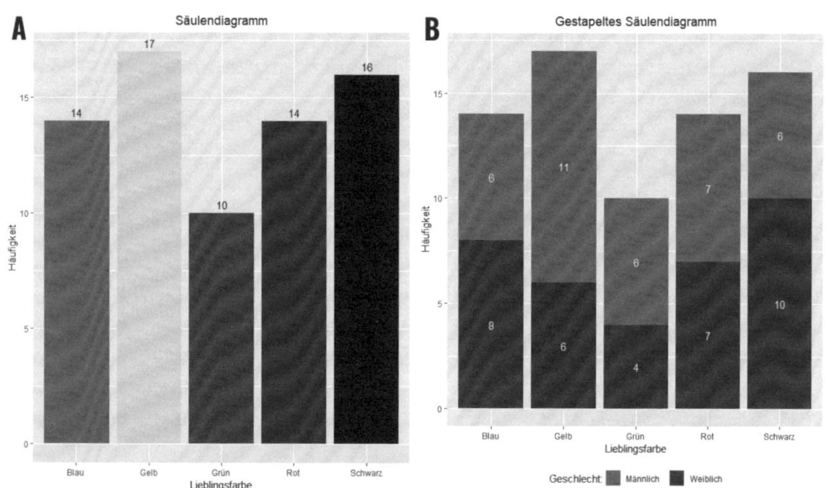

Abb. 6.8: Säulendiagramm mit Häufigkeiten für die Variable »Lieblingsfarbe« mit ggplot2 (A) sowie gestapeltes Säulendiagramm mit ggplot2 für die Variable »Lieblingsfarbe« der Teilgruppen »Männlich« und »Weiblich« (B)

6.2.3 Säulendiagramm für Gruppen mit ggplot2

Wie in Teil B in Abbildung 6.8 zu sehen, kann auch eine Erstellung eines Säulendiagramms für Teilgruppen der Stichprobe vorgenommen werden. Dies klappt mit `ggplot2` analog zum Histogramm. Ein Diskussionsteilnehmer auf *https://stats.stackexchange.com* beschrieb die Funktion `geom_histogram()` treffenderweise als »just a fancy wrapper for `geom_bar()`«.

Folglich werden dieselben Funktionen und Argumente verwendet. Die Beschriftung der Häufigkeiten habe ich diesmal mit `position=position_stack(vjust = 0.5), color = "white"` innerhalb von `geom_text()` mittig in die jeweiligen Säulenabschnitte gesetzt und weiß eingefärbt.

```
ggplot(data = data, aes(x = Lieblingsfarbe,
                        label =..count..,
                        fill = Geschlecht))+
  geom_bar()+
  scale_fill_manual(values = c("steelblue", "darkred"),
                    labels = c("Männlich", "Weiblich"))+
  labs(y = "Häufigkeit", fill = "Geschlecht:")+
  geom_text(stat = "count", position = position_stack(vjust=0.5),
            color = "white")+
  ggtitle("Gestapeltes Säulendiagramm")+
  theme(plot.title = element_text(hjust = 0.5),
        legend.position = "bottom")
```

6.3 Balkendiagramm

6.3.1 Balkendiagramm mit der Basisversion von R

Praktischerweise ist ein Balkendiagramm ein um 90 Grad gedrehtes Säulendiagramm. Dies macht die Erstellung entsprechend einfach und erfordert lediglich das Hinzufügen des Arguments `horiz = TRUE` sowie die Anpassung der Achsenbeschriftungen.

```
barplot(table(data$Lieblingsfarbe),
        xlab = "Häufigkeit", ylab = "Farben",
        main = "Lieblingsfarben",
        horiz = TRUE)
```

Die bereits im Rahmen von Abschnitt 6.2 gezeigte Erstellung eines Säulendiagramms für Teilgruppen kann analog für Balkendiagramme für Teilgruppen vollzogen und mit dem bereits gezeigten Befehl `horiz = TRUE` und der Anpassung der Achsenbeschriftungen vollendet werden.

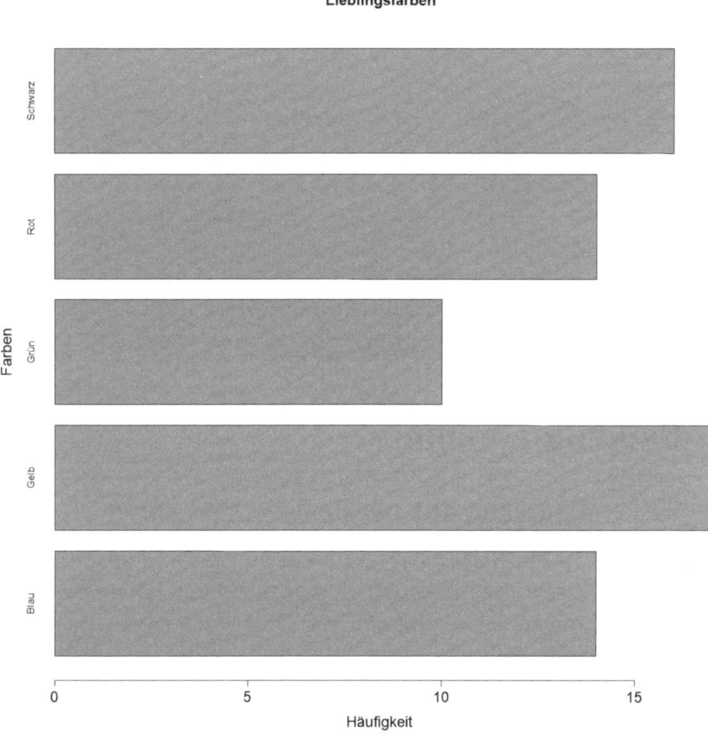

Abb. 6.9: Balkendiagramm für die Variable »Lieblingsfarbe«

6.3.2 Balkendiagramm mit ggplot2

Analog zur Erstellung des Balkendiagramms mit der Basisversion von R wird lediglich ein Säulendiagramm um 90 Grad gedreht (siehe Abbildung 6.10). Hier ist der Befehl `coord_flip()` anzuwenden und die Achsenbeschriftungen sind anzupassen. Im Falle von Häufigkeitsbeschriftungen neben den Balken empfiehlt sich eine horizontale Adjustierung mit `hjust = -0.5`. Auf eine Einfärbung verzichte ich an dieser Stelle und verweise auf Abschnitt 6.2.

```
ggplot(data, aes(x = Lieblingsfarbe, label = ..count..)) +
  geom_bar()+
  coord_flip()+
  labs(y = "Lieblingsfarbe", x = "Häufigkeit") +
```

```
ggtitle("Balkendiagramm") +
geom_text(stat = "count", hjust=-0.5)+
theme(plot.title = element_text(hjust = 0.5))
```

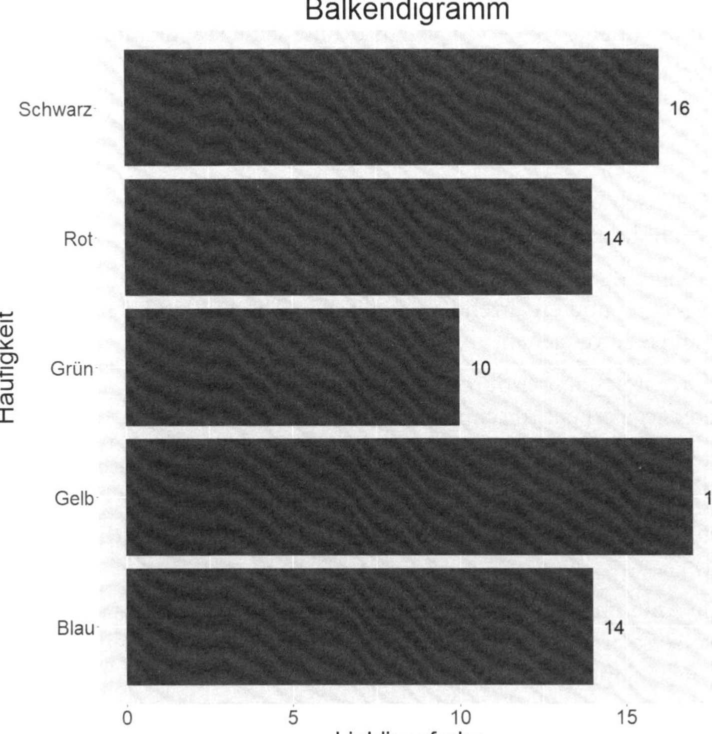

Abb. 6.10: Balkendiagramm mit Häufigkeiten für die Variable »Lieblingsfarbe« mit ggplot2

Auch für das Balkendiagramm für Teilgruppen mit `ggplot2` wird auf die analoge Erstellung zum Säulendiagramm für Teilgruppen in Abschnitt 6.2 verwiesen. Lediglich der Befehl `coord_flip()` ist anzuwenden und die Achsenbeschriftungen sind anzupassen.

6.4 Boxplot

6.4.1 Boxplot mit der Basisversion von R

Ein einfacher Boxplot wird mit der `boxplot()`-Funktion erzeugt. Die abzutragende Variable sollte mindestens ordinalskaliert sein. Sinnvoller ist es aus Darstellungsgründen allerdings für verhältnis- oder intervallskalierte Variablen.

```
boxplot(data$IQ)
```

Exemplarisch wird der Intelligenzquotient (kurz IQ) abgetragen, was zu Teil A in Abbildung 6.11 führt.

Die Abbildungen sind nur bedingt zum Ablesen von Lage- und Streuparametern geeignet und ergänzend zu den in den Abschnitten 5.2 und 5.3 ermittelten Zahlen zu verstehen.

Zur Interpretation der durch einen Boxplot abgebildeten Lage- und Streuparameter (vgl. erneut Abschnitt 5.2 und 5.3):

- Die Box wird durch das **1. Quartil** und das **3. Quartil** aufgespannt (hier: 104 bzw. 128).
- Die vertikale Kantenlänge ist demzufolge der **Interquartilsabstand** (hier: 24).
- Die **Antennen** (»Whisker«) zeigen Maximal- bzw. Minimalwerte oberhalb des 3. Quartils bzw. unterhalb des 1. Quartils an, die keine Extremwerte (umgangssprachlich »Ausreißer«) sind. Deren Längen sind in der Regel nicht symmetrisch (hier: Minimum 90, Maximum 140).
- Punkte bzw. Kreise zeigen **Ausreißer** an, die mindestens den 1,5-fachen Interquartilsabstand oberhalb des 3. Quartils bzw. unterhalb des 1. Quartils haben (im Beispiel ist ein Ausreißer bei 165).
- Der **Median** ist der horizontale schwarze Strich und zeigt die 50%-Mitte der Verteilung – 50 % der Werte sind kleiner sowie 50 % der Werte sind größer als der Median (hier: 115).

Eine unterteilte Darstellung für Teilgruppen gelingt mit ~ (AltGr + + – »Tilde«) zwischen der abzutragenden Variablen und der Gruppenvariablen. Exemplarisch wird für das Geschlecht der IQ separat in Boxplots dargestellt. Gleichzeitig werden Titel und Achsenbeschriftung vergeben. Das Ergebnis findet sich in Teil B von Abbildung 6.11.

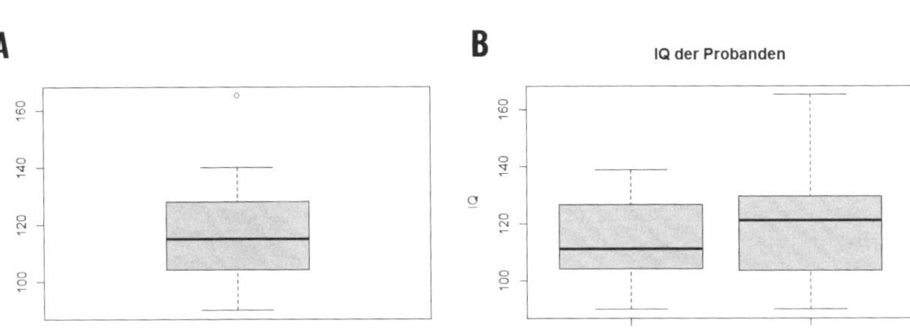

Abb. 6.11: Boxplot für die Variable »IQ« (A) sowie der Teilgruppen »m« und »w« (B)

Zwar sind die Boxen und die Antennen (»Whisker«) recht ähnlich, allerdings kann anhand des schwarzen horizontalen Strichs ein höherer Median bei den Frauen abgelesen werden. In der gemeinsamen Verteilung war der Wert 165 noch als Ausreißer markiert. Aufgrund der generell etwas höher liegenden Box bei der Untergruppe der Frauen ist dieser aber nicht über dem 1,5-fachen Interquartilsabstand oberhalb des 3. Quartils.

```
boxplot(data$IQ~data$Geschlecht,
        ylab = "IQ", xlab = "Geschlecht",
        main = "IQ der Probanden")
```

Eine letzte Formatierungsmöglichkeit ist die Einfärbung der Boxplots und Umbenennung der Kategorien einer Gruppierungsvariablen. Im folgenden Beispiel wird ein Boxplot für die Variable »Einkommen« für jede der 5 Ausprägungen der Gruppierungsvariable »Motivation« erstellt. Hierbei ist mit zunehmender Motivation ein dunkleres Rot verbunden, was mit `col = c()` erreicht wird. Die Beschriftung der Ausprägungen 1–5 der Motivation auf der x-Achse werden mit `names = c()` geändert.

```
boxplot(data$Einkommen~data$Motivation,
        xlab = "Motivation", ylab = "Einkommen",
        main = "Einkommen und Motivation",
        col = c("pink", "deeppink3", "firebrick1",
              "red", "darkred"),
        names = c("keine", "wenig", "mittel", "viel",
                "sehr viel"))
```

Im Ergebnis führt dies zu dem Boxplot in Abbildung 6.12.

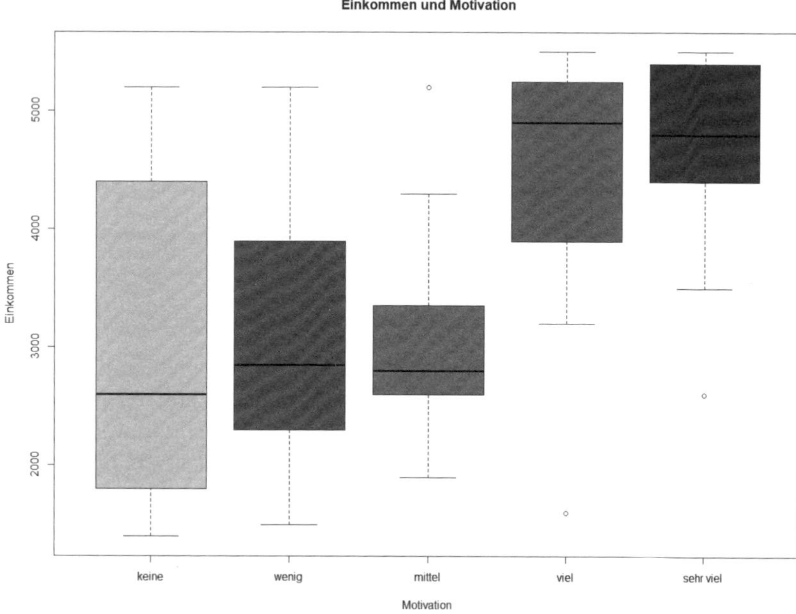

Abb. 6.12: Boxplot für die Variable »Einkommen« für die Teilgruppen »Motivation« »keine« bis »sehr viel«

Weitere Anpassungsmöglichkeiten von Achsen, Schrift usw., die universell für mit der R-Standardformatierung erstellten Grafiken gelten, sind im Anhang ausführlich dargestellt.

6.4.2 Boxplot mit ggplot2

Einen Boxplot mit `ggplot` zu erstellen, beginnt auch mit der `ggplot()`-Funktion, in die die `aes()`-Funktion geschachtelt wird. Darin muss mit `y =` die darzustellende Variable (hier IQ) eingetragen werden. Schließlich braucht es die mit + anzuhängende `geom_boxplot()`-Funktion.

Eine Gruppierung (hier Geschlecht) erfolgt mit der Hinzunahme des bereits aus Histogramm und Säulendiagramm bekannten Arguments `fill =`, wahlweise auch `group =` innerhalb von `aes()`. Letzteres ist jedoch aus Gründen der Übersichtlichkeit nur selten empfehlenswert und ist in Abbildung 6.13 nur exemplarisch gezeigt.

Mit `group = Geschlecht` innerhalb von `aes()` wird keine Einfärbung der Boxplots und kein Hinzufügen einer Legende vorgenommen. Dies passiert mit `fill = Geschlecht`.

```
# (A) Einfacher Boxplot für IQ
ggplot(data, aes(y = IQ)) +
  geom_boxplot()

# (B) Geteilter Boxplot für IQ nach Gruppen
ggplot(data, aes(y = IQ, fill = Geschlecht)) +
  geom_boxplot()
```

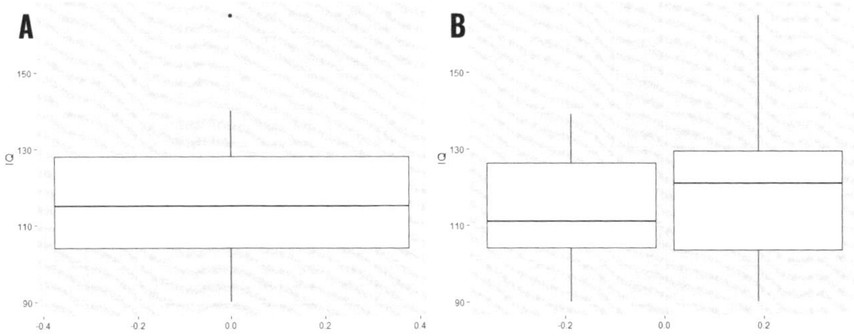

Abb. 6.13: Boxplot für die Variable »IQ« (A) sowie der Teilgruppen »m« und »w« (B)

Die Boxplots können noch erweitert werden.

- Mit `stat_boxplot(geom = "errorbar")` werden die horizontalen Striche an den Enden der Whisker gezeichnet. Da sie standardmäßig in der Breite der Box gezeichnet werden, empfiehlt sich mit `width = 0.25` eine etwas verkleinerte Darstellung. Mit `color =` kann eine beliebige Farbe gewählt werden.
- Mit `coord_flip()` werden die Boxplots um 90 Grad gedreht.
- Auf Höhe des Medians kann mit `notch = TRUE` eine Kerbe eingefügt werden. Dies erleichtert bei mehreren Boxplots das Finden des Medians.
- Mit `outlier.colour =`, `outlier.size =` und `outlier.shape =` können die Extremwerte bzw. »Ausreißer« in Farbe, Größe und Form formatiert werden (zu den sog. Shapes vgl. Anhang).

- Mit `values = c()` und `labels = c()` innerhalb von `scale_fill_manual()` werden Farben und Wertbeschriftungen bei Boxplots mit Teilgruppen vergeben.
- Mit `geom_jitter()` können zusätzlich zum Boxplot alle Datenpunkte eingeblendet werden. Sie werden in x-Richtung zufällig gestreut. Hierzu ist es notwendig, in `aes()` noch mit `x =` einen x-Wert einzufügen. Im Falle eines einfachen Boxplots wird `x = " "` eingetragen. Bei Boxplots für Teilgruppen wird die Gruppenvariable eingesetzt. Mit `size =`, `color =` und `shape =` werden Größe, Farbe und Form angepasst.

```
ggplot(data, aes(x = Geschlecht, y = IQ,
                 fill = Geschlecht)) +
  stat_boxplot(geom = "errorbar", width = 0.25,
               colour = "black") +
  geom_boxplot(notch = TRUE)+
  geom_jitter(size = 1)+
  scale_fill_manual(values = c("steelblue", "darkred"),
                    labels = c("Männlich", "Weiblich"))
```

Hierfür erhält man in Abbildung 6.14 folgende Boxplots:

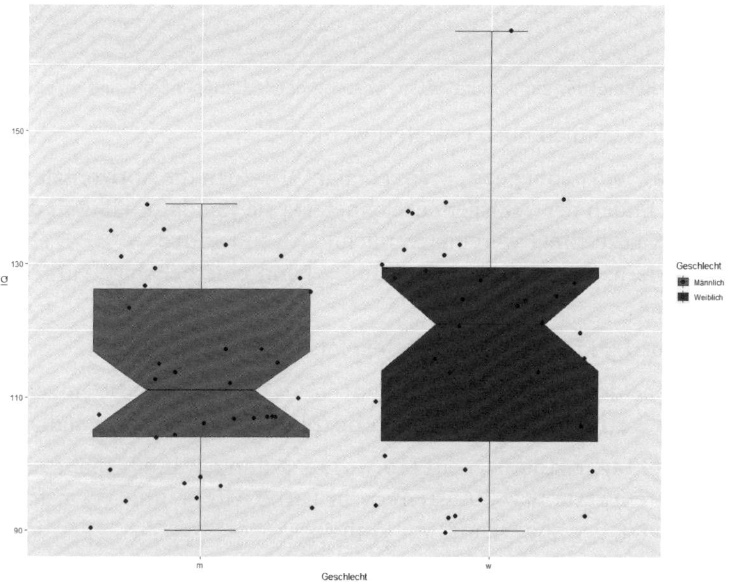

Abb. 6.14: Boxplot für die Variable »IQ« (A) sowie der Teilgruppen »m« und »w« (B)

6.5 Kreisdiagramm

Ein Kreisdiagramm gibt für eine Variable eine Visualisierung der relativen Häufigkeiten an und ist am sinnvollsten für maximal ordinalskalierte Variablen. Kreisdiagramme sind jedoch mit Vorsicht einzusetzen. Wie Sie in Abbildung 6.15 erkennen, ist eine Unterscheidung der Größe der Kreissegmente nur schwer möglich.

In der Basisversion von R kann zur Erstellung die `pie()`-Funktion verwendet werden. Allerdings bedarf es im Vorfeld einiger weniger Berechnungen und Zuweisungen, zumindest dann, wenn ein aussagekräftiges Kreisdiagramm mit Beschriftungen das Ziel ist (vgl. Teil A vs. Teil B in Abbildung 6.15). Am Beispiel der Lieblingsfarbe zeige ich dies nachfolgend:

- Zunächst werden die relativen Häufigkeiten (vgl. Abschnitt 5.1.2) ermittelt. Diese weise ich dem Objekt `prozent` zu, um sie später im Rahmen der Beschriftung für das Kreisdiagramm verwenden zu können.
- Danach werden die Ausprägungen der Variablen »Lieblingsfarbe« einem weiteren Objekt (`farben`) zugewiesen. Achtung: Die Reihenfolge ist immer aufsteigend. Im Falle von Faktoren ist dies alphabetisch. Im Zweifel kann eine Häufigkeitstabelle mit `table()` angefordert werden, um die Reihenfolge zu sehen.
- Diese beiden Objekte verbinde ich im neuen Objekt `beschriftung` mit der `paste()`-Funktion und setze zusätzlich das `%`-Zeichen in die Beschriftung als auch Leerzeichen zwischen `farben` und `prozent` mit `sep=" "`.

Anschließend kann die `pie()`-Funktion verwendet werden und das Objekt `beschriftung` als `labels` festgelegt werden. Gleichzeitig verwende ich darin die `col()`-Funktion zur entsprechenden Einfärbung der Kuchenteile.

```
prozent <- round(prop.table(
                    table(data$Lieblingsfarbe))*100,2)
farben <- c("Blau", "Gelb", "Grün", "Rot", "Schwarz")
beschriftung <- paste(farben, prozent, "%", sep = " ")

pie(table(data$Lieblingsfarbe), labels = beschriftung,
            main = "Lieblingsfarben",
    col = c("blue", "yellow", "green", "red", "black"))
```

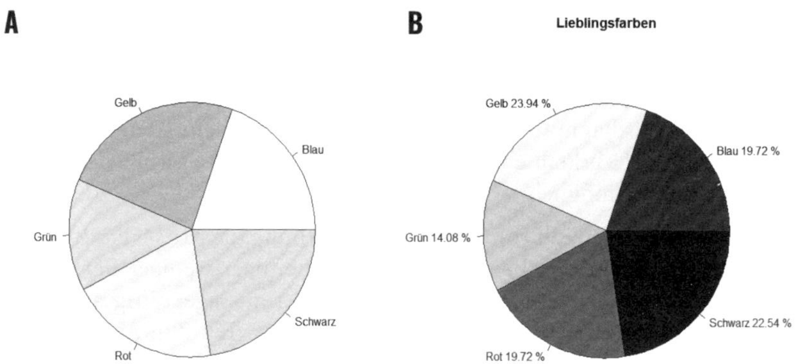

Abb. 6.15: Kreisdiagramm (A) sowie Kreisdiagramm mit Beschriftung und Einfärbung (B)

Weitere Anpassungsmöglichkeiten von Achsen, Schrift usw., die universell für mit der R-Standardformatierung erstellten Grafiken gelten, sind im Anhang ausführlich dargestellt.

Eine Erstellung eines Kreisdiagramms mit `ggplot2` ist prinzipiell möglich, allerdings für ggplot-Verhältnisse umständlich. Da Kreisdiagramme ohnehin in wissenschaftlichen Publikationen möglichst sparsam eingesetzt werden sollten, verzichte ich demzufolge an dieser Stelle auf Ausführungen.

6.6 Q-Q-Plot

Zwar können analytische Tests für die Prüfung auf Normalverteilung verwendet werden, allerdings fehlt ihnen bei kleinen Stichproben häufig die Power[1] und bei großen Stichproben sind sie bereits bei kleinen Abweichungen zu sensitiv. Speziell der Kolmogorov-Smirnov-Test sollte vermieden werden. Am ehesten ist, wenn unbedingt analytisch getestet werden soll, der Shapiro-Wilk-Test anzuwenden. Meine klare Empfehlung lautet mit diesem Wissen: Q-Q-Plot oder Histogramme (vgl. zu letzterem Abschnitt 6.1) zur Prüfung auf Normalverteilung.

1 Razali, N. M., & Wah, Y. B. (2011). Power comparisons of shapiro-wilk, kolmogorov-smirnov, lilliefors and anderson-darling tests. Journal of statistical modeling and analytics, 2(1), 21–33.

Die Erstellung ist mit diversen Funktionen aus verschiedenen Paketen möglich. Eine Beschriftung und spezielle Formatierung ist für den verfolgten Zweck meist nicht notwendig bzw. die Standardformatierung und -beschriftung reicht aus.

Beispielhaft zeige ich für die Variable »IQ« aus dem Data Frame `data` sowohl mit der Basisversion von R, dem `ggplot2`-Paket als auch dem `ggpubr`-Paket eine Erstellung:

```
# (A) baseR
qqnorm(data$IQ)
qqline(data$IQ)

# (B) ggplot
library(ggplot2)
ggplot(data, aes(sample = IQ)) +
  stat_qq() + stat_qq_line() +
  labs(title = "Q-Q-Plot", x = "theoretische Quantile",
                           y = "tatsächliche Quantile")

# (C) ggpubr
library(ggpubr)
ggqqplot(data$IQ)
```

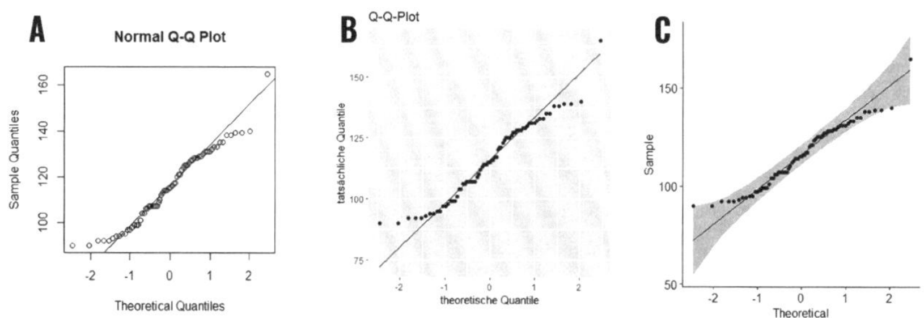

Abb. 6.16: Q-Q-Plots mit dem Basispaket von R (A), dem Paket ggplot2 (B) und dem Paket ggpubr(C)

Veränderungen in Diagrammen darstellen

Neben den bereits gezeigten Darstellungsmöglichkeiten für eine Variable für die gesamte Stichprobe bzw. Untergruppen ist es häufig wünschenswert, Veränderungen derselben Variablen im Zeitverlauf darzustellen.

Hierfür sollten mindestens zwei Spalten bzw. Variablen im Datensatz vorliegen. Eine Spalte beinhaltet die Beobachtungszeitpunkte, z.B. das Datum. Die andere Spalte beinhaltet die Beobachtungen, also die Werte der interessierenden Variablen. Am Beispiel der ILO-Arbeitsmarktstatistik (vgl. *https://www.destatis.de/DE/Service/OpenData/konjunkturindikatoren-csv.html*) sind in der ersten Spalte das Datum hinterlegt und in allen weiteren Spalten die relevanten Daten (vgl. Tabelle 7.1).

Datum	Erwerbs-tätige, Mio.	Erwerbs-lose, Mio.	Erwerbspersonen insgesamt, Mio.	Erwerbslosen-quote in %
01.03.2007	36,54	3,69	40,23	9,2
01.04.2007	36,99	3,49	40,48	8,6
01.05.2007	37,1	3,45	40,55	8,5
01.06.2007	36,94	3,36	40,3	8,3
01.07.2007	37,58	3,42	41	8,3
…	…	…	…	…

Tab. 7.1: Ausschnitt der ILO-Arbeitsmarktstatistik

7.1 Diagramme mit der Basisversion von R

Das Ziel einer Veränderungsdarstellung wird in der Basisversion von R mit der `plot()`-Funktion erreicht. Die Zeitvariable kommt hierbei konventionsbedingt ausnahmslos auf die x-Achse. Die Variable von Interesse wird auf die y-Achse gesetzt. Die x-Variable wird als erste in die `plot()`-Funktion gesetzt, gefolgt von der y-Variablen.

7.1.1 Liniendiagramm für eine Variable

Je nach gewünschtem Diagrammtyp muss mit `type=" "` innerhalb von `plot()` ein anderes Format angefordert werden:

- `Type = "p"` – Punktdiagramm (A)
- `Type = "l"` – Liniendiagramm (B)
- `Type = "b"` – Liniendiagramm mit Datenpunkten (**C**)

Am Beispiel der ILO-Arbeitsmarktstatistik mit 181 Beobachtungszeitpunkten (01.03.2007–01.03.2022) würde die Erstellung mitsamt Achsenbeschriftung (`xlab`, `ylab`) ohne Titel (`main`) wie folgt aussehen:

```
plot(arbeit$Datum,arbeit$Erwerbstätige..Mio,
     type = "l", xlab = "Datum",
     ylab = "Erwerbstätige in Mio.")
```

Je nach Diagrammtyp erhält man eines der in Teil A–C in Abbildung 7.1 ausgegebenen Diagramme.

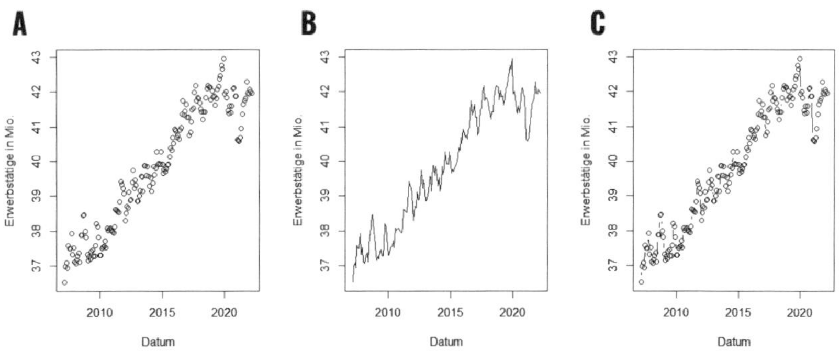

Abb. 7.1: Punktdiagramm (A), Liniendiagramm (B) und Liniendiagramm mit Datenpunkten (C) für die ILO-Arbeitsmarktstatistik

Achsenbeschriftung anpassen

Die Achsenbeschriftung in Abbildung 7.1 ist mit drei Zeitpunkten relativ grob, mag aber in vielen Situationen ausreichen. Mit der `axis()`- bzw. `axis.Date()`-Funktion kann hier ein verbessertes Ergebnis erzielt werden.

`axis()` wird für *numerische* Variablen verwendet, beispielsweise wenn nur Jahreswerte vorliegen, `axis.Date()`, wenn darüber hinaus noch Monat, wahlweise Tag, vorliegen und diese Variable auch als Datum formatiert ist.

Folgender Aufbau ist zu beachten:

```
# numerische x-Achse
axis(side, at)

# x-Achse als Datum
axis.Date(side, variable, at, format)
```

Im Vorfeld wird mit `xaxt = "n"` die x-Achse beim Plotten unterdrückt, damit sie anschließend mit `axis()` oder `axis.Date()` und den folgenden Argumenten neu geplottet werden kann:

- `side` ist die Achse, die neu geplottet werden soll: 1 (x-Achse unten), 2 (y-Achse links), 3 (x-Achse oben), 4 (y-Achse rechts).
- `variable` ist die Variable, in der die Zeitpunkte stehen. Im Beispiel: `arbeit$Datum`.
- `at` legt fest, an welchen Stellen der x-Achse eine Beschriftung erfolgen soll, z.B. 2009, 2011 und 2015 (`at = c(2009,2011,2015)`). Soll hingegen eine jährliche Beschriftung von 2009 bis 2015 erfolgen, wird `at = seq(2009,2015, by = 1)` oder im Falle eines Datums `by = "years"` verwendet. Wird ein Datum verwendet, ist zudem zu beachten, dass das Datum in `" "` zu schreiben ist und mit `as.Date` als Datum weitergegeben wird (siehe Quellcode unten). Der Bereich der Beschriftung sollte schließlich noch passend zu dem in `xlim` oder `ylim` definierten Bereich sein, was im nachfolgenden Abschnitt erläutert wird.
- `format` beschreibt das *Datumsformat*. `Format = "%d/%m/%Y"` drückt Tag, Monat und Jahr aus, jeweils getrennt durch einen `/`.
- `cex.axis` skaliert die Beschriftung.

Dies führt zu Teil A in Abbildung 7.2.

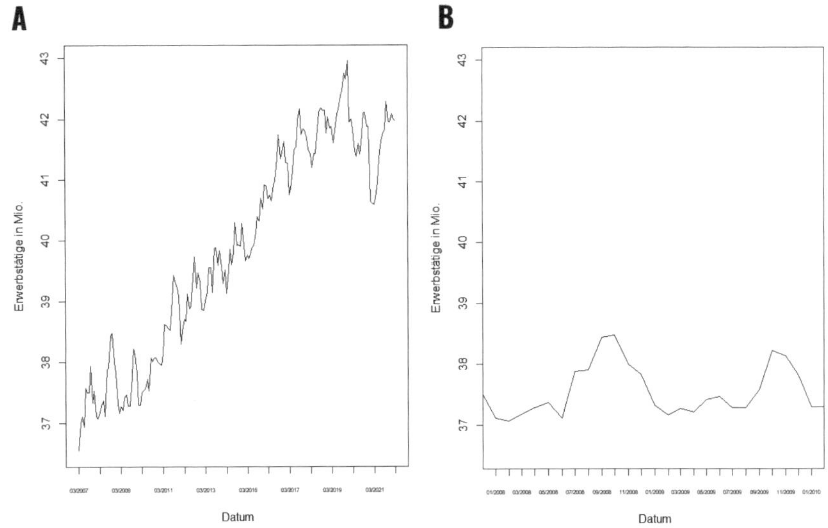

Abb. 7.2: Angepasste x-Achsenbeschriftung für das Liniendiagramm (A) sowie Ausschnitt 2008–2010 (B)

Achsen limitieren

Wenn nur ein Ausschnitt des Diagramms gewünscht ist (vgl. Teil B in Abbildung 7.2), kann eine Anpassung der Achsen vorgenommen werden. Mit den Argumenten `xlim` und `ylim` innerhalb von `plot()` kann dies erreicht werden, allerdings erneut mit folgender Unterscheidung:

`Xlim = c(2008,2012)` würde, sofern die x-Variable *numerisch* vorliegt, die x-Achse auf 2008 bis 2012 begrenzen. Dies ist, wie bereits im vorherigen Abschnitt beschrieben, i.d.R. dann der Fall, wenn nur Jahreswerte vorliegen und kein vollständig formatiertes Datum.

Sollte die x-Variable im *Datumsformat* vorliegen, führt `xlim = as.Date(c("2008-01-01", "2010-01-01"))` zu einem Ausschnitt vom 01.01.2008 bis zum 01.01.2010 auf der x-Achse. Allerdings sollte aufgrund potenzieller Unvollständigkeit der Achsenbeschriftung die x-Achse neu geplottet werden. Hierzu wird mit `xaxt = "n"` die x-Achse beim Plotten zunächst unterdrückt, damit sie anschließend neu geplottet werden kann.

```
plot(arbeit$Datum,arbeit$Erwerbstätige..Mio,
     type = "l", xlab = "Datum", ylab = "Erwerbstätige in
     Mio.", xlim = as.Date(c("2008-01-01", "2010-01-01")),
xaxt = "n")
axis.Date(1, arbeit$Datum, at = seq(as.Date("2008-01-
01"), as.Date("2010-01-01"), by = "months"), format = "%m/%Y", cex.
axis = 0.6)
```

Linie anpassen

Weitere hilfreiche Anpassungen können je nach Kontext Linientyp, Linienfarbe, Liniendicke sein:

- Linientyp anpassen mit dem Argument `lty =` und dann entweder die Zahl oder in `" "` die Bezeichnung (vgl. Anhang für eine Übersicht).
- Mit dem Argument `col =` wird die entsprechende Färbung für die Linie vergeben. Eine Übersicht über Farben in R gibt der Befehl `demo("colors")`.
- Mit dem Argument `lwd =` wird die Dicke der Linie definiert, sofern bei `type` entweder `= "l"` oder `= "b"` ausgewählt ist. Der Standard ist 1. Hier lohnt es sich, ein wenig zu experimentieren.

Sollte ein Liniendiagramm mit Datenpunkten (`type = "b"`) erstellt werden, können die Datenpunkte eine andere Färbung, Form und Größe erhalten. Hierzu ist es notwendig, mit dem separaten Befehl `points()` zusätzlich Punkte in die bereits vorhandene mit der `plot()`-Funktion erstellte Grafik zu plotten. Hier ist jedoch zu beachten, dass in `points(x,y)` folgende Argumente verwendet werden können.

- `pch` verändert die Form des Datenpunkts (vgl. Anhang für eine Übersicht).
- Mit dem Argument `col =` wird die entsprechende Färbung für den Datenpunkt vergeben. Eine Übersicht über Farben in R gibt der Befehl `demo("colors")`.
- Mit dem Argument `cex =` wird die Punktgröße angepasst. `cex = 1` ist der Standard, `cex = 2` verdoppelt die Punktgröße und `cex = 0.5` halbiert sie.

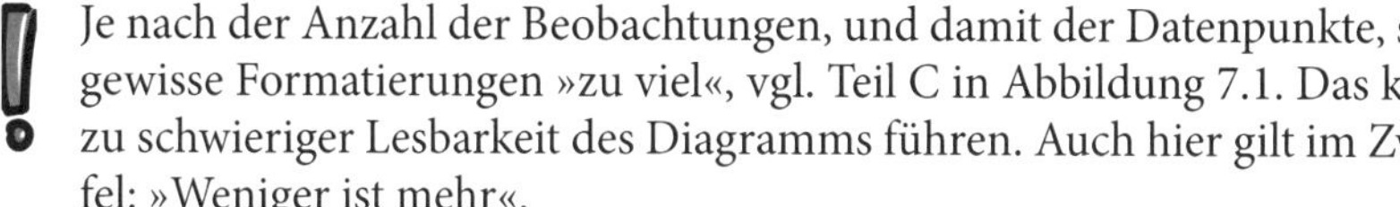

Je nach der Anzahl der Beobachtungen, und damit der Datenpunkte, sind gewisse Formatierungen »zu viel«, vgl. Teil C in Abbildung 7.1. Das kann zu schwieriger Lesbarkeit des Diagramms führen. Auch hier gilt im Zweifel: »Weniger ist mehr«.

7.1.2 Liniendiagramm für zwei oder mehr Variablen

Ein Liniendiagramm für 2 Variablen wird zunächst analog zum Liniendiagramm für eine Variable mit der `plot()`-Funktion begonnen. Hierin findet sich die erste abzutragende Variable wie in Abschnitt 7.1.1 beschrieben. Die zweite Variable wird mit der `lines()`-Funktion hinzugefügt, deren Aufbau identisch zu `plot()` ist.

Zu beachten ist hierbei jedoch, dass die `lines()`-Funktion nachträglich in das Diagramm eingefügt wird, das über die `plot()`-Funktion erzeugt wurde. Bei stark unterschiedlichen Wertebereichen und daraus resultierend Achsenbeschriftungen ist im Vorfeld daher mit `ylim` der Wertebereich zu erweitern.

Am Beispiel der ILO-Arbeitsmarktstatistik ist der Unterschied zwischen Erwerbstätigen (36–43 Mio.) und Erwerbslosen (1–3,5 Mio.) recht groß, weshalb mit `ylim = c(0,45)` der y-Wertebereich im Vergleich zu Abbildung 7.1 stark erweitert wird.

Gleichzeitig muss die Beschriftung der y-Achse (`ylab`) in `plot()` angepasst werden, da die Erwerbslosenzahl nachträglich eingeplottet wird und dies im Vorfeld in `plot()` auch beachtet werden muss.

Aus Gründen der Einfachheit habe ich hier keinen Ausschnitt gewählt oder die Beschriftung der x-Achse angepasst, da dies in Abschnitt 7.1.1 ausführlich beschrieben ist. Schließlich wird die zweite Linie noch gestrichelt (`lty = 2`) und dunkelrot (`col = "darkred"`) dargestellt. Das Zwischenergebnis ist in Teil A von Abbildung 7.3 dargestellt.

```
# Linie der Erwerbstätigen
plot(arbeit$Datum,arbeit$Erwerbstätige..Mio,
     type = "l", xlab = "Datum",
     ylab = "Personen (Mio.)", ylim = c(0,45))

# Linie der Erwerbslosen
lines(arbeit$Datum, arbeit$Erwerbslose..Mio., col = "darkred",
lty = 2)
```

Da zwei Linien abgetragen wurden, sollte zur Unterscheidung derer auch eine Legende ins Diagramm eingefügt werden. Dies funktioniert mit der `legend()`-Funktion.

Alternativ kann zu einer Legende auch in der Abbildungsbeschriftung in Klammern ein Indikator stehen. Zum Beispiel »Erwerbstätige in Mio. (durchgezogene Linie), Erwerbslose in Mio. (gestrichelte Linie)«.

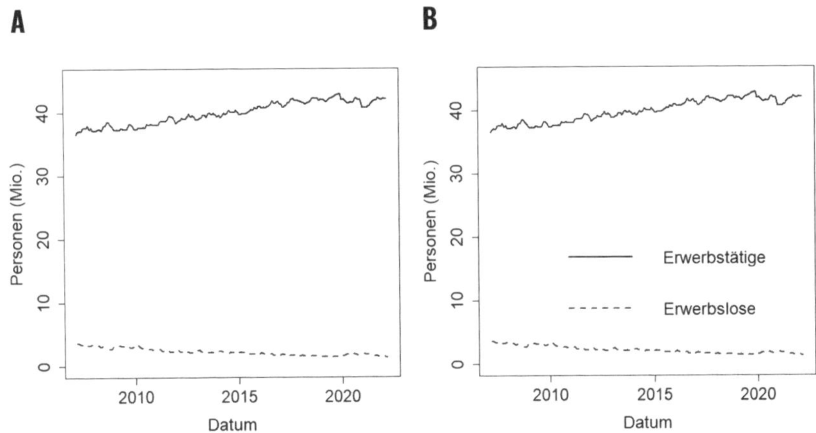

Abb. 7.3: Liniendiagramm für zwei Variablen (A) mitsamt Legende (B)

Der grundlegende Aufbau ist `legend(x,y, legend, col, lty, bty)`:

- Zunächst legen `x`- und `y`-Koordinate die Position des »Beschriftungskastens« fest. Die x-Koordinate definiert die linke Kante der Legende, die y-Koordinate die obere Kante. Auch hier muss wieder die Unterscheidung zwischen x-Variable im *numerischen* oder *Datumsformat* beachtet werden. Liegt z.B. nur das Jahr als *numeric* vor, wird die x-Variable, an der die Legende beginnt, benannt (z.B. `2009`). Ist die x-Variable allerdings im Datumsformat, wird das Datum (`2009-05-01`) angegeben – in Anführungszeichen eingefasst in die `as.Date()`-Funktion, wie im Beispiel unten.
- `legend` definiert die Beschriftung der Linien.

  Mit `legend = c("Erwerbstätige", "Erwerbslose")` werden die Linien in der Reihenfolge ihres Einfügens mit `plot()` und `lines()` benannt.
- `col` färbt die Linien ein, was konsistent zu `plot()` und `line()` erfolgen sollte.
- `lty` definiert den Linientyp (vgl. Abschnitt 7.1.1). Auch hier ist konsistent zu agieren.

- bty definiert den Kasten um die Legende. Mit bty ="n" wird dieser entfernt.
- cex = skaliert die Schriftgröße innerhalb der Legende.

```
legend(as.Date("2009-05-01"), 25,
       legend = c("Erwerbstätige", "Erwerbslose"),
       col = c("black", "darkred"), lty = c(1,2), cex = 0.75)
```

Obiger Code erzeugt Teil B in Abbildung 7.3.

7.2 Diagramme mit ggplot2

7.2.1 Liniendiagramm für eine Variable

Wie jedes Diagramm mit ggplot wird mit der ggplot()-Funktion begonnen. Hierin wird die aes()-Funktion geschachtelt, in der wiederum mit x = die Zeitvariable und mit y = die darzustellende Variable eingetragen werden. Schließlich braucht es die mit + anzuhängende geom_line()-Funktion.

```
ggplot(data = arbeit, aes(x = Datum,
                          y = Erwerbstätige..Mio.)) +
                          geom_line()
```

Das führt zu Teil A in Abbildung 7.4. Die Anpassungen sind ausnahmsweise nicht in identischer Reihenfolge zu Abschnitt 7.1.1, was v.a. didaktische Gründe hat.

Linie plotten und anpassen

In geom_line() kann Folgendes definiert werden:

- Linetype = definiert den Linientyp. Die Ziffern 1–6 aus Abschnitt 7.1.1 gelten hier ebenfalls.
- size = definiert die Dicke der Linie. Standardmäßig ist sie 1.
- color = definiert die über demo("colors") aufrufbaren Farben.

Sollen zusätzlich Datenpunkte erscheinen, wird dies mit geom_point() erreicht. Die Argumente color und size können hierin analog verwendet werden. Das Aussehen des Datenpunkts kann analog zu Abschnitt 7.1.1 mit pch geändert werden. Beispielsweise ein kreisförmiger Datenpunkt wäre pch = 21, gefüllt bg = "grey" und mit Rahmen color = "black".

Beschriftungen der Achsen werden wie gewohnt mit `labs(x = "" y = "")` erreicht. Ein Diagrammtitel wird hier ausnahmsweise ausgespart.

```
ggplot(data = arbeit, aes(x = Datum,
                          y = Erwerbstätige..Mio.)) +
  geom_line(linetype = 2)+
  labs(x = "Datum", y = "Erwerbstätige in Mio.") +
  geom_point(size = 1.5, pch = 21, color = "black", bg = "grey")
```

Obiger Code führt zu Teil B in Abbildung 7.4.

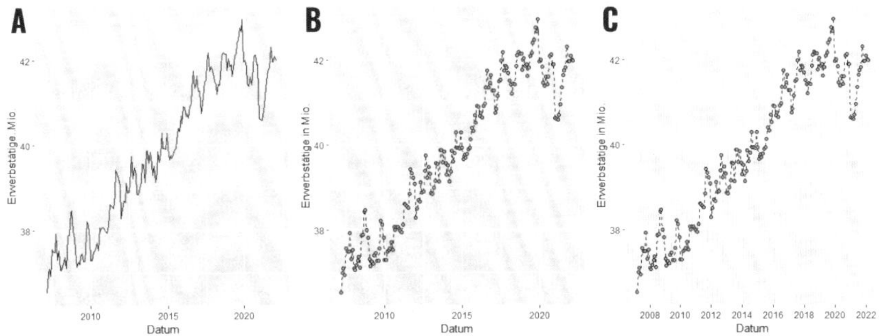

Abb. 7.4: Einfaches Liniendiagramm (A), einfaches Liniendiagramm mit gestrichelter Linie und Datenpunkten (B) sowie eine angepasste x-Achsenbeschriftung (C)

Achsenbeschriftung anpassen

Schließlich wird die Beschriftung auf der x-Achse im Falle einer im *Datumsformat* hinterlegten Variablen mit `scale_x_date()` angepasst. Sollte es *numerisch* hinterlegt sein, wird die Funktion `scale_x_continuous()` verwendet. Da die Variable für die x-Achse im Beispiel im Datumsformat vorliegt, zeige ich dieses Vorgehen:

- `date_breaks` gibt an, wo das Hauptgitter gezeichnet wird. Aus Platzgründen in der Darstellung wird `"2 years"` gewählt.
- `date_minor_breaks` gibt an, wo das Hilfsgitter gezeichnet wird. Hier wird `"2 months"` gewählt.
- `date_labels` gibt an, in welchem Format das Hauptgitter beschriftet wird. Bei dieser Beschriftung reicht mit `%Y` das Jahr. `?strptime` zeigt sämtliche verfügbare Formate.

```
ggplot(data = arbeit, aes(x = Datum,
y = Erwerbstätige..Mio.)) +
  geom_line(linetype = 2)+
  labs(x = "Datum", y = "Erwerbstätige in Mio.") +
  geom_point(size = 1.5, pch = 21, color = "black", bg = "grey")+
  scale_x_date(date_breaks = "2 years",
               date_minor_breaks = "2 months",
               date_labels = "%Y")
```

Das Ergebnis ist in Teil C von Abbildung 7.4 zu sehen.

Achsen limitieren

Die Achsen können mit den Befehlen `scale_x_date()` für Variablen im *Datumsformat* und `scale_x_continuous()` für eine *numerische* Variable begrenzt werden. Für die y-Achse wird lediglich `x` durch `y` getauscht. Die Funktion wird per + an bestehenden `ggplot`-Diagrammcode angehängt.

```
Numerische Variable für die x-Achse
scale_x_continuous(limits = c(2005,2010)

Als Datum formatierte Variable für die x-Achse
scale_x_date(limits = as.Date(c("2008-01-01","2010-01-01")))
```

Weitere Anpassungsmöglichkeiten von Achsen, Schrift usw., die universell für mit der R-Standardformatierung erstellte Grafiken gelten, sind im Anhang ausführlich dargestellt.

7.2.2 Liniendiagramm für zwei oder mehr Variablen

Zusätzliche Linien einfügen

Zwei oder mehr Linien lassen sich sehr ähnlich zur bisherigen Darstellung mit nur einer Linie darstellen. Wie gewohnt geht es mit `ggplot()` los. Allerdings muss hier lediglich die Datenquelle und in `aes()` die Variable für die x-Achse angegeben werden. Die Variablen für die y-Achse werden je Linie mit separater `geom_line(aes(y = )`-Funktion definiert:

```
ggplot(data = arbeit, aes(x = Datum)) +
  geom_line(aes(y = Erwerbstätige..Mio.), linetype = 1,
color = "darkgreen", size = 1)+
  geom_line(aes(y = Erwerbslose..Mio.), linetype = 2, size = 1)+
```

Zusätzlich habe ich hier mit unterschiedlichen Argumenten `linetype` und `color` gearbeitet und beide Linien mit `size` etwas dicker dargestellt. Das Ergebnis ist in Teil A in Abbildung 7.5 zu sehen.

Legende einfügen

Hierfür gibt es zwei Wege. Einer davon ist ein etwas »unschöner Workaround«, der aber mit künftigen Updates von `ggplot` möglicherweise verschwindet und zugegeben auch wenig logisch ist. Da in diesem Buch das Verständnis im Vordergrund steht, zeige ich diesen daher nicht, sondern lediglich eine Vorgehensweise, die zunächst umständlich wirkt, aber gut funktioniert. Diese umfasst das Ziehen eines Subsets (vgl. Abschnitt 4.3) sowie dessen Transformation in das Long-Format (vgl. Abschnitt 2.4.3). Mit Verweis auf die vorigen Kapitel sind an dieser Stelle die Erklärungen nur rudimentär.

Zunächst ist das Ziehen des Subsets der für das Diagramm notwendigen Variablen durchzuführen. Hierzu zählen das `Datum` sowie die Variablen `Erwerbstätige..Mio.` und `Erwerbslose..Mio.`:

```
arbeit_subset <- subset(arbeit, select=c(Datum,Erwerbstätige..
Mio.,Erwerbslose..Mio.))
```

Anschließend wird `pivot_longer()` zur Umwandlung in das Long-Format verwendet:

```
arbeit_long <- pivot_longer(arbeit_subset, Erwerbstätige..
Mio.:Erwerbslose..Mio., names_to = "Kategorie", values_to = "Wert")
```

Eine Faktorisierung der neuen Variablen »Kategorie« ist optional (vgl. hierzu Abschnitt 4.7).

Der Datensatz sieht nun wie folgt aus:

Datum	Kategorie	Wert
03.01.2007	Erwerbstätige..Mio.	36,54
03.01.2007	Erwerbslose..Mio.	3,69
04.01.2007	Erwerbstätige..Mio.	36,99
04.01.2007	Erwerbslose..Mio.	3,49
05.01.2007	Erwerbstätige..Mio.	37,1
05.01.2007	Erwerbslose..Mio.	3,45
06.01.2007	Erwerbstätige..Mio.	36,94
06.01.2007	Erwerbslose..Mio.	3,36
...	...	...

Tab. 7.2: Aussehen des Datensatzes nach Transformation in das Long-Format

Nun kann mit der Erstellung des Diagramms mitsamt Legende begonnen werden. In die `ggplot()`-Funktion wird erneut die Datenquelle (hier nun `arbeit_long`) eingegeben.

Hinzu kommt die `aes()`-Funktion, die jetzt neben dem bereits aus dem einfachen Liniendiagramm bekannten x-Wert (`x = Datum`) nun auch mit `y = Wert` die Werte für die beiden Kategorien enthält.

Gleichzeitig wird mit `color = Kategorie` festgelegt, dass die Anzahl der Linien durch die Anzahl der Ausprägungen in `Kategorie` definiert ist. Das ist für eine spätere Einfärbung der Linien wichtig.

```
ggplot(data = arbeit_long, aes(x = Datum, y = Wert,
color = Kategorie)) +
  geom_line(size = 0.75)+
labs(x = "Datum", y = "Personen in Mio.")+
theme(legend.position = "bottom")
```

In `geom_line()` wird lediglich mit `size = 0.75` die Dicke der Linien etwas erhöht. Die `labs()`-Funktion ist bereits bekannt und beschriftet die Achsen. Hinzu kommt an dieser Stelle die `theme()`-Funktion, die mit `legend.position ="bottom"` festlegt, dass die Legende unter das Diagramm geplottet wird.

Schließlich werden die Farben mit `scale_color_manual()` und das Linienformat mit `scale_linetype_manual()` angepasst. Da dies zum Plotten von zwei Legenden führen würde, muss zusätzlich jeweils mit `name = "Legende"` sowie `labels = c("Erwerbstätige", "Erwerbslose")` Einheitlichkeit geschaffen werden.

Ist dies geschafft, kann jeweils mit `values = c()` eine Einfärbung in `scale_color_manual()` als auch eine Festlegung der Linienart in `scale_linetype_manual()` vorgenommen werden. Innerhalb von `values = c()` werden die bekannten Formate für Linienarten und Farben verwendet. Im Ergebnis erhält man Teil B in Abbildung 7.5.

```
  scale_color_manual(name = "Legende", labels = c("Erwerbstätige",
"Erwerbslose"), values = c("darkgreen", "darkred"))+
  scale_linetype_manual(name = "Legende",
labels = c("Erwerbstätige", "Erwerbslose"), values = c(1,1))
```

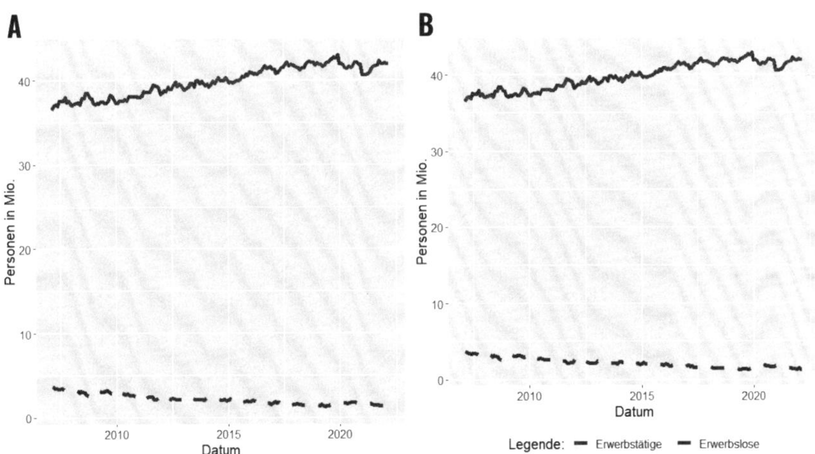

Abb. 7.5: Liniendiagramm mit zwei Linien ohne Legende (A) sowie Liniendiagramm mit zwei Linien mit Legende (B)

7.2.3 Gestapeltes Flächendiagramm

Die Erstellung eines gestapelten Flächendiagramms mit `ggplot` ist mit dem bisherigen Wissen aus den Liniendiagrammen recht einfach umsetzbar. Inhaltlich ergibt die Addition der Anzahl der Erwerbstätigen und der Anzahl der Erwerbslosen die Anzahl der Erwerbspersonen.

In die `ggplot()`-Funktion werden wie bisher auch Datenquelle, x- und y-Variable gesetzt. Die Daten sollten auch hierfür im Long-Format vorliegen, wie im zweiten Abschnitt (»Legende einfügen«) von 7.2.2 gezeigt.

Im Unterschied zum Liniendiagramm ist nun aber eine Fläche zu füllen, weshalb statt `color` das Argument `fill` verwendet wird. Für die Flächen selbst rückt die Funktion `geom_area()` in den Fokus. In diese sind nur optische Anpassungen einzusetzen – diese lohnen sich aber sehr:

- `alpha` beschreibt die Transparenz der Füllfarbe (0: durchsichtig, 1: undurchsichtig).
- `size` beschreibt die Liniendicke, der die Flächen trennenden Linien.
- `color` ist die Farbe der die Flächen trennenden Linien.

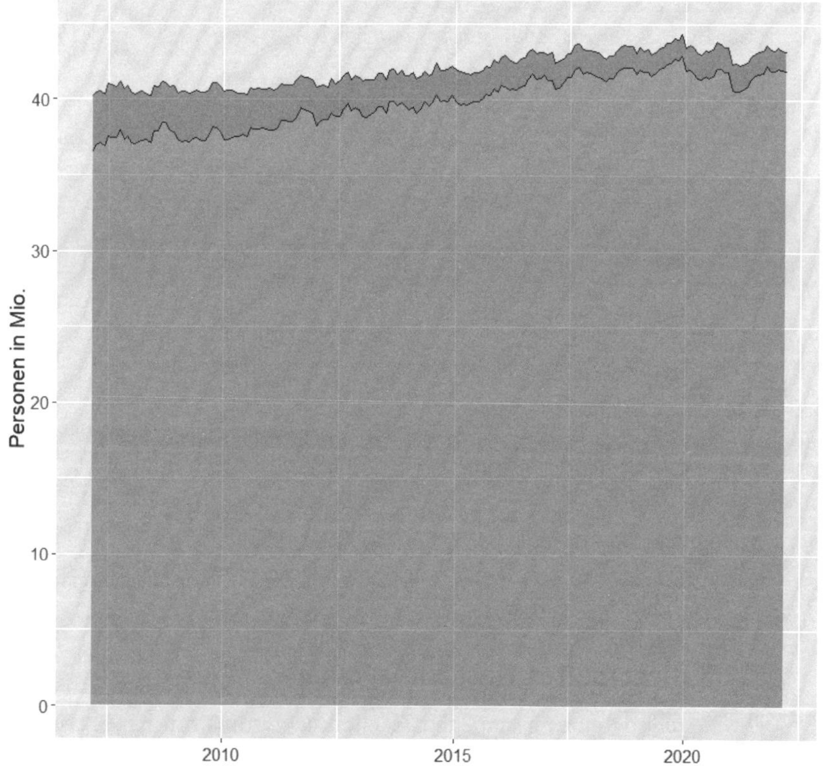

Abb. 7.6: Flächendiagramm für Erwerbslose und Erwerbstätige

Für die Legendenformatierung wird `scale_fill_manual()` verwendet, weil für Flächendiagramme in `ggplot()` mit `fill` gearbeitet wird. Hier sind analog zu Abschnitt 7.2.2 mit `name` der Name zu vergeben, mit `labels` die Beschriftung und mit `values` die Farben. Die Achsenbeschriftungen mit `labs()` sind ebenfalls analog:

```
ggplot(arbeit_long, aes(x = Datum, y = Wert, fill = Kategorie))+
  geom_area(alpha = 0.3, size = 0.2, colour = "black")+
  labs(x = "Datum", y = "Personen in Mio.")+
  theme(legend.position = "bottom")+
  scale_fill_manual(name = "Legende",
                    labels = c("Erwerbslose", "Erwerbstätige"),
                    values = c("darkred", "darkgreen"))
```

7.2.4 Boxplots

Boxplots wurden bereits in Abschnitt 6.4 behandelt, speziell um Variablen zu einem Zeitpunkt zu beschreiben, mitunter auch vergleichend für verschiedene Teilgruppen der Stichprobe. Zur Darstellung von Veränderungen sollten die Daten im Long-Format vorliegen (vgl. Abschnitt 2.4.2), damit eine Darstellung gelingt. In diesem Beispiel wird ein fiktiver Datensatz mit 60 Untersuchungssubjekten genutzt, für die es 5 Messzeitpunkte gibt, die einen sportlichen Score vor (T0) und nach einer gewissen Trainingszeit (T1–T4) abbilden.

- Erneut wird für dieses Diagramm die `ggplot()`-Funktion mit `aes()` befüllt. Die Variable, die die Zeitpunkte beinhaltet, wird wieder mit `x =` festgelegt und die Werte mit `y =`.
- Hinzu kommt noch `geom_boxplot()`. Anpassungen dieses Diagrammtyps, wie `fill =` innerhalb von `geom_boxplot()` wurden bereits in Abschnitt 6.4 dargestellt.

```
ggplot(rep_long, aes(x = Zeitpunkt, y = Wert))+
  geom_boxplot()
```

Das Ergebnis zeigt in Abbildung 7.7 eine deutliche Zunahme bis T3, gefolgt von einem Rückgang in T4 und Konstanz in T5.

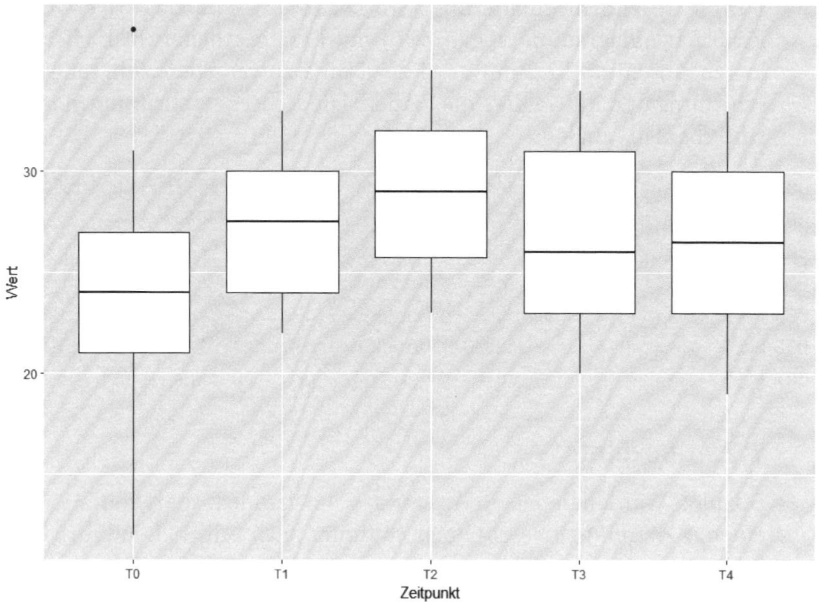

Abb. 7.7: Boxplots für einen Score zu 5 verschiedenen Zeitpunkten derselben Untersuchungssubjekte

7.2.5 Säulendiagramm mit Fehlerbalken

Mit demselben Datensatz wie im vorigen Abschnitt können auch Säulen mitsamt Fehlerbalken dargestellt werden. Die Säulen haben die Höhe des Mittelwerts, die Fehlerbalken bilden die jeweilige Standardabweichung zum Zeitpunkt ab.

- `ggplot()` wird identisch zu Abschnitt 7.2.4 befüllt.
- Daran schließt sich der auch schon aus Abschnitt 6.2.2 bekannte `geom_bar()`-Befehl an.
- Mit `stat = "summary", fun = "mean"` innerhalb von `geom_bar()` wird der Mittelwert als Säulenhöhe definiert.
- Mit der ersten `stat_summary()`-Funktion, speziell `fun.data = mean_sdl, fun.args = list(mult = 1)` werden die Fehlerbalken berechnet und mit `geom = "errorbar"` eingetragen. `color`, `width` und `size` sind für optische Anpassungen.

- Mit der zweiten `stat_summary()`-Funktion, speziell `fun = mean` werden die Mittelwerte berechnet. `Geom = "point"` formatiert jene Mittelwerte als Punkt und mit `color`, `fill`, `pch` sowie `size` werden diese optisch formatiert.

```
ggplot(rep_long, aes(x = Zeitpunkt, y = Wert))+
  geom_bar(stat = "summary", fun = "mean", fill = "steelblue")+
  stat_summary(fun.data = mean_sdl, fun.args = list(mult = 1),
               geom = "errorbar", color = "black", width = 0.5,
               size = 1)+
  stat_summary(fun = mean, geom = "point", color = "black",
               fill = "lightgrey", pch = 21, size = 3)
```

Im Ergebnis erhält man ein Diagramm wie in Abbildung 7.8.

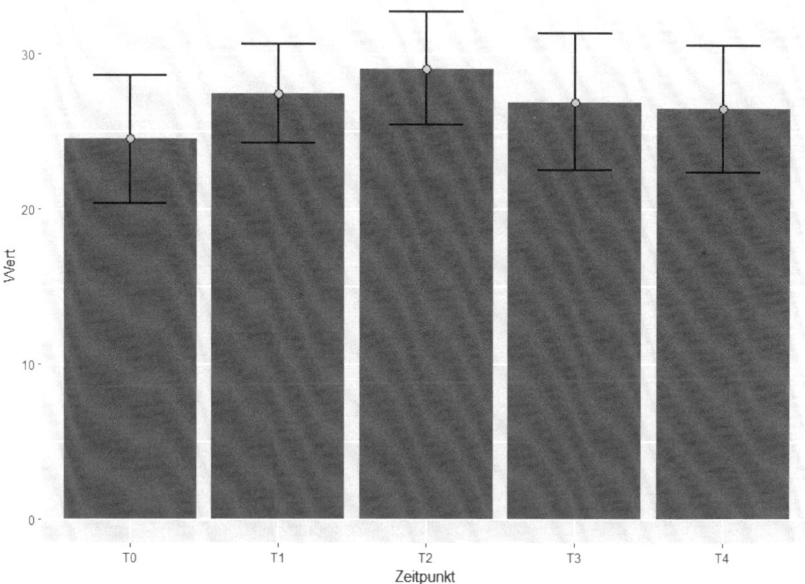

Abb. 7.8: Säulendiagramm für Mittelwerte im Zeitablauf mit Fehlerbalken

7.2.6 Liniendiagramm mit Fehlerbalken

Im späteren Verlauf des Buches vergleiche ich im Rahmen einer ANOVA mit Messwiederholung (vgl. Abschnitt 10.2.1) mitunter mehrere Gruppen über die Zeit hinweg. Eine typische Darstellungsform ist in diesem Kontext die Abbildung des Mittelwerts in Form eines Punkts. Hinzu kommt die Darstellung der Standardabweichung: vom Mittelwert aus symmetrisch nach oben und unten mit einem Fehlerbalken.

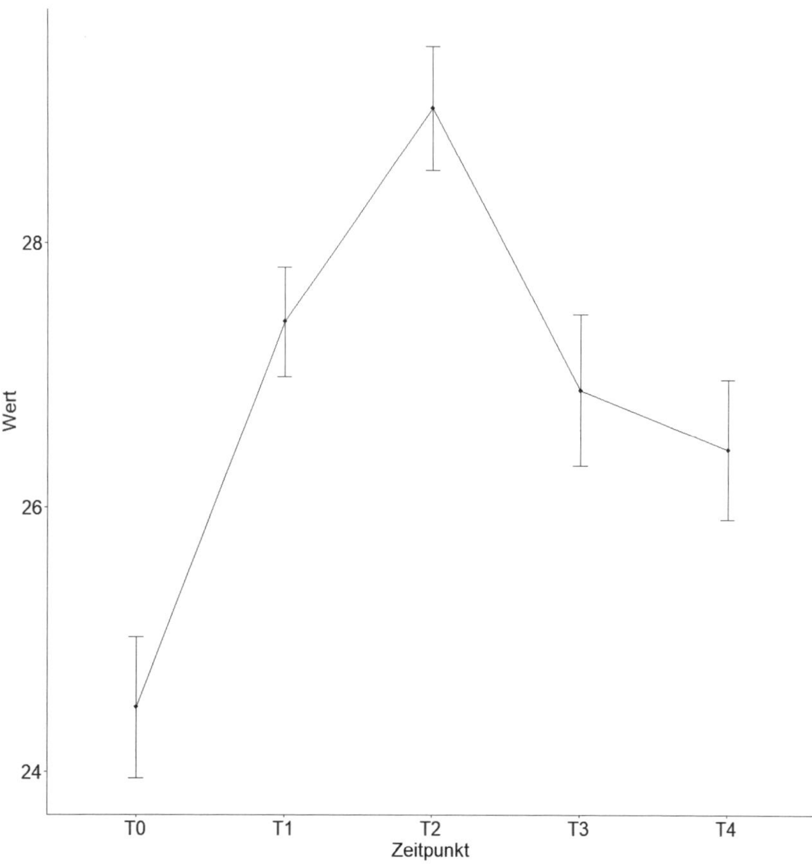

Abb. 7.9: Liniendiagramm mit Fehlerbalken

Der Code hierzu kann mit der `ggline()`-Funktion aus dem `ggpubr`-Paket, das ich später für einige testspezifische Veranschaulichungen nutze, recht einfach gehalten werden. Es setzt auf dem `ggplot2`-Paket auf und vereinfacht die Erstellung abermals.

Es braucht in der Funktion `ggline()` lediglich die Datenquelle, den x-Wert (hier Zeitpunkt), den y-Wert (hier den Testscore) und mittels `add = "mean_se"` den Hinweis, dass Mittelwert und Standardabweichung die Datenpunkte der Linien sind.

```
library(ggpubr)
ggline(rep_long, x = "Zeitpunkt", y = "Wert", add = "mean_se")
```

Das Ergebnis ist ein entsprechendes Liniendiagramm mit Fehlerbalken (siehe Abbildung 7.9).

Eine Erweiterung auf mehr als eine Gruppe gelingt mit dem Befehl `color = "Gruppe"` innerhalb von `ggline()`, wobei `Gruppe` der Name der Gruppenvariablen ist. Dies ist in Abschnitt 12.2 im Rahmen der gemischten ANOVA zu sehen.

Zusammenhänge in Diagrammen darstellen

Nachdem ich bereits Darstellungsmöglichkeiten zum einen für eine Variable der gesamten Stichprobe bzw. Untergruppen sowie zum anderen für Veränderungen über die Zeit gezeigt habe, stehen nachfolgend insbesondere Streudiagramme zur Veranschaulichung von Zusammenhängen zweier Variablen im Fokus.

8.1 Streudiagramm

Ein Streudiagramm bildet zwei Variablen und deren Zusammenhang ab. Jeder Datenpunkt wird definiert durch einen x- und einen y- Wert. Im folgenden fiktiven Beispiel wird auf der y-Achse die Zufriedenheit und auf der x-Achse das Einkommen abgetragen. Diese Art der Zusammenhangsdarstellung kann speziell im Kontext der Korrelation bzw. einfachen linearen Regression (Abschnitt 14.1) eingesetzt werden.

8.1.1 Streudiagramm mit der Basisversion von R

Streudiagramm für die gesamte Stichprobe

Der einfachste Befehl hierzu ist der schon bekannte `plot()`-Befehl.

```
plot(data$Einkommen, data$Zufriedenheit)
```

bzw. mit grafischen Anpassungen für Achsen, Punktformat und -größe, Füll- und Rahmenfarbe:

```
plot(data$Einkommen, data$Zufriedenheit,
     xlab = "Einkommen in Euro", ylab = "Zufriedenheit",
     main = "Streudiagramm",
     pch = 21, cex = 2, bg = "steelblue", color = "black")
```

Sind beide Variablen metrisch, wird infolgedessen das Streudiagramm ausgegeben, das Sie in Abbildung 8.1 sehen.

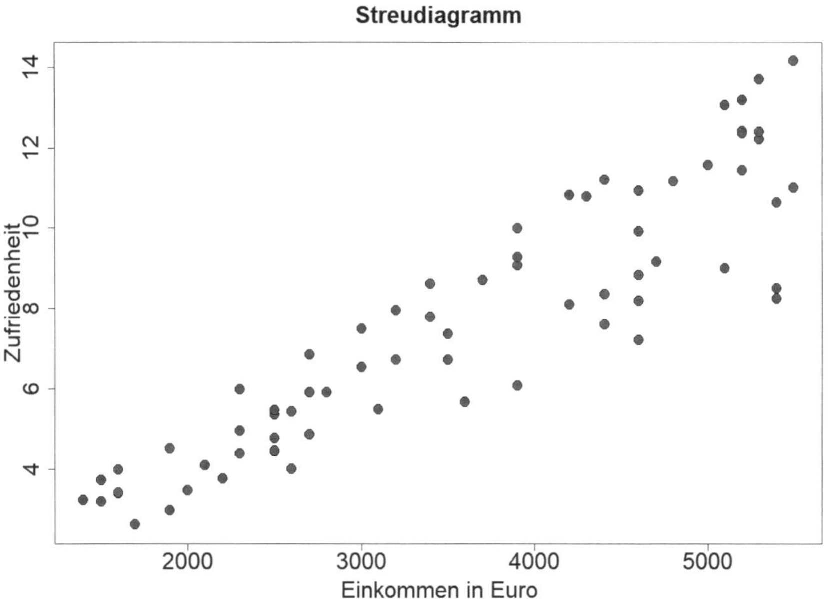

Abb. 8.1: Einfaches Streudiagramm für die Variablen »Einkommen« und »Zufriedenheit«

Streudiagramm für Teilgruppen

Ein Streudiagramm kann natürlich auch für Gruppen erstellt werden. Dies ist allerdings mit `ggplot` sehr viel komfortabler, weshalb ich an dieser Stelle nur die rudimentäre Erstellung mit der Basisversion von R zeige – und selbst die ist schon recht lang. ;-)

In den eben gezeigten `plot()`-Befehl wird nun noch mit `pch =` und wahlweise auch `col =` die optische Unterteilung für die beiden Teilgruppen von Geschlecht vorgenommen. Hierfür existieren zwei Alternativen.

Die erste Alternative ist, mit `pch = as.numeric(data$Geschlecht)` und wahlweise `col = as.numeric(data$Geschlecht)` die im Vorfeld faktorisierte Variable als Zahl umzuwandeln und hier die Formen leerer Kreis (für Gruppe 1) und leeres Dreieck (für Gruppe 2) zu erhalten bzw. zusätzlich die Farben Schwarz (für Gruppe 1) und Rot (für Gruppe 2) zu vergeben. Die Zählung bei der Umwandlung beginnt immer bei 1. Eine freie Wahl von Form und Farbe ist nicht möglich.

Die zweite und zu bevorzugende Alternative ist, im Vorfeld jeweils ein neues Objekt für Form und wahlweise Farbe anzulegen, das innerhalb von `plot()` mit den entsprechenden Fällen verknüpft wird.

Diese beiden Befehle weisen den beiden Ausprägungen die Nummern für einen ausgefüllten Kreis (1) und ein ausgefülltes Dreieck (2) zu.

```
symbols = c(16,17)
symbols <- symbols[as.numeric(data$Geschlecht)]
```

Analog werden den beiden Ausprägungen die Farben Schwarz (1) und Grau (2) zugewiesen.

```
colors = c("black", "grey")
colors <- colors[as.numeric(data$Geschlecht)]
```

In der `plot()`-Funktion wird nun bei `pch` für die Symbole das neu definierte Objekt `symbols` zugewiesen und bei `col` das neu definierte Objekt `colors`. Mit `cex` werden die Punkte etwas vergrößert.

```
plot(data$Zufriedenheit~data$Einkommen,
     pch = symbols, col = colors, cex = 1.5,
     xlab = "Einkommen", ylab = "Zufriedenheit")
```

Um schließlich deutlich zu machen, welcher Datenpunkt zu welcher Teilgruppe gehört, ist zwingend eine Legende hinzuzufügen. Dies funktioniert mit `legend()`. Eine Position (`topleft, topright, bottomright, bottomleft`) und frei wählbare Beschriftung (`c("", "")`) sind zu vergeben.

Es wäre praktisch, die eben definierten Objekte `symbols` und `colors` erneut für Färbung und Form verwenden zu können. Allerdings funktioniert dies nicht und muss hier manuell mit (`pch = c(16,17)` und `col = c("black", "grey")` vorgenommen werden. Die Punkte und Beschriftung werden mit `cex = 1.25` erneut angepasst und der Rahmen der Legende mit `bty = "n"` entfernt.

```
legend("topleft", c("M", "W"), pch = c(16,17),
          col = c("black","grey"),
          cex = 1.25, bty = "n")
```

Das Ergebnis ist in Abbildung 8.2 zu sehen.

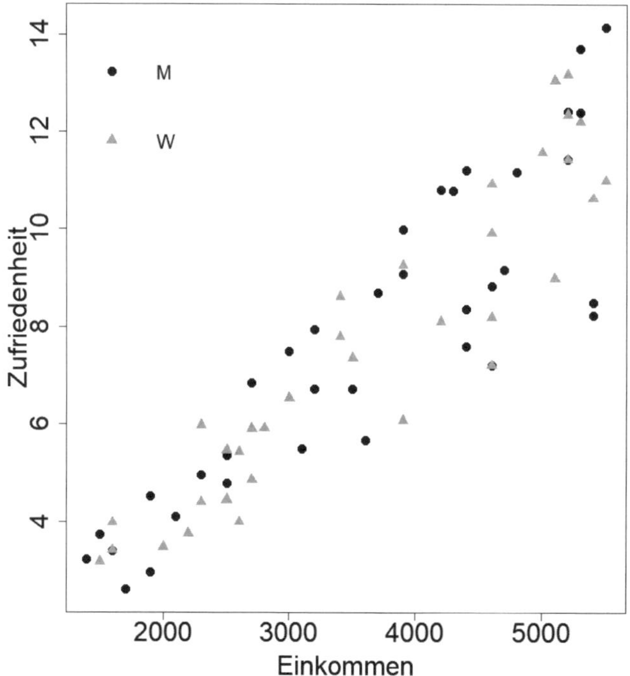

Abb. 8.2: Gruppiertes Streudiagramm für die Variablen »Einkommen« und »Zufriedenheit« für die Teilgruppen »männlich« und »weiblich«

8.1.2 Streudiagramm mit ggplot2

Streudiagramm für die gesamte Stichprobe

Wie gewohnt wird mit `ggplot()` begonnen und innerhalb dessen mit `aes()` die x- und y-Variable definiert. Hieran schließt sich mit + und Zeilenumbruch die Funktion `geom_point()` an. Optional sind sämtliche Beschriftungen für Achsen, Punktformat, Themeanpassungen usw.

```
ggplot(data, aes(x = Einkommen, y = Zufriedenheit)) +
  geom_point(size = 3) +
  labs (x = "Einkommen", y = "Zufriedenheit")
```

Dies führt zum Streudiagramm in Abbildung 8.3.

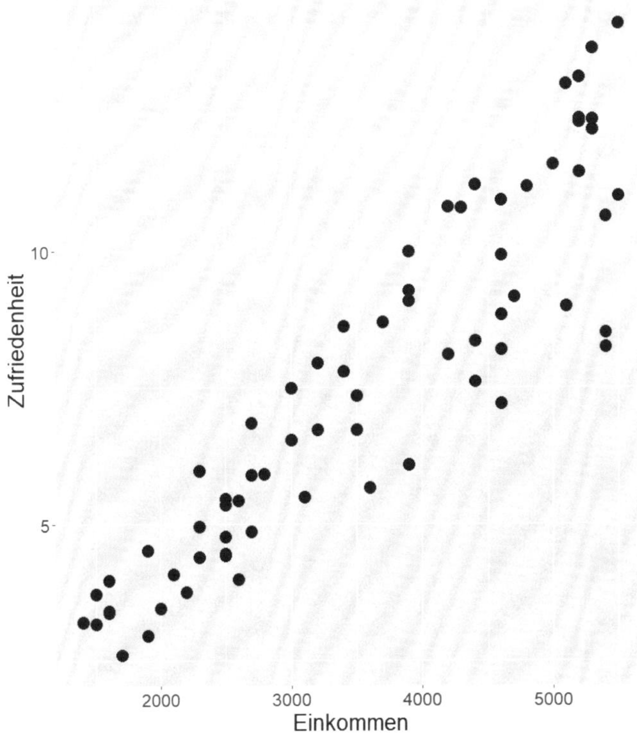

Abb. 8.3: Einfaches Streudiagramm für die Variablen »Einkommen« und »Zufriedenheit« mit ggplot

Streudiagramm für Teilgruppen

Da bei der Erstellung eines Streudiagramms für Teilgruppen über `ggplot` die Legende direkt miterstellt wird, sind wenige zusätzliche Befehle notwendig. `geom_point()` dient lediglich dazu, Argumente für die Anpassungen der Datenpunkte zu erweitern. Typischerweise ist das die Form mit `shape` sowie die Farbe mit `color`.

Mit den beiden genannten Argumenten werden Standardformatierungen bzgl. Form und Farbe vorgenommen. Deren Anpassung gelingt jeweils mit `values` innerhalb von `scale_color_manual()` und `scale_shape_manual()`. Die Legendenbeschriftung muss zwingend in beiden Funktionen jeweils mit `labels` erfolgen. Die Positionierung der Legende mit `theme()` sowie die Ergänzung von Achsenbeschriftungen mit `labs()` runden das Ganze ab. Optional können auch vorgefertigte `ggplot`-Themes verwendet werden.

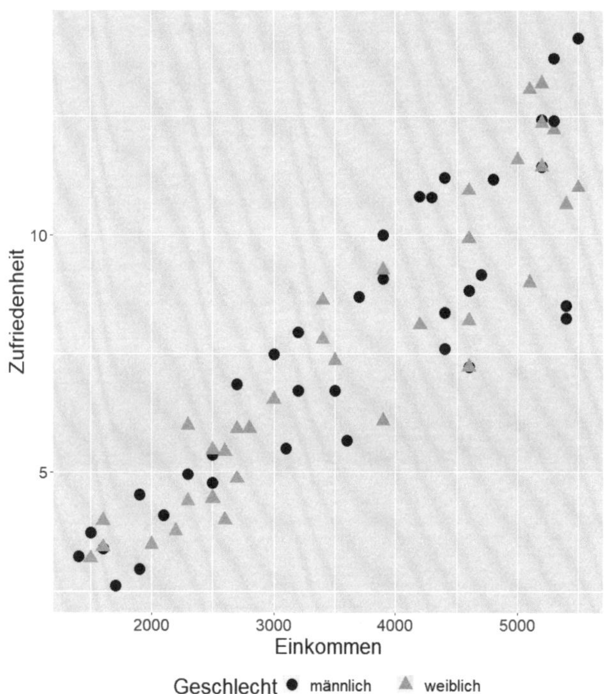

Abb. 8.4: Gruppiertes Streudiagramm für die Variablen »Einkommen« und »Zufriedenheit« für die Teilgruppen »männlich« und »weiblich« mit ggplot

```
ggplot (data, aes(x=Einkommen, y=Zufriedenheit)) +
  geom_point(aes(color=Geschlecht, shape=Geschlecht),
             size=5) +
  scale_color_manual(labels=c("männlich", "weiblich"),
                     values=c("black", "grey")) +
  scale_shape_manual(labels=c("männlich", "weiblich"),
                     values=c(16,17)) +
```

```
  labs(x="Einkommen", y="Zufriedenheit", color="Geschlecht",
       shape="Geschlecht")+
  theme(legend.position = "bottom")
```

Das Ergebnis ist in Abbildung 8.4 zu sehen.

8.2 Korrelationsdiagramm

Gleich vorweg: Korrelationsdiagramm« ist eine Wortschöpfung meinerseits und beschreibt schlicht eine Visualisierung einer Korrelationsmatrix. Korrelationen sind immer ein Ausdruck von Zusammenhängen, was uns in Kapitel 13 noch weiter beschäftigen wird. Dennoch kann in diesem Visualisierungs-Teil des Buches bereits ein Vorgriff erfolgen.

Im Rahmen einer deskriptiven Voranalyse von empirischen Studien wird gerne mit Korrelationsmatrizen gearbeitet, die sich aber auch wunderbar grafisch darstellen lassen. Hierzu dient das `corrplot`-Paket, das unglaublich viele Anpassungsmöglichkeiten besitzt. Einen rudimentären Überblick gebe ich in der Folge. Sehr ausführlich und anschaulich ist zudem die Dokumentation auf CRAN:

https://cran.r-project.org/web/packages/corrplot/vignettes/corrplot-intro.html

Zunächst ist es hilfreich, einen neuen Data Frame (hier `df.korrelation`) mit dem `subset()`-Befehl zu erstellen (vgl. Abschnitt 4.3), der nur die Variablen von Interesse beinhaltet, z.B.:

```
df.korrelation <- subset(data, select = c(BMI, IQ, Motivation,
Einkommen, Zufriedenheit))
```

Diesen Data Frame kann man mit dem Befehl `cor()` in eine Korrelationsmatrix überführen, die als Basis für die Erstellung des Korrelationsdiagramms dient. Das Skalenniveau der zu korrelierenden Variablen ist hierbei zwingend zu beachten (vgl. Kapitel 13). Für `method = "pearson"` sollten alle Variablen intervall- bzw. verhältnisskaliert sein. Sind sie das nicht, ist auf `method = "spearman"` auszuweichen.

```
matrix.korrelation <- cor(df.korrelation, method = "pearson")
```

Als Nächstes kann direkt die Korrelationsmatrix `matrix.korrelation` in die `corrplot()`-Funktion gegeben werden. Sehr zu empfehlen sind die folgenden Anpassungen:

- `type = "upper"` gibt nur den oberen Teil des symmetrisch aufgebauten und damit redundanten Korrelationsdiagramms aus.
- `cl.pos =` gibt die Position der Legende an. Möglich sind `r` für rechts und `b` für unten.
- `method =` erlaubt die Anpassung des Symbols. Möglich sind u.a. `circle`, `pie`, `square`, `ellipse`.
- `tl.col` ermöglicht das Ändern der Textfarbe der Variablen. Rot ist hier der Standard, was etwas zu grell ist.

Folgender Code führt zu Abbildung 8.5.

```
install.packages("corrplot")
library(dplyr)
corrplot(matrix.korrelation, method = "pie", cl.pos = "b",
         type = "upper", tl.col = "black")
```

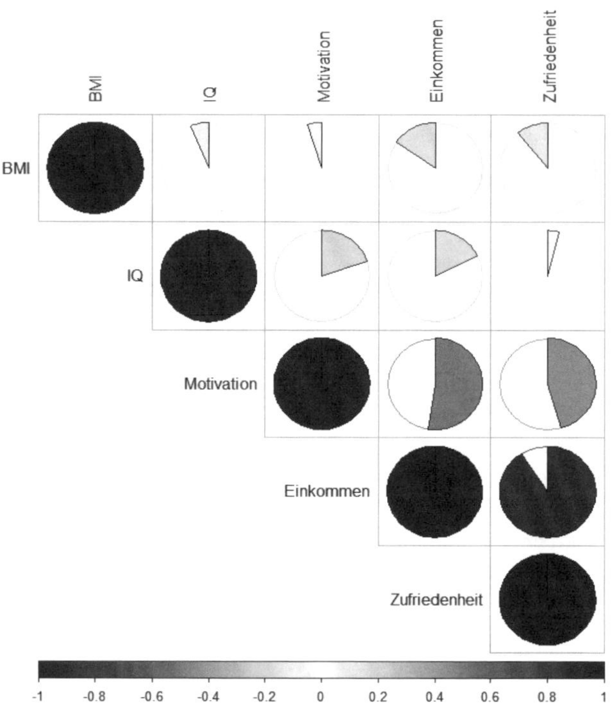

Abb. 8.5: Korrelationsdiagramm

Hier ist erkennbar, dass die Fülle des Kreises die Stärke des Zusammenhangs angibt und die Farbe, ob es positiv oder negativ ist. Da jede Variable mit sich selbst mit 1 korreliert, sind in der Diagonale volle blaue Kreise. Einkommen und Zufriedenheit zeigen einen recht vollen blauen Kreis, was auf einen starken positiven Zusammenhang dieser beiden Variablen hindeutet. Negative Zusammenhänge gibt es nur schwache, das sind aber eher Zufallskorrelationen, was in Kapitel 13 ausführlicher diskutiert wird.

Teil IV
Analytische Tests

Im vierten Teil dieses Buches geht es um analytische Tests. Für alle analytischen Tests werden zunächst Voraussetzungen dargestellt und vor der Durchführung des jeweiligen Tests geprüft. Die Interpretation der Ergebnisse und die anschließende Berechnung der Effektstärke sowie die wesentlichen Aspekte beim Berichten der Ergebnisse schließen sich jeweils an.

In **Kapitel 9** stehen zunächst Einstichprobentests im Vordergrund, je nach Skalenniveau der Testvariablen Einstichproben-t-Test (Abschnitt 9.1), Einstichproben-Wilcoxon-Test (Abschnitt 9.2) und Chi^2-Anpassungstest (Abschnitt 9.3).

Beachten Sie für die in Kapitel 9 vorgestellten Tests die auf Seite 139/140 angeführten Hinweise **#1**, **#2** und **#5**.

In **Kapitel 10** werden Tests für Veränderungen zwischen Zeitpunkten dargestellt. Für lediglich zwei Zeitpunkte sind dies der t-Test für abhängige Stichproben (Abschnitt 10.1.1) sowie der Wilcoxon-Test bei abhängigen Stichproben (Abschnitt 10.1.2). Hieran schließt sich die Vorstellung von Tests an, die Veränderungen zwischen mehr als zwei Zeitpunkten untersuchen: ANOVA mit Messwiederholung (Abschnitt 10.2.1) sowie die Friedman-ANOVA (Abschnitt 10.2.2).

Beachten Sie für die in Kapitel 10 vorgestellten Tests die auf Seite 139/140 angeführten Hinweise **#1**, **#2**, **#3** und **#5**.

In **Kapitel 11** werden Tests für Unterschiede zwischen unabhängigen Gruppen gezeigt. Für lediglich zwei Gruppen sind dies der t-Test bei unabhängigen Stichproben (Abschnitt 11.1.1) sowie der Mann-Whitney-U-Test/Mann-Whitney-Wilcoxon-Test (Abschnitt 11.1.2). Anschließend werden Gruppenvergleiche für mehr als zwei Gruppen dargestellt: die einfaktorielle ANOVA (Abschnitt 11.2.1) sowie der Kruskal-Wallis-Test (Abschnitt 11.2.2).

Beachten Sie für die in Kapitel 11 vorgestellten Tests die auf Seite 139/140 angeführten Hinweise **#1**, **#2**, **#3** und **#5**.

In **Kapitel 12** stehen Verfahren im Vordergrund, die neben der Gruppenzugehörigkeit noch weitere Einflussfaktoren zulassen. Dies ist die mehrfaktorielle ANOVA (Abschnitt 12.1) sowie der Sonderfall der gemischten ANOVA (Abschnitt 12.2), die zusätzlich zeitliche Veränderungen beachtet.

Beachten Sie für die in Kapitel 12 vorgestellten Tests die auf Seite 139/140 angeführten Hinweise **#1**, **#2**, **#3** und **#5**.

Kapitel 13 stellt die ungerichteten Zusammenhangstests dar. Speziell Zusammenhangsprüfungen setzen mindestens zwei Variablen in eine Beziehung zueinander und prüfen deren Richtung, Stärke und Signifikanz. Allerdings existieren hierbei keine unabhängige Variable (Prädiktor) und keine abhängige Variable (Kriterium). Sie prüfen lediglich, ob sich die beiden zu korrelierenden Variablen in die gleiche (positive Korrelation) oder in die gegensätzliche Richtung entwickeln (negative Korrelation), wahlweise unter Kontrolle des Einflusses von Drittvariablen (»Partialkorrelation«). Dargestellt werden Pearson-Korrelation (Abschnitt 13.1), Spearman-Korrelation (Abschnitt 13.2), Kendall-Tau-Korrelation (Abschnitt 13.3), Pearson-punktbiseriale Korrelation (Abschnitt 13.4), Chi^2-Unabhängigkeitstest (Abschnitt 13.5), Kontingenzkoeffizient / Cramer V (Abschnitt 13.6) sowie das Odds-Ratio (Abschnitt 13.7).

Beachten Sie für die in Kapitel 13 vorgestellten Tests die auf Seite 139/140 angeführten Hinweise **#1**, **#2**, **#4** und **#5**.

Kapitel 14 zeigt Regressionsverfahren, die angewandt werden, wenn konkrete Vorstellungen darüber existieren, wie die Entwicklung einer Variablen die Entwicklung einer anderen Variablen beeinflusst. Dies sind gerichtete Zusammenhänge. Im Vorfeld wird in einem Regressionsmodell eine oder mehrere unabhängige und eine abhängige Variable ausgewählt und unter wahlweise Kontrolle des Einflusses von mehreren Drittvariablen auf Richtung, Stärke und Signifikanz des gerichteten Zusammenhangs geprüft. Dargestellt werden die gängigsten gerichteten Zusammenhangsanalysen. Allen voran die lineare Regression (Abschnitt 14.1) mit den Spezialfällen Moderation und Mediation (Abschnitt 14.2) sowie die binär-logistische Regression (Abschnitt 14.3) und ordinal-logistische Regression (Abschnitt 14.4).

Beachten Sie für die in Kapitel 14 vorgestellten Tests die auf Seite 139/140 angeführten Hinweise **#1**, **#2**, **#4** und **#5**.

Wichtige Hinweise

Hinweis #1: Notwendige Stichprobengröße

Bereits im Vorfeld einer jeden Datenerhebung sollte eine Poweranalyse durchgeführt werden. Mit einer Poweranalyse wird bei einer erwarteten Effektstärke (z.B. einem mittleren Unterschied zwischen zwei Zeitpunkten) die mindestens notwendige Stichprobengröße zur tatsächlichen Aufdeckung dieses Effekts ermittelt.

Hinweis #2: Vorsicht bei analytischen Tests

Analytische Tests jeglicher Art werden mit zunehmender Stichprobe größer »signifikanter«, weshalb sowohl einfache numerische sowie grafische Prüfungen mindestens ergänzend sein sollten.

Mit mehr Beobachtungen steigt stets die Power, also die Fähigkeit, einen tatsächlich vorhandenen (noch so kleinen) Effekt/Unterschied zu erkennen, was zu falschen Schlüssen führen kann, weil der Effekt/Unterschied eigentlich unbedeutend klein ist.

Zur Einordnung werden Effektstärken empfohlen (vgl. Hinweis **#5**).

Hinweis #3: Post-hoc-Tests bei Alphafehlerkumulierung

Sollte sich ein Unterschied zwischen mehr als zwei Gruppen bzw. Zeitpunkten zeigen, werden Post-hoc-Tests gerechnet, um zu erkennen, zwischen welchen Gruppen bzw. Zeitpunkten Unterschiede bestehen. Allerdings tritt hier die sog. *Alphafehlerkumulierung* auf. Sie beschreibt das Phänomen, bei dem der Alphafehler bei mehrfacher Testung auf dieselben Gruppen bzw. Zeitpunkte nicht bei den im Vorfeld definierten, z.B. 5 %, verbleibt, sondern sich mit jedem Test erhöht. Die Wahrscheinlichkeit, einen Alphafehler (Fehler 1. Art) zu begehen, steigt also. Die Folge hieraus wäre das fälschliche Unterstellen eines Effekts. Dem kann entgegengewirkt werden, indem Alpha abgesenkt wird oder die p-Werte erhöht werden.

Hinweis #4: Korrelation und Kausalität

Mittels Korrelation kann keine Kausalität abgelesen werden. Die Korrelation zeigt nur, dass Variablen zusammenhängen. Ursache und Wirkung sind jedoch unklar. Eine Analyse dessen erfolgt mit der Regression, in der man explizit den gerichteten Zusammenhang bzw. Einfluss von einer oder mehreren unabhängigen Variablen auf eine abhängige Variable testet.

Hinweis #5: Effektstärken/Effektgrößen

Konnte ein signifikanter Effekt durch einen analytischen Test beobachtet werden, ist die Stärke bzw. Größe dieses Effekts zu ermitteln, um dessen Bedeutsamkeit einordnen zu können. Es gibt auch Autoren, die für nicht signifikante Effekte eine Effektstärke ausweisen. Der Logik folgend ist ein nicht signifikanter (und damit zufälliger) Effekt jedoch nicht einordnungsfähig.

Eine Effektstärke wird zudem typischerweise eingeordnet. Je nach Fachdisziplin gelten je Test unterschiedliche Grenzen hierfür. Im Verlaufe dieses Buches wird sich nahezu ausschließlich auf Cohen (1992): A Power Primer bezogen, dessen erarbeitete Grenzen in den Sozial- und Verhaltenswissenschaften weitestgehend etabliert sind.

9

Stichprobe mit Population vergleichen – Einstichproben-Tests

Mit diesem Abschnitt beginnt die eigentliche Statistik, die aus verschiedensten analytischen Tests besteht. Den Anfang machen die sog. *Einstichproben-Tests*. Je nach Formulierung sind sie imstande, zwei Dinge zu vergleichen:

Zum einen wird ein Lageparameter der Stichprobe mit einem Lageparameter der Grundgesamtheit verglichen. Beispiel: Das Einkommen der Stichprobe entspricht dem mittleren oder Medianeinkommen in ganz Deutschland.

Zum anderen wird der Lageparameter der Stichprobe als wahrer Wert für die Grundgesamtheit angenommen (sog. *Proxy*) und geprüft, ob jener einem vorgegebenen Wert entspricht. Beispiel: Das mittlere oder Medianeinkommen des sozioökonomischen Panels wird als mittleres oder Medianeinkommen der deutschen Bevölkerung angenommen und mit einem Soll-Wert verglichen.

Wie bereits im Teil zur deskriptiven Statistik (vgl. Kapitel 5) und dieser kleinen Einführung erkennbar, gibt es verschiedene Lageparameter (Mittelwert – Abschnitt 1.1, Median – Abschnitt 1.2), auf die getestet werden kann. Darüber hinaus gibt es noch die Möglichkeit, Häufigkeiten zu zählen und diese auf Gleichheit oder andere erwartete Häufigkeiten zu prüfen (Abschnitt 1.3).

Denken Sie daran, im Vorfeld eine Poweranalyse durchzuführen (vgl. Vorwort von Teil IV dieses Buches).

9.1 Einstichproben-t-Test für den Mittelwert

Den Anfang der Einstichproben-Tests macht der am häufigsten genutzte Einstichproben-t-Test. Er prüft den Stichprobenmittelwert gegen einen erwarteten, bekannten oder hypothetischen Mittelwert.

Nullhypothese für den Einstichproben-t-Test für den Mittelwert

Der Mittelwert der Stichprobe unterscheidet sich nicht vom vorgegebenen Wert.

9.1.1 Voraussetzungen

Die Voraussetzungen sind recht schnell erklärt:

- Die Testvariable muss **intervall**- oder **verhältnisskaliert** sein.
- Die Testvariable sollte normalverteilt sein. Ist die Stichprobe mit N > 30 hinreichend groß, kann dies vernachlässigt werden. Für die Prüfung empfehle ich Q-Q-Plots (vgl. Abschnitt 6.6).
- Die Beobachtungen sind unabhängig voneinander.
- Ein vermuteter Mittelwert, gegen/auf den getestet wird

9.1.2 Durchführung

Für die fiktive Stichprobe mit N = 71 Untersuchungssubjekten kann der Mittelwert des Intelligenzquotienten ermittelt werden. Grafisch kann zusätzlich ein Histogramm (hier nicht gezeigt) angefordert werden.

```
>mean(data$IQ)
[1] 115.7324
```

Dieser Stichprobenmittelwert wird nun mit dem Normwert 100 verglichen. Hierzu wird die `t.test()`-Funktion verwendet, die uns später im Kontext von Unterschieds- und Veränderungstestung (Kapitel 11 und 12) erneut begegnen wird. Entscheidend ist hier noch die Hinzunahme des Arguments `mu`, das der Mittelwert ist, auf den getestet werden soll.

Zusätzlich kann im Falle einer im Vorfeld spezifizierten gerichteten Hypothese die Alternativhypothese konkreter formuliert werden (sog. *einseitige Testung*).

Hierzu wird mit dem Argument `alternative` festgelegt, ob der Stichprobenmittelwert größer (`greater`) oder kleiner (`less`) als der vorgegebene Wert ist.

Wenn ein anderes als das 95%-Konfidenzintervall gewünscht ist, wird `conf.level = 0.99` für das z.B. 99%-Konfidenzintervall verwendet, was ich im Code allerdings weglasse.

```
# Zweiseitige Testung
t.test(data$IQ, mu = 100)

# Einseitige Testung
t.test(data$IQ, mu = 100, alternative = "greater")
```

Der Output von R sieht nun wie folgt aus:

```
# Zweiseitige Testung
One Sample t-test

data:  data$IQ
t = 8.347, df = 70, p-value = 4.194e-12
alternative hypothesis: true mean is not equal to 100
95 percent confidence interval:
 111.9733 119.4915
sample estimates:
mean of x
 115.7324

# Einseitige Testung
One Sample t-test

data:  data$IQ
t = 8.347, df = 70, p-value = 2.097e-12
alternative hypothesis: true mean is greater than 100
95 percent confidence interval:
 112.5906      Inf
sample estimates:
mean of x
 115.7324
```

Der Output sieht komplizierter aus, als er letztlich ist:

- In der Zeile `t = 8.347, df = 70, p-value = 4.194e-12` stehen `t-Statistik`, Freiheitsgrade (`df`) und der `p`-Wert. Der `p`-Wert wird bei einseitiger Testung halbiert, was R automatisch vornimmt.
- `alternative hypothesis: true mean is not equal to 100` ist die Alternativhypothese, die bei Verwerfung der Nullhypothese anzunehmen ist. Sie unterscheidet sich je nachdem, ob einseitig oder zweiseitig getestet wird.
- Das `95 percent confidence interval` ist das 95%-Konfidenzintervall für den Mittelwert und korrespondiert zum Kriterium des α-Signifikanzniveaus von 5 %. Bei wiederholter Konstruktion (errechnet aus Mittelwert und dessen Standardfehler) beinhalten 95 % der Konfidenzintervalle den wahren Mittelwert. Je kleiner bzw. enger das Konfidenzintervall ist, desto näher ist der Stichprobenmittelwert am wahren Mittelwert.
- `sample estimates: mean of x 115.7324` ist der Stichprobenmittelwert.

9.1.3 Interpretation der Ergebnisse

- Der `p`-Wert der zweiseitigen Testung ist mit `p = 4.19e-12` sehr klein (das Komma wird 12 Stellen nach links verschoben) und liegt unter dem typischen Alpha-Niveau von `0.05`. Dies ist für den einseitigen Test ebenso zutreffend (`p = 2.10e-12`).
- Alternativ beinhaltet das Konfidenzintervall die 0 NICHT.
- Aufgrund `p < α` kann die Nullhypothese von Gleichheit verworfen werden.
- Die Alternativhypothese ist anzunehmen.
- Der Stichprobenmittelwert (115.73) unterscheidet sich signifikant vom vorgegebenen Wert (100).

9.1.4 Berechnung der Effektstärke

Wenn in den Ergebnissen erkennbar ist, dass ein Effekt besteht, also das Ergebnis infolge eines `p`-Werts `< 0,05` signifikant ist, ist zusätzlich die Effektstärke (auch Effektgröße) zu berechnen. Da der `p`-Wert, im Gegensatz zu falschen Grundüberzeugungen, nichts über die Stärke eines Effekts aussagt, ist ein separates Maß heranzuziehen. In der Wissenschaft hat sich *Cohens d* etabliert.

Die Mittelwertdifferenz wird hierfür durch die Standardabweichung geteilt. Allerdings muss dies nicht händisch berechnet werden, stattdessen kann auf das `lsr`-Paket und dessen `cohensD()`-Funktion zurückgegriffen werden:

```
library(lsr)
cohensD(data$IQ, mu = 100)
```

Hierfür ist es erneut notwendig, sowohl die Testvariable als auch den vorgegebenen Normwert (hier 100) in die Funktion zu übergeben. Der Aufbau ist identisch zu `t.test()`.

Im Ergebnis erhält man lediglich eine Zahl, im Beispiel `0.99`.

```
> cohensD(data$IQ, mu = 100)
[1] 0.9906009
```

Diese Effektstärke ist schließlich einzuordnen. Hierzu dient Cohen, J. (1992). S. 157[1], wo die Grenzen für kleine (`d > 0.2`), mittlere (`d > 0.5`) und große Effekte (`d > 0.8`) genannt sind.

Die berechnete Effektstärke von `0.99` liegt über der Grenze zum großen Effekt von `0.8`. Folglich liegt ein großer Effekt vor, also ein großer Unterschied.

9.1.5 Reporting der Ergebnisse

Das Ergebnis des Einstichproben-t-Tests lässt den folgenden Schluss zu:

Der IQ der (fiktiven) Stichprobe unterscheidet sich signifikant von 100, dem vorgegebenen Normwert, `t(79) = 8.35`, `p < 0.001`. Der Effekt/Unterschied ist groß (`d = 0.99`).

Im Falle einer einseitigen Prüfung, also einer gerichteten Alternativhypothese, kann dies noch etwas konkreter formuliert werden:

Der IQ der (fiktiven) Stichprobe ist signifikant größer als 100, dem vorgegebenen Normwert, `t(79) = 8.35`, `p < 0.001`. Der Effekt/Unterschied ist groß (`d = 0.99`).

1 Cohen, J. (1992): A power primer. Psychological bulletin, 112(1), 155–159.

9.2 Einstichproben-Wilcoxon-Test für den Median

Der Einstichproben-Wilcoxon-Test ist die nichtparametrische Alternative für den Einstichproben-t-Test und wird immer dann herangezogen, wenn mindestens eine Voraussetzung des Einstichproben-t-Tests (vgl. Abschnitt 9.1.1) nicht erfüllt ist, z.B. ist das Messniveau intervallskaliert, aber die Normalverteilungsannahme nicht erfüllt.

Im Beispiel wird die ordinalskalierte Variable »Motivation« getestet.

Nullhypothese des Wilcoxon-Tests für den Median

Der Median der Stichprobe unterscheidet sich nicht vom vorgegebenen Median.

9.2.1 Voraussetzungen

Die Voraussetzungen sind recht schnell erklärt:

- Die Testvariable muss **mindestens ordinalskaliert** sein.
- Die Beobachtungen sind unabhängig voneinander.
- Ein vermuteter Median, auf den getestet wird.

9.2.2 Durchführung

Für die fiktive Stichprobe mit N = 71 Untersuchungssubjekten kann der Median der Motivation ermittelt werden.

Grafisch kann zusätzlich ein Boxplot angefordert werden (hier nicht gezeigt).

```
> median(data$Motivation)
[1] 3
```

Dieser Stichprobenmedian wird nun mit einem vermuteten Median verglichen, z.B. 2. Hierzu wird die `wilcox.test()`-Funktion verwendet. Auch diese wird Ihnen später im Kontext von Unterschieds- und Veränderungstestung (Kapitel 11 und 12) erneut begegnen. Entscheidend ist hier, analog zum t-Test, das Arguments `mu`, das der Median ist, gegen den der Stichprobenmedian getestet werden soll.

Zusätzlich kann im Falle einer im Vorfeld spezifizierten gerichteten Hypothese die Alternativhypothese konkreter formuliert werden (sog. einseitige Testung). Hierzu wird mit dem Argument `alternative` festgelegt, ob der Stichprobenmittelwert größer (`greater`) oder kleiner (`less`) als der vorgegebene Wert ist. Das Konfidenzintervall kann mit `conf.int = TRUE` angefordert sowie `conf.level = 0.99` angepasst werden.

```
# Zweiseitige Testung
wilcox.test(data$Motivation, mu = 2)

# Einseitige Testung
wilcox.test(data$Motivation, mu = 2, alternative = "greater")
```

Der Output von R sieht nun wie folgt aus:

```
# Zweiseitige Testung
Wilcoxon signed rank test with continuity correction

data:  data$Motivation
V = 1207, p-value = 9.214e-06
alternative hypothesis: true location is not equal to 2
95 percent confidence interval:
 2.500034 3.999993
sample estimates:
(pseudo)median
      3.000085

# Einseitige Testung
Wilcoxon signed rank test with continuity correction

data:  data$Motivation
V = 1207, p-value = 4.607e-06
alternative hypothesis: true location is greater than 2
95 percent confidence interval:
 2.999978      Inf
sample estimates:
(pseudo)median
      3.000085
```

Auch dieser Output mutet komplizierter an, als er letztlich ist:

- In der Zeile `V = 1207, p-value = 9.214e-06` stehen die empirische Prüfgröße `V` und der `p`-Wert. Der `p`-Wert wird bei einseitiger Testung halbiert, was R automatisch vornimmt.
- `alternative hypothesis: true location is not equal to 2` ist die Alternativhypothese, die bei Verwerfung der Nullhypothese anzunehmen ist. Sie unterscheidet sich je nachdem, ob einseitig oder zweiseitig getestet wird.
- Das `95 percent confidence interval` ist das 95%-Konfidenzintervall für den Pseudomedian und korrespondiert zum Kriterium des α-Signifikanzniveaus von 5 %.
- `sample estimates:(pseudo)median 3.000085` ist der Pseudo-Median, dem bis auf die Konstruktion des Konfidenzintervalls praktisch keine Bedeutung zukommt.

9.2.3 Interpretation der Ergebnisse

- Der `p`-Wert ist beim zweiseitigen Test mit `p = 9.21e-06` sehr klein (das Komma wird 6 Stellen nach links verschoben) und liegt unter dem typischen Alpha-Niveau von `0,05`. Dies ist für den einseitigen Test ebenso zutreffend (`p = 4.61e-06`).
- Alternativ beinhaltet das Konfidenzintervall die 0 NICHT.
- Aufgrund `p < α` kann die Nullhypothese von Gleichheit verworfen werden.
- Die Alternativhypothese ist anzunehmen.
- Der Stichprobenmedian (3) unterscheidet sich signifikant vom vorgegebenen Median (2).

9.2.4 Berechnung der Effektstärke

Wenn bei den Ergebnissen des Einstichproben-Wilcoxon-Tests ersichtlich ist, dass das Ergebnis infolge eines `p`-Werts `< 0.05` signifikant ist, also ein Effekt besteht, ist zusätzlich die Effektstärke zu berechnen. Da die Höhe des `p`-Werts über die Stärke eines Effekts keine Aussage machen kann, ist ein separates Maß erforderlich. In der Wissenschaft hat sich r etabliert.

Die standardisierte Teststatistik wird hierfür durch die Wurzel der Stichprobengröße geteilt. Eine händische Berechnung ist nicht nötig, hierfür kann auf das `rcompanion`-Paket und dessen `wilcoxonOneSampleR()`-Funktion zurückgegriffen werden:

```
library(rcompanion)
wilcoxonOneSampleR(x = data$Motivation, mu  = 2)
```

Hierfür ist es erneut notwendig, sowohl die Testvariable als auch den vorgegebenen Median (hier 2) in die Funktion zu übergeben.

Im Ergebnis erhält man lediglich eine Zahl, im Beispiel `0.53`.

```
> wilcoxonOneSampleR(x = data$Motivation, mu = 2)
r
0.61
```

Diese Effektstärke ist schließlich einzuordnen. Hierzu dient erneut Cohen, J. (1992). S. 157,[2] wo die Grenzen für kleine (`r > 0.1`), mittlere (`r > 0.3`) und große Effekte (`r > 0.5`) genannt sind.

Die berechnete Effektstärke von `0.53` liegt knapp über der Grenze zum großen Effekt von `0.5`. Folglich liegt ein großer Effekt vor.

9.2.5 Reporting der Ergebnisse

Das Ergebnis des Einstichproben-Wilcoxon-Tests lässt den folgenden Schluss zu:

Der Median der Motivation der (fiktiven) Stichprobe von 3 unterscheidet sich signifikant vom erwarteten Wert 2, `p < 0.001`. Der Effekt ist groß (`r = 0.53`).

Im Falle einer einseitigen Prüfung, also einer gerichteten Alternativhypothese, kann dies noch etwas konkreter formuliert werden:

Der Median der Motivation der (fiktiven) Stichprobe von 3 ist signifikant größer als der erwartete Wert `2, p < 0.001`. Der Effekt ist groß (`r = 0.53`).

9.3 Chi²-Anpassungstest für die Verteilung

Der Chi²-Anpassungstest kann ebenfalls als Einstichprobentest angesehen werden – er existiert gleichwohl auch als Unabhängigkeitstest zweier Variablen, was später gezeigt wird (vgl. Abschnitt 13.5). Der Chi²-Anpassungstest

2 Cohen, J. (1992): A power primer. Psychological bulletin, 112(1), 155–159.

prüft eine kategoriale/nominale (wahlweise auch ordinale) Variable auf eine hypothetische Verteilung, meist die Gleichverteilung.

Nullhypothese des Chi²-Anpassungstests für die Verteilung

Die Verteilung der Stichprobe unterscheidet sich nicht von einer bestimmten Verteilung.

9.3.1 Voraussetzungen

Die Voraussetzungen sind recht schnell erklärt:

- Die Testvariable muss **nominalskaliert** sein und mindestens 2 Ausprägungen besitzen. Für **ordinalskalierte** Variablen funktioniert dies auch.
- Die Beobachtungen sind unabhängig voneinander.
- Eine vermutete Verteilung, auf die geprüft werden soll

9.3.2 Durchführung

Für die fiktive Stichprobe mit N = 71 Untersuchungssubjekten soll geprüft werden, ob die Lieblingsfarben einer bestimmten Verteilung folgen, z.B. der Gleichverteilung, dass jedes Merkmal in etwas gleich oft vorkommt.

Zunächst kann mit dem `table()`-Befehl eine Tabelle für absolute Häufigkeiten (vgl. Abschnitt 5.1.1) angefordert werden, um einen Eindruck zu bekommen.

```
> table(data$Lieblingsfarbe)

   Blau    Gelb    Grün     Rot Schwarz
     14      17      10      14      16
```

Hier ist bereits erkennbar, dass `Grün` etwas seltener vorkommt als die anderen Farben. Die Frage, die der Chi²-Anpassungstest nun beantwortet, ist, ob dieses augenscheinliche geringere Auftreten signifikant, also überzufällig und damit vorsichtig ausgedrückt »systematisch« ist. Bei perfekter Gleichverteilung müsste jede der Farben `71/5 = 14.2`-mal vorkommen. Relativ ausgedrückt sind es `1/5 = 0.2 = 20%`.

Für ein einfacheres Vorgehen werden die beobachteten Häufigkeiten aus der Häufigkeitstabelle einem neuen Objekt (observations – `obs`) zugewiesen.

```
obs <- table(data$Lieblingsfarbe)
```

Die erwarteten Häufigkeiten bilden die Verteilung, hinsichtlich derer geprüft wird. Wie bereits beschrieben, wäre die Gleichverteilung mit jeweils 1/5 die einfachste Prüfung. Folglich wird dieser identische Wert 5-mal in das Objekt `exp` (expected) gegeben.

```
exp <- c(1/5,1/5,1/5,1/5,1/5)
```

Mit `obs` und `exp` kann nun der Chi^2-Anpassungstest gerechnet werden. Hierzu bietet R die `chisq.test()`-Funktion, in die in ihrer einfachsten Form `x = obs` und `p = exp` zugewiesen werden.

```
chisq.test(x = obs, p = exp)
```

Der Output von R sieht nun wie folgt aus:

```
Chi-squared test for given probabilities

data:  obs
X-squared = 2.0282, df = 4, p-value = 0.7306
```

Der Output ist recht einfach gehalten und beinhaltet lediglich den Chi^2-Wert (`X-Squared`), die Freiheitsgrade `df` und den `p`-Wert.

9.3.3 Interpretation der Ergebnisse

- Der p-Wert ist mit `p = 0.73` recht groß.
- Aufgrund $p > \alpha$ kann die Nullhypothese von (in dem Fall) Gleichverteilung **nicht** verworfen werden.
- Die Nullhypothese wird demnach beibehalten.
- Da der Test entweder Gleichheit der Stichprobe zur unterstellten Verteilung oder Ungleichheit attestiert, gibt es keine Effektstärke, da der Grad der Abweichung nicht ermittelbar ist.

9.3.4 Reporting der Ergebnisse

Das Ergebnis des Chi^2-Anpassungstests-Tests lässt den folgenden Schluss zu:

Die Häufigkeiten der Lieblingsfarbe der (fiktiven) Stichprobe unterscheiden sich nicht von einer ungefähren Gleichverteilung, $Chi^2(4) = 2.08$, $p = 0.73$.

Veränderungen zwischen Zeitpunkten nach Intervention prüfen

Ein typisches Untersuchungsszenario sind experimentelle Settings, in denen dieselben Untersuchungssubjekte vor (»prä«) und nach (»post«) einer Intervention (z.B. Verabreichung eines Medikaments) beobachtet werden. Ziel ist es, die Effekte dieser Intervention bei einer Vielzahl von Untersuchungssubjekten zu studieren und verallgemeinernde Schlüsse zu erreichen. Im einfachsten Fall gibt es neben dem Beobachtungszeitpunkt vor der Intervention nur einen weiteren Beobachtungszeitpunkt nach der Intervention (Abschnitt 10.1). Ist eine längerfristige Beobachtung gewünscht, können auch mehr als zwei Messwiederholungen (Beobachtungszeitpunkte) geplant und untersucht werden (Abschnitt 10.2).

Denken Sie daran, im Vorfeld eine Poweranalyse durchzuführen (vgl. Vorwort von Teil IV dieses Buches).

10.1 Zwei Zeitpunkte

Tests bei abhängigen/verbundenen/gepaarten Stichproben prüfen **eine Prä-** und **eine Post-Messung** einer Testvariablen derselben Untersuchungsobjekte auf Unterschiede. Prä und post beziehen sich auf Beobachtungen vor und nach einer Intervention. Eine Unterteilung in parametrisch (t-Test bei abhängigen Stichproben, Abschnitt 10.1.1) und nichtparametrisch (Wilcoxon-Test bei abhängigen Stichproben, Abschnitt 10.1.2) kann vorgenommen werden.

10.1.1 t-Test bei abhängigen Stichproben

Der typische Test bei zwei Zeitpunkten für verbundene/abhängige Stichproben ist der t-Test bei verbundenen/abhängigen Stichproben.

In diesem Beispiel mussten untrainierte Menschen sportliche Übungen ausführen. Dabei wurde die Anzahl der Wiederholungen gezählt und notiert. Im Anschluss bekamen alle einen standardisierten Trainingsplan für 3 Wochen. Danach mussten sie dieselben Übungen erneut ausführen und es wurde wiederum die Anzahl der Wiederholungen notiert. Nun soll geprüft werden, ob der Trainingsplan zu einer Steigerung der gemessenen Wiederholungen geführt hat. Bei nur zwei Zeitpunkten wird i.d.R. das Wide-Format (vgl. Abschnitt 2.4.1) verwendet.

Nullhypothese

Die Mittelwerte der beiden Zeitpunkte unterscheiden sich nicht bzw. die Differenz der beiden Zeitpunkte beträgt 0.

Voraussetzungen

Die Voraussetzungen sind folgende:

- Beobachtungen derselben Untersuchungsobjekte zu zwei unterschiedlichen Zeitpunkten (»Messwiederholung«)
- Die Testvariable muss **intervall-** oder **verhältnisskaliert** sein.
- Die Residuen (hier: Differenz zwischen den Messzeitpunkten) sollten normalverteilt sein. Für die Prüfung empfehle ich Q-Q-Plots. Ist $N > 30$, kann dies vernachlässigt werden.

Durchführung

Je Zeitpunkt kann der Mittelwert als Lageparameter sowie die Standardabweichung als Streuparameter der geschafften Wiederholungen über alle Probanden ermittelt werden. Dies ist für das Reporting auch wichtig. Grafisch kann zusätzlich ein Histogramm oder Boxplot angefordert werden (hier nicht gezeigt).

```
> mean(data.t$T0)
[1] 24.48333
> mean(data.t$T1)
[1] 27.4
> sd(data.t$T0)
[1] 4.088568
> sd(data.t$T1)
[1] 3.173851
```

Es ist erkennbar, dass im ersten Zeitpunkt nach der Intervention (`T1`) der Mittelwert mit `27.4` etwas höher ist als vor der Intervention (`24.83`), bei gleichzeitig etwas geringerer Streuung nach der Intervention.

Zwar ist die Stichprobe mit N > 30 hinreichend groß, sodass die Prüfung auf Normalverteilung entbehrlich ist, ich zeige sie an dieser Stelle dennoch. Hierzu wird eine Differenz zwischen Zeitpunkt 1 und Zeitpunkt 2 für jeden Probanden errechnet und im Objekt `diff` gespeichert. Anschließend wird ein Q-Q-Plot mit `qqnorm()` und `qqline()` angefordert:

```
diff <- data.t$T1-data.t$T0
qqnorm(diff)
qqline(diff)
```

Im Q-Q-Plot sollten die Punkte idealerweise auf oder nahe der Diagonalen liegen. In Abbildung 10.1 ist erkennbar, dass dies ausreichend der Fall ist. Eine perfekte Normalverteilung ist ohnehin nicht erwartbar und in der Praxis reicht eine »In-etwa-Normalverteilung«. Hinzu kommt, dass der t-Test auch bei leichten Verletzungen dieser Annahme robust ist.[1] Sollte es hier zu großen Abweichungen kommen, kann der in Abschnitt 10.1.2 vorgestellte Wilcoxon-Test bei abhängigen Stichproben als nichtparametrische Alternative angewandt werden.

Nach diesem kleinen Exkurs kann der t-Test gerechnet werden.

Hierzu wird die `t.test()`-Funktion verwendet, die Ihnen bereits vom Einstichproben-t-Test (vgl. Abschnitt 9.1) bekannt ist. Die den jeweiligen Testzeitpunkt repräsentierenden Variablen werden mit Komma getrennt in die Funktion gegeben.

1 Vgl. Rasch, D., & Guiard, V. (2004). The robustness of parametric statistical methods. Psychology Science, 46, 175–208.

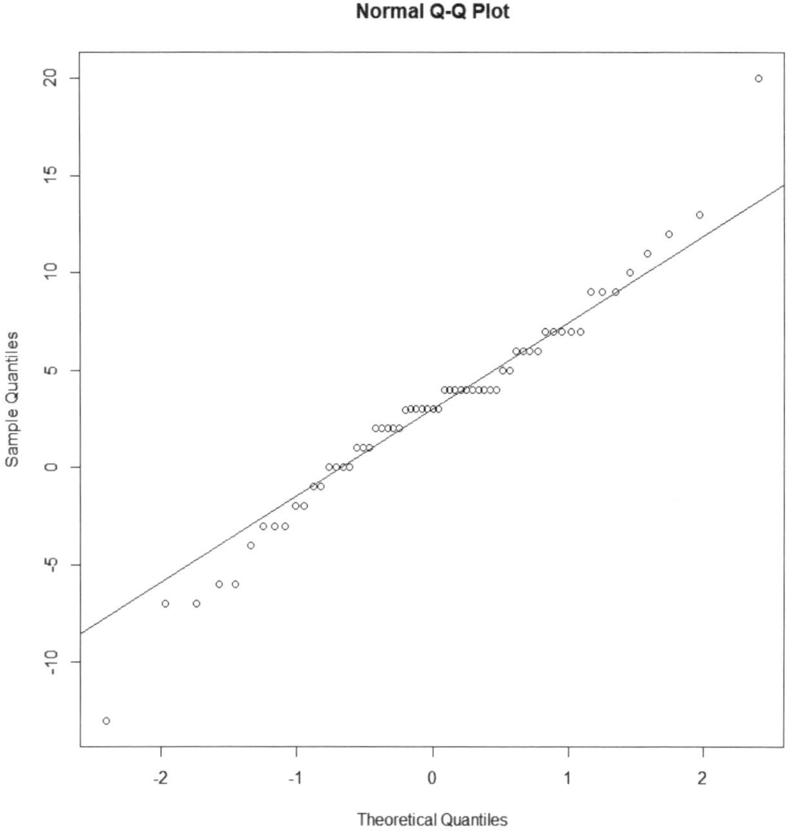

Normal Q-Q Plot

Sample Quantiles

-10 -5 0 5 10 15 20

-2 -1 0 1 2

Theoretical Quantiles

Abb. 10.1: Q-Q-Plot für die Differenzen zwischen den beiden Messzeitpunkten

Es gibt verschiedene Möglichkeiten, einen t-Test bei abhängigen Stichproben in R zu rechnen. Die Funktionalität wird von diversen Paketen bereitgestellt. An dieser Stelle verwende ich die in der Basisversion von R mitgelieferte Funktion, weil sie sehr einfach anzuwenden ist und alle notwendigen Anpassungen leicht gelingen.

Notwendig ist für den t-Test bei abhängigen Stichproben noch das Argument `paired = TRUE`. Hiermit wird angezeigt, dass es sich um Messwiederholungen handelt.

Zusätzlich kann im Falle einer im Vorfeld spezifizierten gerichteten Hypothese die Alternativhypothese konkreter formuliert werden (sog. einseitige Testung). Hierzu wird mit dem Argument `alternative` festgelegt, ob der Mittelwert nach der Intervention größer (`greater`) oder kleiner (`less`) als der Mittelwert vor der Intervention ist.

Wenn ein anderes als das 95%-Konfidenzintervall gewünscht ist, wird `conf.level = 0.99` für das z.B. 99%-Konfidenzintervall verwendet, was ich im Code allerdings weglasse.

```
# Zweiseitige Testung
t.test(data.t$T1,data.t$T0, paired = TRUE)

# Einseitige Testung
t.test(data.t$T1,data.t$T0, paired = TRUE, alternative = "greater")
```

Der Output von R sieht nun wie folgt aus:

```
# Zweiseitige Testung
Paired t-test

data:  data.t$T1 and data.t$T0
t = 4.2367, df = 60, p-value = 7.926e-05
alternative hypothesis: true difference in means is not equal to 0
95 percent confidence interval:
 1.539610 4.293723
sample estimates:
mean of the differences
               2.916667

# Einseitige Testung
Paired t-test

data:  data.t$T1 and data.t$T0
t = 4.2367, df = 60, p-value = 3.963e-05
alternative hypothesis: true difference in means is greater than 0
95 percent confidence interval:
 1.766549      Inf
sample estimates:
mean of the differences
               2.916667
```

Der Output (exemplarisch für den zweiseitigen Test) kann auf wenige relevante Dinge reduziert werden:

- In der Zeile `t = 4.2367, df = 60, p-value = 7.926e-05` stehen `t-Statistik`, `Freiheitsgrade (df)` und der `p`-Wert. Der `p`-Wert wird bei einseitiger Testung halbiert, was R automatisch vornimmt.
- `alternative hypothesis: true difference in means is not equal to 0` ist die Alternativhypothese, die bei Verwerfung der Nullhypothese anzunehmen ist. Sie unterscheidet sich je nachdem, ob einseitig oder zweiseitig getestet wird.
- Das `95 percent confidence interval` ist das 95%-Konfidenzintervall für den Mittelwert der Differenzen und korrespondiert zum Kriterium des α-Signifikanzniveaus von 5 %. Bei wiederholter Konstruktion (errechnet aus Mittelwert der Differenzen und dessen Standardfehler) beinhalten 95 % der Konfidenzintervalle den wahren Mittelwert. Je kleiner bzw. enger das Intervall ist, desto näher ist der Stichprobenmittelwert am wahren Mittelwert.
- `sample estimates: mean of the differences 2.916667` ist die Differenz zwischen den beiden Zeitpunkten. Bei der Ermittlung wird stets der frühere Zeitpunkt vom späteren Zeitpunkt abgezogen.

Interpretation der Ergebnisse

- Der `p`-Wert der zweiseitigen Testung ist mit `p = 7.93e-05` sehr klein (das Komma wird 5 Stellen nach links verschoben) und liegt unter dem typischen Alpha-Niveau von `0.05`. Dies ist für den einseitigen Test ebenso zutreffend (`p = 3.96e-05`).
- Alternativ beinhaltet das Konfidenzintervall die 0 NICHT.
- Aufgrund `p < α` kann die Nullhypothese von Gleichheit der Messwerte zwischen den Zeitpunkten (bzw. eine Differenz von 0) verworfen werden.
- Die Alternativhypothese ist anzunehmen.
- Der Mittelwert nach der Intervention (`27.40`) unterscheidet sich somit signifikant vom Mittelwert vor der Intervention (`24.48`).

Berechnung der Effektstärke

Wenn die Ergebnisse zeigen, dass ein Unterschied (= Effekt) besteht, also das Ergebnis infolge eines `p`-Werts `< 0.05` signifikant ist, ist zusätzlich die Effektstärke (auch »Effektgröße«) zu berechnen. Entgegen falschen vorherrschenden Meinungen sagt ein großer oder kleiner `p`-Wert nichts über die Stärke eines Effekts aus. Ein separates Maß ist hierfür notwendig: *Cohens d*.

Die Mittelwertdifferenz wird hierfür durch die gepoolte Standardabweichung geteilt. Dies muss allerdings erneut nicht händisch berechnet werden. Erneut kann im `lsr`-Paket auf die `cohensD()`-Funktion zurückgegriffen werden:

```
library(lsr)
cohensD(data.t$T0,data.t$T1, method = "paired")
```

Hierfür ist es abermals notwendig, die den jeweiligen Testzeitpunkt repräsentierenden Variablen in die Funktion zu übergeben und mit `method="paired"` die Effektstärke für den t-Test bei abhängigen Stichproben anzufordern. Der Aufbau ist identisch zu `t.test()`.

Im Ergebnis erhält man lediglich eine Zahl, im Beispiel `0.54`.

```
> cohensD(data.t$T0,data.t$T1, method = "paired")
[1] 0.5424564
```

Diese Effektstärke ist schließlich einzuordnen. Hierzu dient, analog zum Einstichproben-t-Test, Cohen, J. (1992). S. 157,[2] wo die Grenzen für kleine (`d > 0.2`), mittlere (`d > 0.5`) und große Effekte (`d > 0.8`) genannt sind.

Die berechnete Effektstärke von `0.54` liegt knapp über der Grenze zum mittleren Effekt von `0.5`. Folglich ist es ein mittlerer Effekt bzw. Unterschied.

Reporting der Ergebnisse

Das Ergebnis des t-Tests bei abhängigen Stichproben lässt den folgenden Schluss zu:

Verglichen mit vor dem Training (`M = 24.48; SD = 4.09`) schaffen Probanden nach dem Training (`M = 27.4; SD = 3.17`) eine signifikant höhere Anzahl Wiederholungen, `t(60) = 4.24; p < 0,001; d = 0.54`. Nach Cohen (1992) ist dieser Unterschied mittel.

10.1.2 Wilcoxon-Test bei abhängigen Stichproben

Wie bereits eingangs erwähnt, ist der Wilcoxon-Test für abhängige Stichproben die nichtparametrische Alternative zum t-Test für abhängige Stichproben. Dieser ist immer dann relevant, wenn die Verletzungen von der Normalverteilungsannahme der Messdifferenzen zu gravierend sind, also eine sehr schiefe

2 Cohen, J. (1992): A power primer. Psychological bulletin, 112(1), 155–159.

Verteilung vorliegt, oder die Testvariablen ordinalskaliert sind. Er kann auch generell für intervall- oder verhältnisskalierte Variablen gerechnet werden. Der Wilcoxon-Test für abhängige Stichproben arbeitet anstelle von Mittelwerten mit mittleren Rängen.

Die oftmals angeführte höhere statistische Power vom t-Test ist inzwischen weitestgehend widerlegt und per se kein Argument mehr gegen den Wilcoxon-Test für abhängige Stichproben.[3]

Beispielhaft wurden Menschen zu zwei verschiedenen Zeitpunkten um ihre Zustimmung zur selben Thematik befragt. Zwischen den Zeitpunkten wurde ihnen ein Aufklärungsvideo gezeigt. Zwar wird häufig bei zwei Zeitpunkten das Wide-Format verwendet, es findet sich aber auch eine Funktion für das Long-Format, weshalb beide Durchführungen gezeigt werden. Zusätzlich sollte im Long-Format die Zeitpunkt-Variable *faktorisiert* sein (vgl. Abschnitt 4.7).

Nullhypothese

Zu den zwei Zeitpunkten existieren gleiche Tendenzen bzw. die Mediane unterscheiden sich nicht.

Voraussetzungen

Die Voraussetzungen sind folgende:

- Beobachtungen derselben Untersuchungsobjekte zu zwei unterschiedlichen Zeitpunkten (»Messwiederholung«).
- Die Testvariable muss mindestens **ordinalskaliert** sein. **Intervall-** oder **verhältnisskalierte** Testvariablen können ebenfalls untersucht werden.

Durchführung

Je Zeitpunkt können die Quartile als Lageparameter (insbes. der Median) angefordert werden. Grafisch kann zusätzlich ein Boxplot (hier nicht gezeigt) angefordert werden.

3 Wiedermann, W., & von Eye, A. (2013). Robustness and power of the parametric t test and the nonparametric Wilcoxon test under non-independence of observations. Psychological Test and Assessment Modeling, 55(1), 39–61, S. 44.

```
# Daten liegen im Wide-Format vor
> summary(data.w_w$T0)
   Min. 1st Qu.  Median    Mean 3rd Qu.    Max.
   1.00    2.00    3.00    3.15    5.00    5.00
> summary(data.w_w$T1)
   Min. 1st Qu.  Median    Mean 3rd Qu.    Max.
   1.00    2.00    3.00    3.00    4.00    5.00
```

Sollten die Daten im Long-Format vorliegen, müssen die Quartile über einen anderen Weg angefordert werden. Hierfür wird das sog. *Piping* verwendet, was uns später noch öfter begegnen wird. Beim Piping werden Befehle aneinandergereiht und mit dem Pipe-Operator %>% verbunden. Das Ergebnis sind flexiblere und weniger geschachtelte Funktionen.

Hierfür wird das `dplyr`-Paket verwendet. Zunächst wird der Data Frame `data.w_l` genannt, gefolgt vom Pipe-Operator `%>%` und der `group_by()`-Funktion, die die Lagemaße nach Zeitpunkt anfordert. Mit einem letzten Pipe-Operator `%>%` und der `quantile()`-Funktion werden das 1. Quartil (`probs = 0.25`), der Median / das 2. Quartil (`probs = 0.5`) und das 3. Quartil (`probs = 0.75`) berechnet. Das Anhängen von `as.data.frame()` sorgt für ein besser lesbares Outputformat, ist aber optional.

```
# Daten liegen im Long-Format vor
library(dplyr)
data.w_l %>%
  group_by(Zeitpunkt) %>%
  summarize(Q1 = quantile(Wert, probs = 0.25),
            Q2 = quantile(Wert, probs = 0.5),
            Q3 = quantile(Wert, probs = 0.75)) %>%
  as.data.frame()
```

Der Output sieht wie folgt aus und beinhaltet dieselben Quartile wie der Output für das Wide-Format:

```
  Zeitpunkt Q1 Q2 Q3
1        T0  2  3  5
2        T1  2  3  4
```

Es ist erkennbar, dass sich die Lageparameter kaum unterscheiden. Lediglich das 3. Quartil ist in `T1` mit 5 höher als in `T0` mit 4.

Nach diesem kurzen deskriptiven Einblick wird nun der Wilcoxon-Test für abhängige Stichproben gerechnet. Hierzu wird die `wilcox.test()`-Funktion verwendet, die Ihnen bereits vom Einstichproben-Wilcoxon-Test (vgl. Abschnitt 9.2) bekannt ist.

Liegen die Daten im Wide-Format vor, werden die den jeweiligen Testzeitpunkt repräsentierenden Variablen mit Komma getrennt in die Funktion gegeben.

```
# Daten im Wide-Format
wilcox.test(data.w_w$T0,data.w_w$T1, paired = TRUE, exact = FALSE,
conf.int = TRUE)
```

Liegen die Daten im Long-Format vor, wird die Variable, die die Messwerte enthält (abhängige Variable), zuerst in die Funktion gesetzt, gefolgt von ~ (AltGr + +) und der Variablen, die die Zeitpunkte beinhaltet.

```
# Daten im Long-Format
wilcox.test(data.w_l$Wert~data.w_l$Zeitpunkt, paired = TRUE,
exact = FALSE, conf.int = TRUE)
```

Für den Wilcoxon-Test bei abhängigen Stichproben muss zwingend das zusätzliche Argument `paired = TRUE` angefügt werden. Hiermit wird angezeigt, dass es sich um Messwiederholungen handelt.

Das Argument `exact = FALSE` verhindert das Ausgeben einer exakten Signifikanz (p-Wert). In dem Falle wird eine approximative p-Wert-Schätzung vorgenommen. Für Stichproben ab 20 ist dies hinreichend genau. Gleichzeitig kann mit der `wilcox.test()`-Funktion bei mehrfach vorkommenden Werten (sog. Bindungen bzw. »ties«) keine exakte Signifikanz berechnet werden.

Zusätzlich kann im Falle einer im Vorfeld spezifizierten gerichteten Hypothese die Alternativhypothese konkreter formuliert werden (sog. einseitige Testung). Hierzu wird mit dem Argument `alternative` festgelegt, ob der Median nach der Intervention größer (`greater`) oder kleiner (`less`) dem Median vor der Intervention ist.

Wenn ein Konfidenzintervall benötigt wird, kann dies mit `conf.int = TRUE` angefordert werden (Standard: 95%-KI). Sollte ein anderes als das 95%-Konfidenzintervall gewünscht sein, wird `conf.level = 0.99` für das z.B. 99%-Konfidenzintervall verwendet, was ich im Code allerdings weglasse.

Der Output von R sieht nun unabhängig des Ausgangsformats (*wide* oder *long*) wie folgt aus:

```
Wilcoxon signed rank test with continuity correction

data:  data.w_w$T0 and data.w_w$T1
V = 789, p-value = 0.5111
alternative hypothesis: true location shift is not equal to 0
95 percent confidence interval:
 -0.4999874  0.9999730
sample estimates:
(pseudo)median
  5.955653e-05
```

Der Output kann auf wenige Aspekte reduziert werden:

- In der Zeile `V = 789, p-value = 0.51` stehen die empirische Prüfgröße `V` und der p-Wert. Der p-Wert wird bei einseitiger Testung halbiert, was R automatisch vornimmt.
- `alternative hypothesis: true location shift is not equal to 0` ist die Alternativhypothese, die bei Verwerfung der Nullhypothese anzunehmen ist. Sie unterscheidet sich je nachdem, ob einseitig oder zweiseitig getestet wird.
- Das `95 percent confidence interval` ist das 95%-Konfidenzintervall für den Pseudo-Median und korrespondiert zum Kriterium des α-Signifikanzniveaus von 5 %.
- `(pseudo)median 5.955653e-05` ist der Pseudo-Median, dem praktisch keine Bedeutung zukommt.

Interpretation der Ergebnisse

- Der p-Wert der zweiseitigen Testung ist mit `p = 0.51` deutlich über dem typischen Alpha-Niveau von `0.05`.
- Alternativ beinhaltet das Konfidenzintervall die 0. Ein Nulleffekt (= nicht vorhandener Effekt) kann demnach nicht ausgeschlossen werden.
- Aufgrund `p > α` kann die Nullhypothese von Gleichheit der Mediane zwischen den Zeitpunkten (bzw. eine Differenz von 0) NICHT verworfen werden.
- Die Alternativhypothese kann nicht angenommen werden. Die Nullhypothese wird demnach beibehalten.

Berechnung der Effektstärke

Wenn die Ergebnisse zeigen, dass ein Unterschied (= Effekt) besteht, also das Ergebnis infolge eines `p`-Werts `< 0.05` signifikant ist, ist zusätzlich die Effektstärke (auch Effektgröße) zu berechnen. Entgegen falschen vorherrschenden Meinungen sagt ein großer oder kleiner `p`-Wert nichts über die Stärke eines Effekts aus. Ein separates Maß ist hierfür notwendig: *r*.

Im `rcompanion`-Paket kann auf die `wilcoxonPairedR()`-Funktion zurückgegriffen werden. Hierfür ist jedoch ausnahmslos das Long-Format notwendig (Umwandlung vgl. Abschnitt 2.4.3). Als `x` ist die Testvariable einzusetzen und als `g` die Zeitpunktvariable.

```
library(rcompanion)
wilcoxonPairedR(x = data.w_l$Wert, g = data.w_l$Zeitpunkt)
```

Im Ergebnis erhält man lediglich eine Zahl, im Beispiel gerundet `0.09`.

```
> wilcoxonPairedR(x = data.w_l$Wert, g = data.w_l$Zeitpunkt)
     r
0.0909
```

Diese Effektstärke ist schließlich einzuordnen. Hierzu dient erneut Cohen, J. (1992). S. 157,[4] wo die Grenzen für kleine (`r > 0.1`), mittlere (`r > 0.3`) und große Effekte (`r > 0.5`) genannt sind.

Die berechnete Effektstärke von `0.09` sollte nicht eingeordnet werden, da der Effekt nicht signifikant ist. Wäre er signifikant, läge er unter der Grenze zum kleinen Effekt.

Ein Effekt kann signifikant (`p < 0.05`) sein und dennoch ein `r > 0.1` aufweisen. Das liegt daran, dass noch so kleine Effekte mit zunehmenden Stichprobengrößen »entdeckt« werden können. In kleinen Stichproben (bis N = 30) werden häufig nur auffällige (mittlere bis große) Effekte als nicht zufällig (»by chance«) erkannt.

Reporting der Ergebnisse

Das Ergebnis des Wilcoxon-Tests bei abhängigen Stichproben lässt den folgenden Schluss zu:

4 Cohen, J. (1992): A power primer. Psychological bulletin, 112(1), 155–159.

Verglichen mit vor der Intervention (Median = 3) zeigen Probanden nach der Intervention (Median = 3) keine signifikant andere Einstellung zum befragten Thema, `p = 0.51`.

Hinweis

Im Falle eines signifikanten Unterschieds ist zudem die Effektstärke anzugeben und einzuordnen, z.B.:

`r = 0.23`. Nach Cohen (1992) ist dieser Unterschied mittel.

10.2 Mehr als zwei Zeitpunkte

Wie es der Titel des Abschnitts verrät, werden nun **eine Prä-** und **mehrere Post-Messungen** derselben Untersuchungsobjekte auf Unterschiede geprüft. Mehrere Beobachtungen nach einer Intervention werden auch als *Follow-up*-Beobachtungen bezeichnet, wohingegen Messungen vor der Intervention auch als *Baseline* bezeichnet werden. Eine Unterteilung in parametrisch (ANOVA mit Messwiederholung, Abschnitt 10.2.1) und nichtparametrisch (Friedman-ANOVA, Abschnitt 10.2.2) kann vorgenommen werden.

10.2.1 ANOVA mit Messwiederholung

Die ANOVA mit Messwiederholung ist die Erweiterung des t-Tests für abhängige Stichproben. Die ANOVA betrachtete demnach mehr Zeitpunkte als nur zwei. Es können folglich drei oder mehr Zeitpunkte untersucht werden. Mit zunehmender Anzahl von Untersuchungszeitpunkten sollte die Stichprobe allerdings größer sein, was im Rahmen einer Poweranalyse im Vorfeld bereits geklärt sein sollte.

Um an das Beispiel des abhängigen t-Tests anzuknüpfen: Untrainierte Menschen bekommen einen Trainingsplan. Vor der Gabe eines Trainingsplans, nach 3 Wochen sowie nach weiteren 3 Wochen werden die geschafften Wiederholungen einer sportlichen Übung notiert. Nun soll geprüft werden, ob der Trainingsplan zu einer (langfristigen) Steigerung, Verfestigung o.Ä. der gemessenen Wiederholungen geführt hat.

Nullhypothese

Die Mittelwerte der Zeitpunkte unterschieden sich nicht bzw. die Differenz der Zeitpunkte beträgt jeweils 0.

Für diese Untersuchung muss zwingend das Long-Format vorliegen (vgl. Abschnitt 2.4.2). Zusätzlich sollte die Zeitpunkt-Variable *faktorisiert* sein (vgl. Abschnitt 4.7).

Voraussetzungen

Die Voraussetzungen sind folgende:

- Beobachtungen derselben Untersuchungsobjekte zu mindestens drei unterschiedlichen Zeitpunkten (»Messwiederholung«)
- »Ausreißer« sollten nicht existieren.
- Die Testvariable muss **intervall**- oder **verhältnisskaliert** sein.
- Die Testvariable ist innerhalb jedes Messzeitpunkts (in etwa) normalverteilt. Für die Prüfung empfehle ich Q-Q-Plots. Ist N > 30, kann dies vernachlässigt werden.
- Sphärizität muss vorliegen. Varianzen der Differenzen zwischen jeweils zwei Messzeitpunkten müssen (in etwa) gleich sein.

Durchführung

Deskriptive Voranalyse

Je Zeitpunkt kann sowohl der Mittelwert als Lageparameter als auch die Standardabweichung als Streuparameter der geschafften Wiederholungen über alle Probanden ermittelt werden. Hierfür wird das sog. Piping verwendet (vgl. Abschnitt 2.5), was uns später noch öfter begegnen wird.

Nach Laden des `dplyr`-Pakets wird der Data Frame `data.a_l` genannt, gefolgt vom Pipe-Operator `%>%` und der `group_by()`-Funktion, die das Lage- und Streumaß je Zeitpunkt anfordert. Mit einem letzten Pipe-Operator `%>%` und der `mean()`-, `sd()`- und `n()`-Funktion werden Mittelwert und Standardabweichung berechnet. Das Anhängen von `as.data.frame()` sorgt für ein besser lesbares Outputformat, ist aber optional.

```
library(dplyr)
data.a_l %>%
```

```
  group_by(Zeitpunkt) %>%
  summarize(M = mean(Wert),
            SD = sd(Wert),
            N = n()) %>%
  as.data.frame()
```

Der Output steht nachfolgend:

```
  Zeitpunkt        M       SD  N
1        T0 24.48333 4.123071 60
2        T1 27.40000 3.200636 60
3        T2 29.01667 3.642925 60
```

Hieran ist erkennbar, dass der Mittelwert von `24.48` in `T0` auf `27.4` in `T1` steigt. Er steigt abermals auf `29.02` in `T2`. Die Boxplots in Abbildung 10.2 zeigen ein ähnliches Bild.

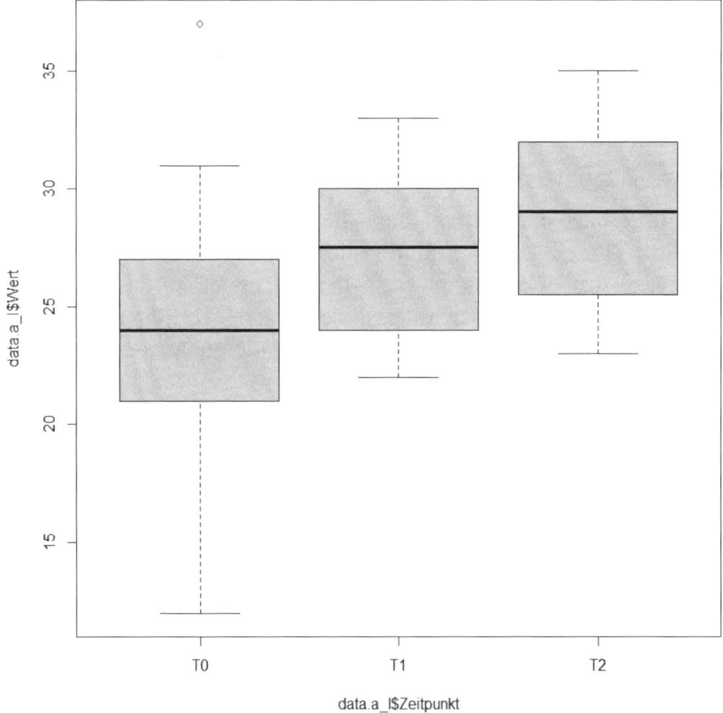

Abb. 10.2: Boxplots für die geschafften Wiederholungen je Zeitpunkt

```
boxplot(data.a_l$Wert~data.a_l$Zeitpunkt)
```

Die Boxen mitsamt Median liegen in späteren Zeitpunkten höher. Dies deutet eine Verbesserung im Zeitablauf an und ist nach der Prüfung der anderen Voraussetzungen analytisch zu rechnen.

Prüfung auf Ausreißer

Die Prüfung auf Ausreißer funktioniert analytisch am besten mit der `identify_outliers()`-Funktion des `rstatix`-Pakets. Hierfür wird aus Gründen der Einfachheit erneut das sog. Piping des `dplyr`-Pakets verwendet.

```
library(dplyr)
library(rstatix)
```

Zunächst wird der Datensatz (hier `data.a_l`) angesprochen und die `group_by()`-Funktion zur Gruppierung der Daten zu den Zeitpunkten schließlich auf die `identify_outliers()`-Funktion angewandt. Der angehängte Befehl `as.data.frame()` sorgt für eine etwas schmalere Tabelle und ist optional.

```
data.a_l %>%
group_by(Zeitpunkt) %>%
identify_outliers(Wert) %>%
as.data.frame()
```

Im Output erhält man eine Übersicht über ungewöhnliche Werte bzw. »Ausreißer« (`is.outlier`) und ob diese »extreme Ausreißer« darstellen (`is.extreme`). Im Beispiel gibt es in der »Gruppe« `T0`, also Zeitpunkt `T0`, einen Ausreißer: Das Untersuchungssubjekt mit der ID 20 hat einen Wert von 37. Ein solcher Wert, wie auch die meisten anderen Ausreißer, ist plausibel und kein Grund für einen Ausschluss.

```
  Zeitpunkt ID Wert is.outlier is.extreme
1        T0 20   37       TRUE      FALSE
```

Die Boxplots in Abbildung 10.2 können ebenfalls für die Prüfung auf »Ausreißer« verwendet werden. Kreise ober- und unterhalb der Whisker zeigen einen Ausreißer an. Diese Prüfung dient eher unplausiblen als für die Stichprobe ungewöhnlichen Werten.

Prüfung auf Normalverteilung

Die Stichprobe ist mit N > 30 hinreichend groß, was die Prüfung auf Normalverteilung entbehrlich macht. Dennoch wird sie an dieser Stelle gezeigt. Hierzu wird aus dem `ggpubr`-Paket mit dessen `ggqqplot()`-Funktion je Gruppe ein QQ-Diagramm mit Ideallinie geplottet. Zunächst ist die Datenquelle zu nennen, danach die Testvariable in Anführungszeichen sowie mit `facet.by` und in Anführungszeichen die Zeitpunktvariable:

```
library(ggpubr)
ggqqplot(data.a_l, "Wert", facet.by = "Zeitpunkt")
```

Für eine Normalverteilung der Werte sollten die Punkte im Q-Q-Plot idealerweise auf oder nahe der Diagonalen liegen. In Abbildung 10.3 ist erkennbar, dass dies ausreichend der Fall ist.

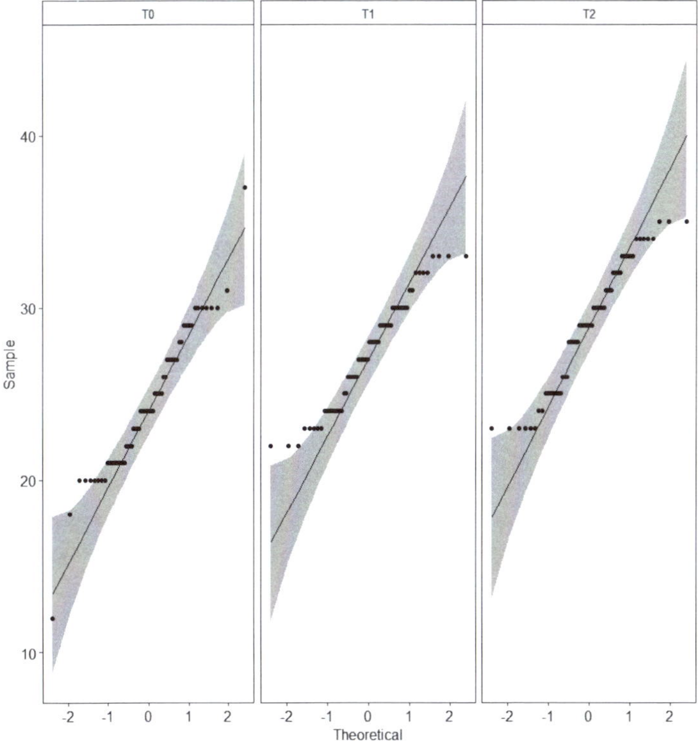

Abb. 10.3: Q-Q-Plot für die abhängige Variable je Zeitpunkt

Eine perfekte Normalverteilung ist ohnehin nicht erwartbar und in der Praxis reicht eine »In-etwa-Normalverteilung«. Sollte es hier zu großen Abweichungen kommen, kann die in Abschnitt 10.2.2 vorgestellte Friedman-ANOVA als nichtparametrische Alternative angewandt werden.

Prüfung auf Sphärizität

Die Prüfung auf Sphärizität mittels des Mauchly-Tests wird bei der Berechnung der ANOVA mit Messwiederholung mitgerechnet. Sie wird daher direkt im folgenden Abschnitt diskutiert.

Berechnung der ANOVA mit Messwiederholung

Für die Berechnung der ANOVA mit Messwiederholung mitsamt Sphärizität wird die `anova_test()`-Funktion des `rstatix`-Pakets verwendet. Die einzugebenden Argumente sind nahezu selbsterklärend:

- `data` ist die Datenquelle, also der Data Frame (im Long-Format), in dem die Messdaten hinterlegt sind.
- `dv` steht für »dependent variable« und heißt abhängige, also Testvariable.
- `wid` ist die ID der Untersuchungssubjekte.
- `within` ist der Name der Variablen, die den Zeitpunkt anzeigt.
- `effect.size` fordert die Effektstärke an (hier sind Eta^2 (`ges`) und Partielles Eta^2 (`pes`) möglich). Allerdings ist eine Effektstärke für die ANOVA selbst schlecht interpretierbar. Dies ist für die noch zu rechnenden Post-hoc-Tests sinnvoller.

Es ist zu empfehlen, die Ergebnisse in ein separates Objekt zu speichern (hier `rep_anova`):

```
rep_anova <- anova_test(data = data.a_l, dv = Wert, wid = ID,
                        within = Zeitpunkt, effect.size = "pes")
```

Anschließend können die Ergebnisse gezielt angesteuert werden. Zunächst die Sphärizität, die mit ``*Objektname*$`Mauchly's Test for Sphericity` `` angefordert wird.

```
rep_anova$`Mauchly's Test for Sphericity`
```

Der Output ist knapp gehalten und die Nullhypothese des Mauchly-Tests (Sphärizität liegt vor) sollte nicht verworfen werden können. Folglich sollte ein p-Wert > `0.05` vorliegen, was im Beispiel mit `p = 0.46` der Fall ist.

```
     Effect     W     p p<.05
1 Zeitpunkt 0.973 0.459
```

Sollte der Mauchly-Test auf Sphärizität signifikant sein, werden automatisch die Ergebnisse für diese Sphärizitätsverletzung mittels Greenhouse-Geisser-Verfahren bei der Berechnung der ANOVA korrigiert. Die Korrektur wird über eine Reduktion der Freiheitsgrade erreicht.

Schließlich können die Ergebnisse der ANOVA mit Messwiederholung mit dem Befehl `get_anova_table()` ausgegeben werden.

```
> get_anova_table(rep_anova)
ANOVA Table (type III tests)

     Effect DFn DFd      F       p p<.05   pes
1 Zeitpunkt   2 118 23.536 2.5e-09     * 0.285
```

Das Hauptaugenmerk des Outputs wird auf den p-Wert (`2.5e-09`) gelegt, der aus der `F`-Statistik (`23.54`) und den mit `DF` abgekürzten Freiheitsgraden (`2, 118`) ermittelt wird. Da anhand des p-Werts bereits ersichtlich ist, dass Unterschiede zwischen den Messzeitpunkten existieren, muss untersucht werden, zwischen welchen Messzeitpunkten Unterschiede existieren. Dafür verwendet man die sog. *Post-hoc-Tests*. Das ist nur ein kompliziert klingender Name für, im Falle der ANOVA, verbundene t-Tests zwischen allen Zeitpunkten.

Auch für die Post-hoc-Tests gibt es im `rstatix`-Paket eine Funktion, nämlich die `pairwise_t_test()`-Funktion, die erneut bequem mit Piping (%>%) angesprochen wird.

In die Funktion wird die Testvariable gefolgt von ~ (AltGr + +) und der Variablen, die die Zeitpunkte beinhaltet, eingegeben. Unbedingt notwendig ist noch `paired=TRUE`. Schließlich müssen die p-Werte für die sog. Alphafehlerkumulierung (vgl. Vorwort von Teil IV dieses Buches) korrigiert werden,[5] was mit `p.adjust.method` geschieht. Der angehängte Befehl `as.data.frame()` sorgt für eine etwas schmalere Tabelle und ist optional.

5 Hierfür existieren verschiedene Möglichkeiten: "holm", "hochberg", "hommel", "bonferroni", "BH", "BY", "fdr", "none". Bonferroni ist die konservativste Korrekturvariante und wird am ehesten empfohlen.

```
data.a_l %>%
  pairwise_t_test(Wert~Zeitpunkt, paired = TRUE,
                  p.adjust.method = "bonferroni") %>%
as.data.frame()
```

Das Ergebnis der Post-hoc-Analyse sieht wie folgt aus:

Sämtliche paarweise Vergleiche (T0-T1, T0-T2 und T1-T2) sind signifikant, da deren p-Wert unter α = 0.05 liegt, wie in der Spalte p.adj und p.adj.signif zu erkennen ist. Die Spalte p enthält die unkorrigierten p-Werte und ist zu ignorieren.

```
   .y. group1 group2 n1 n2 statistic df         p    p.adj p.adj.
                                                            signif
1 Wert     T0     T1 60 60 -4.166687 59 1.02e-04 3.06e-04      ***
2 Wert     T0     T2 60 60 -6.543817 59 1.59e-08 4.77e-08     ****
3 Wert     T1     T2 60 60 -2.637341 59 1.10e-02 3.20e-02        *
```

Interpretation der Ergebnisse

- Der p-Wert der ANOVA ist mit p = 2.5e-09 sehr klein (das Komma wird 9 Stellen nach links verschoben) und liegt unter dem typischen Alpha-Niveau von 0.05. Dies wird auch mit dem * bei p < 0.05 angezeigt.
- Aufgrund p < α kann die Nullhypothese von Gleichheit der Messwerte zwischen den Zeitpunkten (bzw. eine Differenz von 0) verworfen werden.
- Die Alternativhypothese ist anzunehmen und mittels Post-hoc-Tests auf Unterschiede zwischen den Zeitpunkten zu prüfen.
- Bei den Post-hoc-Tests ist erkennbar, dass sich die Zeitpunkte T0 und T1, T0 und T2 sowie T1 und T2 jeweils aufgrund $p_{adj} < \alpha$ signifikant voneinander unterscheiden. In der Spalte p.adj.signif wird dies zusätzlich mit einem bzw. mehreren * angezeigt.
- Die Mittelwerte nach der Intervention in T1 mit 27.4 und T2 mit 29.02 unterscheiden sich jeweils signifikant sowohl vom Mittelwert vor der Intervention (24.48) als auch untereinander.

Berechnung der Effektstärke

Wenn die ANOVA-Ergebnisse zeigen, dass ein Unterschied (= Effekt) besteht, also das Ergebnis infolge eines p-Werts < 0.05 signifikant ist, werden die Post-hoc-Tests gerechnet. Deren Effektstärke kann deutlich besser interpretiert werden als ein Eta^2 der ANOVA selbst. Wie bereits aus Abschnitt 10.1.1 bekannt, ist *Cohens d* für gepaarte Stichproben nutzbar. Aus Gründen der Einfachheit kann auch hier wieder mit Piping und der `cohens_d()`-Funktion aus dem `rstatix`-Paket gearbeitet werden. Der angehängte Befehl `as.data.frame()` sorgt für eine etwas schmalere Tabelle und ist optional.

```
data.a_l %>%
cohens_d(Wert~Zeitpunkt, paired = TRUE) %>%
as.data.frame()
```

Das führt zu folgendem Output:

```
   .y. group1 group2    effsize n1 n2 magnitude
1 Wert     T0     T1 -0.5379169 60 60  moderate
2 Wert     T0     T2 -0.8448031 60 60     large
3 Wert     T1     T2 -0.3404793 60 60     small
```

In der Spalte `effsize` sind die jeweiligen Effektstärken zu sehen. Für das Berichten sollten hier die Beträge, also die positiven Werte, verwendet werden. Bequem ist ebenso die Einordnung in der Spalte `magnitude`, wo für den jeweiligen Betrag der Effektstärken die Einordnung nach Cohen (1992), S. 157,[6] wo die Grenzen für kleine (`d > 0.2`), mittlere (`d > 0.5`) und große Effekte (`d > 0.8`) genannt sind, vorgenommen wurde.

Zwischen Zeitpunkt `T0` und `T1` existiert ein mittlerer Effekt, zwischen `T0` und `T2` ein großer Effekt und zwischen `T1` und `T2` ein kleiner Effekt.

Das Training hat also sofort einen mittleren Effekt (`T0` zu `T1`) erzielen können. Die weitere Zunahme (`T1` zu `T2`) war hingegen klein. Wird das Anfangsniveau mit dem letzten Messzeitpunkt verglichen (`T0` zu `T2`), ist ein großer Effekt zu beobachten.

Reporting der Ergebnisse

Das Ergebnis der ANOVA mit Messwiederholung lässt den folgenden Schluss zu:

Die ANOVA mit Messwiederholung zeigt eine statistisch signifikante Verbesserung in der Anzahl der geschafften Wiederholungen (`F(2,118) = 23.536, p < 0.001`).

Mit anschließenden Post-hoc-Tests und Bonferroni-Korrektur konnte zudem für die Zeitpunkte `T0` zu `T1` eine mittlere Verbesserung (`t(59) 4.17,`

6 Cohen, J. (1992): A power primer. Psychological bulletin, 112(1), 155–159.

$p < 0.001$, $d = 0.54$), für die Zeitpunkte T0 zu T2 eine große Verbesserung ($t(59) = 6.54$, $p < 0.001$, $d = 0.85$) und für die Zeitpunkte T1 zu T2 eine kleine Verbesserung ($t(59) = 2.64$, $p = 0.03$, $d = 0.34$) festgestellt werden.

10.2.2 Friedman-ANOVA

Die Friedman-ANOVA ist die Erweiterung des Wilcoxon-Tests für abhängige Stichproben um mehr Zeitpunkte als nur zwei und gleichzeitig die nichtparametrische Alternative zur ANOVA mit Messwiederholung. Es können folglich drei oder mehr Zeitpunkte untersucht werden. Mit zunehmender Anzahl von Untersuchungszeitpunkten sollte die Stichprobe allerdings größer sein, was im Rahmen einer Poweranalyse im Vorfeld bereits geklärt sein sollte.

Für die Berechnung wird dasselbe Beispiel wie bei der ANOVA mit Messwiederholung gewählt: Untrainierte Menschen bekommen einen Trainingsplan. Vor der Gabe eines Trainingsplans, nach 3 Wochen sowie nach weiteren 3 Wochen werden die geschafften Wiederholungen einer sportlichen Übung notiert. Im Anschluss soll geprüft werden, ob der Trainingsplan zu einer (langfristigen) Steigerung, Verfestigung o.Ä. der gemessenen Wiederholungen geführt hat.

Nullhypothese

Zu den k (> 2) Zeitpunkten existieren gleiche Tendenzen bzw. die Mediane unterscheiden sich nicht.

Für diese Untersuchung muss zwingend das Long-Format vorliegen (vgl. Abschnitt 2.4.2). Zusätzlich sollte die Zeitpunkt-Variable *faktorisiert* sein (vgl. Abschnitt 4.7).

Voraussetzungen

Die Voraussetzungen sind folgende:

- Beobachtungen derselben Untersuchungsobjekte zu mindestens drei unterschiedlichen Zeitpunkten (»Messwiederholung«).
- »Ausreißer« sollten nicht existieren.
- Die Testvariable muss mindestens **ordinalskaliert** sein. **Intervall-** oder **verhältnisskalierte** Testvariablen können ebenfalls untersucht werden.

Durchführung

Deskriptive Voranalyse

Je Zeitpunkt können die Quartile (insbes. der Median) als Lageparameter als auch der Interquartilsabstand als Streumaß angefordert werden.

Hierfür wird analog zum Wilcoxon-Test für abhängige Stichproben (vgl. Abschnitt 10.1.2) das `dplyr`-Paket verwendet. Zunächst wird der Data Frame `data.a_l` genannt, gefolgt vom Pipe-Operator `%>%` und der `group_by()`-Funktion, die die Lage- und Streumaße nach Zeitpunkt anfordert. Mit der `quantile()`-Funktion innerhalb von `summarize` werden das 1. Quartil (`probs = 0.25`), der Median / das 2. Quartil (`probs = 0.5`), das 3. Quartil (`probs = 0.75`) als auch der Interquartilsabstand (`IQR`) berechnet. Das Anhängen von `as.data.frame()` sorgt für ein schöner lesbares Outputformat, ist aber optional.

```
library(dplyr)
data.a_l %>%
  group_by(Zeitpunkt) %>%
  summarize(Q1 = quantile(Wert, probs = 0.25),
            Q2 = quantile(Wert, probs = 0.5),
            Q3 = quantile(Wert, probs = 0.75),
            IQR = IQR(Wert)) %>%
  as.data.frame()
```

Das führt zu nachfolgendem Output:

```
  Zeitpunkt    Q1   Q2 Q3  IQR
1        T0 21.00 24.0 27 6.00
2        T1 24.00 27.5 30 6.00
3        T2 25.75 29.0 32 6.25
```

Grafisch kann zusätzlich ein Boxplot (analog zu Abbildung 10.2 in Abschnitt 10.2.1) angefordert werden.

```
boxplot(data.a_l$Wert~data.a_l$Zeitpunkt)
```

Die Boxen mitsamt Median liegen in späteren Zeitpunkten höher (vgl. Abbildung 10.4). Dies deutet eine Verbesserung im Zeitablauf an und ist nach der Prüfung auf Ausreißer analytisch zu rechnen.

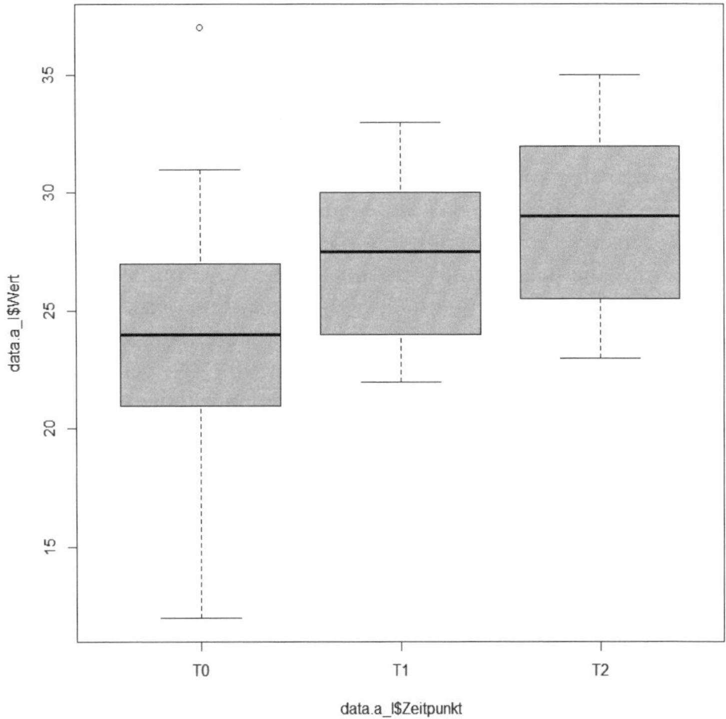

Abb. 10.4: Boxplots für die geschafften Wiederholungen je Zeitpunkt

Prüfung auf Ausreißer

Um die Redundanzen möglichst gering zu halten, wird an dieser Stelle auf den entsprechenden Abschnitt in 10.2.1 verwiesen. Zusammengefasst liegen keine bedenklichen Beobachtungen vor.

Berechnung der Friedman-ANOVA

Für die Berechnung der Friedman-ANOVA wird die `friedman_test()`-Funktion des `rstatix`-Pakets verwendet.

In die Funktion sind nur drei Argumente zu übergeben.

- Formel: die Testvariable gefolgt von ~ (`AltGr` + `+`) und der Variablen, die die Zeitpunkte beinhaltet.
- `ID` ist die Variable, die die Untersuchungsobjekte eindeutig identifiziert.
- `data` ist die Datenquelle.

```
friedman_test(Wert ~ Zeitpunkt | ID, data = data.a_l)
```

Der nachfolgende Output ist auf das Wesentliche reduziert. Die Nullhypothese von Gleichheit wird anhand der Signifikanz `p = 3.4e-07 < 0.05` verworfen. Über die drei Zeitpunkte hinweg gibt es offensichtlich Unterschiede – anhand der deskriptiven und visuellen Voranalyse war dies bereits zu erwarten.

```
    .y.  n statistic df            p         method
1 Wert 60  29.77093  2 3.43025e-07 Friedman test
```

Da anhand des `p`-Werts erkannt werden kann, dass Unterschiede zwischen den Messzeitpunkten existieren, muss untersucht werden, zwischen welchen Messzeitpunkten (signifikante) Unterschiede existieren. Dafür werden als Post-hoc-Tests die bereits bekannten Wilcoxon-Tests für abhängige Stichproben verwendet.

Auch für die Post-hoc-Tests gibt es im `rstatix`-Paket eine Funktion, nämlich die `wilcox_test()`-Funktion, die erneut bequem mit Piping (%>%) angesprochen wird.

In die Funktion wird die Testvariable gefolgt von ~ (AltGr + +) und der Variablen, die die Zeitpunkte beinhaltet, eingegeben. Unbedingt notwendig ist noch `paired = TRUE`. Schließlich müssen die `p`-Werte für die sog. Alphafehlerkumulierung (vgl. Vorwort von Teil IV dieses Buches) korrigiert werden,[7] was mit `p.adjust.method` geschieht.

```
data.a_l %>%
  wilcox_test(Wert~Zeitpunkt, paired = TRUE,
              p.adjust.method = "bonferroni") %>%
as.data.frame()
```

Das Ergebnis der Post-hoc-Analyse sieht wie folgt aus:

```
   .y. group1 group2 n1 n2 statistic        p    p.adj p.adj.
                                                          signif
1 Wert     T0     T1 60 60     319.5 9.33e-05 2.80e-04      ***
2 Wert     T0     T2 60 60     153.5 2.36e-07 7.08e-07     ****
3 Wert     T1     T2 60 60     498.5 1.50e-02 4.40e-02        *
```

7 Hierfür existieren verschiedene Möglichkeiten: "holm", "hochberg", "hommel", "bonferroni", "BH", "BY", "fdr", "none". Bonferroni ist die konservativste Korrekturvariante und wird am ehesten empfohlen.

Sämtliche paarweise Vergleiche (`T0-T1`, `T0-T2` und `T1-T2`) sind signifikant, da alle Signifikanzen unter `α = 0.05` liegen, wie in der Spalte `p.adj` und `p.adj.signif` zu erkennen ist. Die Spalte `p` enthält die unkorrigierten `p`-Werte und ist zu ignorieren.

Interpretation der Ergebnisse

- Der `p`-Wert der Friedman-ANOVA ist mit `p = 3.435e-07` sehr klein (das Komma wird 7 Stellen nach links verschoben) und liegt unter dem typischen Alpha-Niveau von `0.05`.
- Aufgrund `p < α` kann die Nullhypothese von Gleichheit der Messwerte zwischen den Zeitpunkten (bzw. eine Differenz von 0) verworfen werden.
- Die Alternativhypothese ist anzunehmen und mittels Post-hoc-Tests auf Unterschiede zwischen den Zeitpunkten zu prüfen.
- Bei den Post-hoc-Tests ist erkennbar, dass sich die Zeitpunkte `T0` und `T1`, `T0` und `T2` sowie `T1` und `T2` jeweils aufgrund $p_{adj} < \alpha$ signifikant voneinander unterscheiden. In der Spalte `p.adj.signif` wird dies zusätzlich mit einem bzw. mehreren * angezeigt.
- Die Mediane nach der Intervention in `T1` mit `27.5` und `T2` mit `29` unterscheiden sich jeweils signifikant vom Median vor der Intervention (`24`) als auch untereinander.

Berechnung der Effektstärke

Wenn die Friedman-ANOVA-Ergebnisse zeigen, dass ein Unterschied (= Effekt) besteht, also das Ergebnis infolge eines p-Werts `< 0.05` signifikant ist, werden die Post-hoc-Tests gerechnet. Deren Effektstärke kann deutlich besser interpretiert werden als ein Kendall's W der Friedman-ANOVA selbst. Dennoch soll an dieser Stelle kurz Kendall's W gezeigt werden, da einige Gutachter dies dennoch berichtet haben wollen. Dazu dient die `friedman-effsize()`-Funktion aus dem `rstatix`-Paket. Die einzugebenden Argumente sind analog zur `friedman_test()`-Funktion:

```
friedman_effsize(Wert ~ Zeitpunkt | ID, data = data.a_l)
```

Das führt zu folgendem Output:

```
# A tibble: 1 x 5
  .y.       n effsize method    magnitude
* <chr> <int>   <dbl> <chr>     <ord>
1 Wert     60   0.248 Kendall W small
```

In der Spalte `effsize` steht Kendall's W von gerundet `0.25` als auch die Einordnung, dass dies ein kleiner Effekt ist. Allerdings interessiert Forscher in der Regel nicht ein Gesamteffekt, der wenig bis nicht interpretierbar ist, sondern die Effekte zwischen der Baseline (`T0`) und den jeweiligen Follow-up-Messungen (`T1` und `T2`) sowie zwischen den Follow-up-Messungen.

Aus Gründen der Einfachheit kann erneut mit dem Pipe-Operator in Verbindung mit der `wilcox_effsize()`-Funktion aus dem `rstatix`-Paket gearbeitet werden. Wichtig ist hier die zusätzliche Angabe des Arguments `paired = TRUE`. Der angehängte Befehl `as.data.frame()` sorgt für eine etwas schmalere Tabelle und ist optional.

```
data.a_l %>%
wilcox_effsize(Wert ~ Zeitpunkt, paired = TRUE)%>%
  as.data.frame()
```

Die paarweisen Vergleiche haben die folgenden Effektstärken *r*:

```
   .y. group1 group2   effsize n1 n2 magnitude
1 Wert     T0     T1 0.5127752 60 60     large
2 Wert     T0     T2 0.6700479 60 60     large
3 Wert     T1     T2 0.3080031 60 60  moderate
```

Erneut sind in der Spalte `effsize` die jeweiligen Effektstärken zu sehen. Bequem ist ebenso die Einordnung in der Spalte `magnitude`, wo für den jeweiligen Wert der Effektstärken die Einordnung nach Cohen (1992), S. 157,[8] wo die Grenzen für kleine (`r > 0.1`), mittlere (`r > 0.3`) und große Effekte (`r > 0.5`) genannt sind, vorgenommen wurde:

Zwischen Zeitpunkt `T0` und `T1` als auch `T0` und `T2` existiert ein großer Effekt, zwischen `T1` und `T2` ein mittlerer Effekt.

Das Training hat also unmittelbar einen großen Effekt (`T0` zu `T1`) erzielen können. Die weitere Zunahme (`T1` zu `T2`) war hingegen mittel. Wird das Anfangsniveau mit dem letzten Messzeitpunkt verglichen (`T0` zu `T2`), ist ein großer Effekt zu beobachten.

Reporting der Ergebnisse

Das Ergebnis der Friedman-ANOVA lässt den folgenden Schluss zu:

Die Friedman-ANOVA zeigt eine statistisch signifikante Verbesserung in der Anzahl der geschafften Wiederholungen ($Chi^2(2) = 29.8, p < 0.001$).

8 Cohen, J. (1992): A power primer. Psychological bulletin, 112(1), 155–159.

Mit anschließenden Post-hoc-Tests und Bonferroni-Korrektur konnte zudem für die Zeitpunkte `T0` zu `T1` ein großer Effekt (`z = 3.45, p < 0.001, r = 0.51`), für die Zeitpunkte `T0` zu `T2` ein großer Effekt (`z = 4.82, p < 0.001, r = 0.67`) und für die Zeitpunkte T1 zu T2 ein mittlerer Effekt (`z = 1.71, p = 0.04, r = 0.31`) festgestellt werden.

Der z-Wert im obigen Absatz ist die standardisierte Teststatistik, die mittels `qnorm()`-Funktion aus dem *korrigierten p-Wert* ermittelt werden kann. Sie ist beim Reporting optional und kann über Zuweisung der paarweisen Wilcoxon-Test-Ergebnisse zu einem Objekt wie unten gezeigt ermittelt werden.

```
z<- data.a_l %>%
  wilcox_test(Wert~Zeitpunkt, paired = TRUE,
              p.adjust.method = "bonferroni") %>%
  as.data.frame()
qnorm(z$p.adj)
```

Unterschiede zwischen Gruppen prüfen

Ein weiteres typisches Untersuchungsszenario sind Settings, in denen Gruppen von Untersuchungssubjekten beobachtet werden. Ziel ist es, Unterschiede zwischen den Gruppen zu studieren und verallgemeinernde Schlüsse zu erreichen. Im einfachsten Fall gibt es nur zwei Gruppen, die eine trennende Eigenschaft besitzen, wie z.B. untrainiert oder trainiert (Abschnitt 11.1). Gibt es mehr als nur zwei Merkmalsausprägungen, können auch mehr als zwei Gruppen (z.B. untrainiert, mäßig trainiert und gut trainiert) verglichen werden (Abschnitt 11.2).

Denken Sie daran, im Vorfeld eine Poweranalyse durchzuführen (vgl. Vorwort von Teil IV dieses Buches).

11.1 Zwei Gruppen zu einem Zeitpunkt mit einem Einflussfaktor

Tests mit zwei unabhängigen Stichproben prüfen jene zum selben Zeitpunkt auf Unterschiede. Das die Gruppen trennende Merkmal kann vielfältig sein, muss aber dichotom sein, darf also nur zwei Ausprägungen besitzen.

Eine Unterteilung in parametrisch (t-Test bei unabhängigen Stichproben, Abschnitt 11.1.1) und nichtparametrisch (Mann-Whitney-U-/Mann-Whitney-Wilcoxon-Test, Abschnitt 11.1.2) kann vorgenommen werden.

11.1.1 t-Test bei unabhängigen Stichproben

Der typische Test bei zwei Stichproben/Gruppen ist der t-Test bei unabhängigen Stichproben (auch Zweistichproben-t-Test).

Beispielhaft mussten untrainierte und trainierte Menschen sportliche Übungen ausführen. Dabei wurde die Anzahl der Wiederholungen gezählt und für spätere Analysen notiert. Nun soll geprüft werden, ob trainierte Menschen mehr Wiederholungen geschafft haben als untrainierte Menschen.

Nullhypothese des t-Tests bei unabhängigen Stichproben

Die Mittelwerte der beiden Gruppen unterschieden sich nicht bzw. die Mittelwertdifferenz der beiden Gruppen beträgt 0.

Im einfachsten Datensatz existieren folglich nur zwei Spalten bzw. Variablen. Eine zeigt die Gruppenzugehörigkeit (untrainiert, trainiert) an, die andere die Zählung der Wiederholungen.

Voraussetzungen

Die Voraussetzungen sind folgende:

- Beobachtungen zweier unabhängiger Stichproben/Gruppen
- Die Testvariable muss **intervall-** oder **verhältnisskaliert** sein.
- Die Testvariable je Gruppe sollte normalverteilt sein. Für die Prüfung empfehle ich Q-Q-Plots. Ist N > 30, kann dies vernachlässigt werden.
- In etwa gleiche Varianzen (»Varianzhomogenität«) der Testvariablen über die Gruppen. Bei Ungleichheit wird der Welch-t-Test gerechnet, der in diesem Abschnitt ebenfalls gezeigt wird.

Durchführung

Deskriptive Voranalyse

Je Gruppe kann für den deskriptiven Ersteindruck der Mittelwert als Lageparameter wie auch die Standardabweichung als Streuparameter der geschafften Wiederholungen ermittelt werden. Die jeweilige Gruppengröße kann zusätzlich ausgegeben werden.

Die Gruppenvariable sollte für den t-Test als auch die deskriptive Voranalyse faktorisiert sein (vgl. Abschnitt 4.7).

Zur deskriptiven Voranalyse bietet sich erneut das `dplyr`-Paket und dessen Funktionalität mittels Pipe-Operator `%>%` an (vgl. Abschnitt 2.5). Für mehr Parameter kann auch die `describeBy()`-Funktion aus dem `psych`-Paket verwendet werden – dies wird aus Gründen der Übersichtlichkeit nicht extra abgebildet.

```
library(dplyr)
data.t2 %>%
  group_by(Gruppe) %>%
  summarize(M = mean(Wert),
            SD = sd(Wert),
            N = n()) %>%
  as.data.frame()

library(psych)
describeBy(data.t2$Wert, data.t2$Gruppe)
```

Der Output mittels `dplyr` deutet an, dass die Gruppe der Trainierten verglichen mit den Untrainierten mehr Wiederholungen schaffen (`27.7` vs. `24.18`) bei gleichzeitig etwas niedrigerer Streuung (`3.15` vs. `3.94`). Die Gruppen besitzen die gleiche Größe, was in der Regel nicht der Fall ist. Ungleiche Gruppengrößen stellen kein Problem dar, sofern es keine sehr großen Diskrepanzen gibt (z.B. 20 vs. 600).

```
       Gruppe        M       SD  N
1   Trainiert 27.66667 3.149747 60
2 Untrainiert 24.18333 3.938044 60
```

Grafisch kann zusätzlich ein Histogramm oder hier exemplarisch ein Boxplot angefordert werden.

```
boxplot(data.t2$Wert~data.t2$Gruppe)
```

In den Boxplots ist eine deutlich unterschiedliche Lage zu erkennen. Der Median der Untrainierten liegt noch unter der unteren Kante (1. Quartil) der Box der Trainierten.

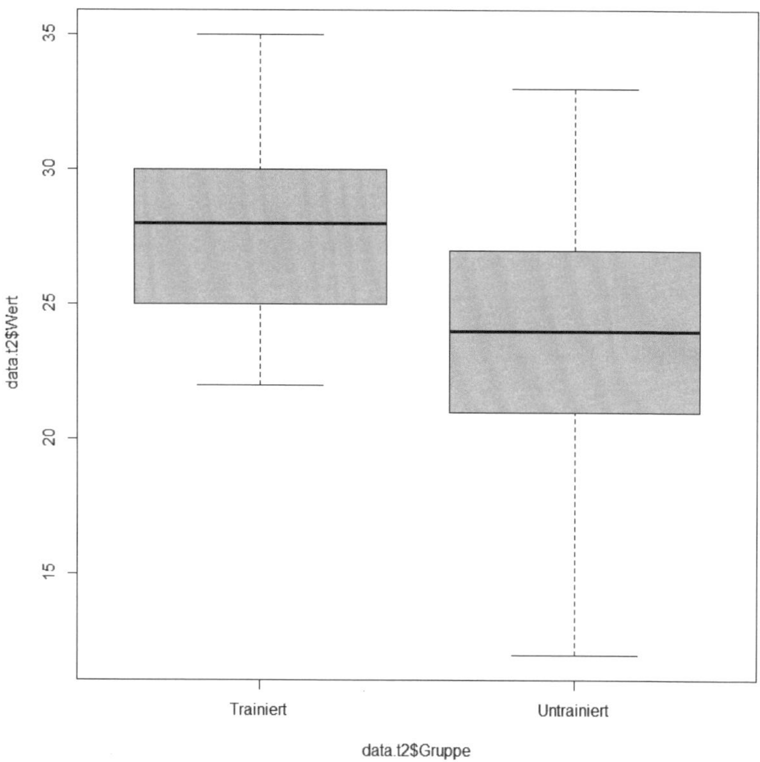

Abb. 11.1: Boxplots für die Anzahl der geschafften Wiederholungen für die beiden Gruppen

Prüfung auf Normalverteilung

Zwar sind die beiden Gruppen mit N = 60 hinreichend groß, sodass die Prüfung auf Normalverteilung entbehrlich ist, ich zeige sie an dieser Stelle dennoch. Hierzu wird aus dem Paket `ggpubr` die `ggqqplot()`-Funktion verwendet. Die Datenquelle, Testvariable und Gruppierungsvariable werden wie folgt eingegeben:

```
library(ggpubr)
ggqqplot(data.t2, "Wert", facet.by = "Gruppe")
```

Im Q-Q-Plot sollten die Punkte idealerweise auf oder nahe der Diagonalen liegen. In Abbildung 11.2 ist erkennbar, dass dies in beiden Gruppen ausreichend der Fall ist. Eine perfekte Normalverteilung ist nicht erwartbar und in der Praxis reicht eine »In-etwa-Normalverteilung«. Hinzu kommt, dass der t-Test auch bei leichten Verletzungen dieser Annahme robust ist.[1] Sollte es hier zu großen Abweichungen kommen, kann der in Abschnitt 11.1.2 vorgestellte Mann-Whitney-U-Test als nichtparametrische Alternative angewandt werden.

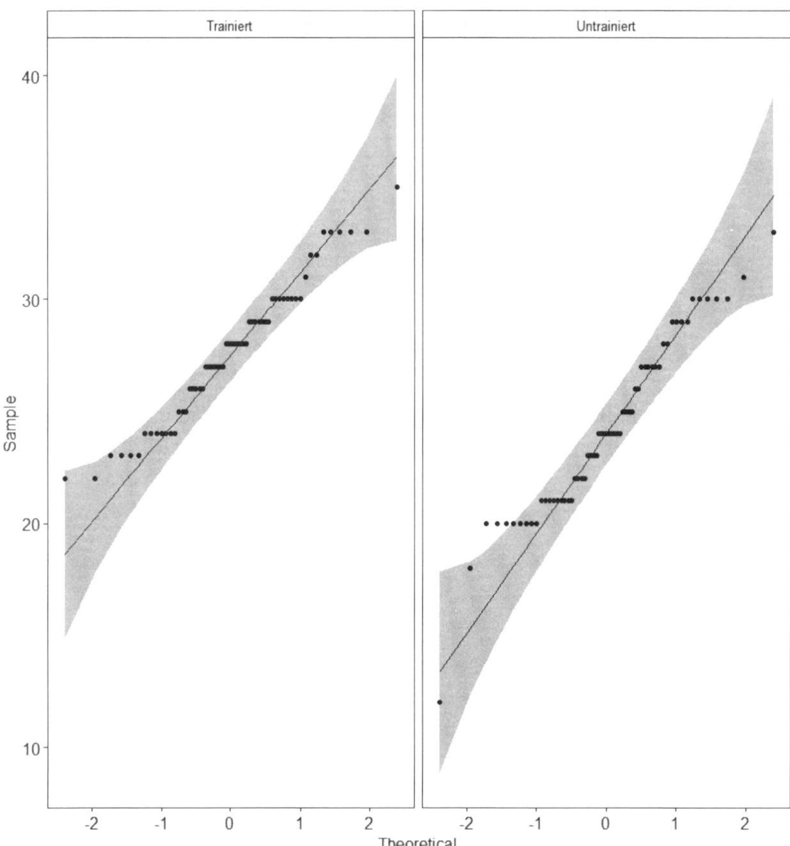

Abb. 11.2: Q-Q-Plots für die beiden Gruppen »Trainiert« und »Untrainiert«

Prüfung auf Varianzhomogenität

Die Prüfung in etwa gleicher Varianzen über die Gruppen hinweg kann in der Regel über die in der deskriptiven Voranalyse angeforderten quadrierten Stan-

1 Vgl. Rasch, D., & Guiard, V. (2004). The robustness of parametric statistical methods. Psychology Science, 46, 175–208.

dardabweichungen per Augentest geprüft werden. Alternativ kann mit dem Levene-Test eine Prüfung auf Varianzhomogenität vorgenommen werden.

Hierzu eignet sich die `leveneTest()`-Funktion aus dem `car`-Paket:

```
library(car)
leveneTest(data = data.t2, Wert~Gruppe)
```

Der Levene-Test geht in der Nullhypothese von Varianzgleichheit aus, demzufolge sollte der p-Wert unter `0.05` liegen.

```
Levene's Test for Homogeneity of Variance (center = median)
       Df F value Pr(>F)
group   1  2.5468 0.1132
      118
```

Die Nullhypothese von Varianzhomogenität kann aufgrund `p = 0.11` nicht verworfen werden. Es liegt also Varianzhomogenität vor.

Denken Sie daran, dass analytische Tests mit zunehmender Stichprobengröße eher signifikant werden (vgl. Vorwort von Teil IV dieses Buches).

Berechnung des t-Tests bei unabhängigen Stichproben

Nach diesem kleinen Exkurs kann der t-Test bei unabhängigen Stichproben gerechnet werden.

Hierzu wird die `t.test()`-Funktion verwendet, die Ihnen bereits vom Einstichproben und verbundenem t-Test (vgl. Abschnitt 9.1 sowie 10.1.1) bekannt ist. Die den jeweiligen Testzeitpunkt repräsentierenden Variablen werden mit Komma getrennt in die Funktion gegeben.

Wie auch beim t-Test für abhängige Stichproben gibt es verschiedene Möglichkeiten, einen t-Test bei unabhängigen Stichproben in R zu rechnen. Die Funktionalität wird von diversen Paketen bereitgestellt. An dieser Stelle verwende ich die in der Basisversion von R mitgelieferte Funktion, weil sie sehr einfach anzuwenden ist und alle notwendigen Anpassungen leicht gelingen.

- `var.equal` wird im Falle eines nichtsignifikanten Levene-Tests, also vorliegender Varianzgleichheit, auf `TRUE` gesetzt. Ist dies nicht der Fall, entsprechend auf `FALSE`. Letzteres wendet den sog. *Welch-t-Test* an, der für die Varianzungleichheit mit einer Anpassung der Freiheitsgrade korrigiert.

- `alternative` wird verwendet, wenn die Alternativhypothese infolge einer gerichteten Hypothese konkreter formuliert werden kann (sog. *einseitige Testung*). Mögliche Argumente sind, dass der Mittelwert von Gruppe 1 (hier: Trainiert) größer (`greater`) oder kleiner (`less`) dem Mittelwert von Gruppe 2 (hier: Untrainiert) ist.
- Wenn ein anderes als das 95%-Konfidenzintervall gewünscht ist, wird `conf.level = 0.99` für das z.B. 99%-Konfidenzintervall verwendet, was ich im Code allerdings weglasse.

```
# Zweiseitige Testung
t.test(data = data.t2, Wert~Gruppe, var.equal = TRUE)

# Einseitige Testung
t.test(data = data.t2, Wert~Gruppe, var.equal = TRUE,
       alternative = "greater")
```

Der Output von R sieht nun wie folgt aus:

```
# Zweiseitige Testung
Two Sample t-test

data:  Wert by Gruppe
t = 5.3506, df = 118, p-value = 4.365e-07
alternative hypothesis: true difference in means between group
Trainiert and group Untrainiert is not equal to 0
95 percent confidence interval:
 2.194150 4.772517
sample estimates:
  mean in group Trainiert mean in group Untrainiert
                 27.66667                  24.18333

# Ergebnisse der einseitigen Testung wurden weggelassen
```

Der Output (exemplarisch für den zweiseitigen Test) sieht komplizierter aus, als er letztlich ist:

- In der Zeile `t = 5.3506, df = 118, p-value = 4.365e-07` stehen `t-Statistik`, `Freiheitsgrade (df)` und der p-Wert. Der p-Wert wird bei einseitiger Testung halbiert, was R automatisch vornimmt.
- `alternative hypothesis: true difference in means between group Trainiert and group Untrainiert is not equal to 0` ist die Alter-

nativhypothese, die bei Verwerfung der Nullhypothese anzunehmen ist. Sie unterscheidet sich je nachdem, ob einseitig oder zweiseitig getestet wird.

- Das `95 percent confidence interval` ist das 95%-Konfidenzintervall für die Mittelwertdifferenz und korrespondiert zum Kriterium des α-Signifikanzniveaus von 5 %. Bei wiederholter Konstruktion (errechnet aus dem Mittelwert der Differenz und dessen Standardfehler) beinhalten 95 % der Konfidenzintervalle den wahren Mittelwert der Differenz. Je kleiner bzw. enger das Konfidenzintervall ist, desto näher ist der Stichprobenmittelwert am wahren Mittelwert der Differenz.
- `sample estimates: mean in group Trainiert 27.66667` und `mean in group Untrainiert 24.18333` sind die Gruppenmittelwerte, die in der deskriptiven Voranalyse bereits errechnet wurden.

Interpretation der Ergebnisse

- Der `p`-Wert der zweiseitigen Testung ist mit `p = 4.37e-07` sehr klein (das Komma wird 7 Stellen nach links verschoben) und liegt unter dem typischen Alpha-Niveau von `0.05`.
- Alternativ beinhaltet das Konfidenzintervall die 0 NICHT.
- Aufgrund $p < \alpha$ kann die Nullhypothese von Gleichheit der Mittelwerte über die Gruppen (Trainiert vs. Untrainiert) verworfen werden.
- Die Alternativhypothese ist anzunehmen.
- Der Mittelwert von Gruppe 1 (Trainiert) unterscheidet sich mit `27.7` signifikant vom Mittelwert `24.48` von Gruppe 2 (Untrainiert).

Berechnung der Effektstärke

Wenn die Ergebnisse zeigen, dass ein Unterschied (= Effekt) besteht, also das Ergebnis infolge eines `p`-Werts `< 0.05` signifikant ist, ist zusätzlich die Effektstärke (auch Effektgröße) zu berechnen. Da die Höhe des `p`-Werts entgegen falschen vorherrschenden Meinungen nichts über die Stärke eines Effekts aussagt, ist ein separates Maß hierfür notwendig: *Cohens d.*

Wie schon beim t-Test für abhängige Stichproben kann erneut im `lsr`-Paket auf die nun für den t-Test für unabhängige Stichproben angepasste `cohensD()`-Funktion zurückgegriffen werden:

```
library(lsr)
cohensD(data = data.t2, Wert~Gruppe)
```

Im Ergebnis erhält man lediglich eine Zahl, im Beispiel `0.98`.

```
> cohensD(data = data.t2, Wert~Gruppe)
[1] 0.9768875
```

Diese Effektstärke ist schließlich einzuordnen. Hierzu dient, wie für alle t-Tests, Cohen, J. (1992). S. 157[2], wo die Grenzen für kleine (`d > 0.2`), mittlere (`d > 0.5`) und große Effekte (`d > 0.8`) genannt sind.

Die berechnete Effektstärke von `0.98` liegt über der Grenze zum großen Effekt von `0.8`. Folglich ist es ein großer Effekt bzw. Unterschied.

Reporting der Ergebnisse

Das Ergebnis des t-Tests bei unabhängigen Stichproben lässt den folgenden Schluss zu:

Trainierte Menschen (`M = 27.67`; `SD = 3.15`) schaffen gegenüber untrainierten Menschen (`M = 24.18`; `SD = 3.94`) eine signifikant höhere Anzahl Wiederholungen der Sportübung, `t(118) = 5.35`, `p < 0.001`, `d = 0.98`. Nach Cohen (1992) ist dieser Unterschied groß.

11.1.2 Mann-Whitney-U-Test (Mann-Whitney-Wilcoxon-Test)

Zu Beginn dieses Abschnitts 11.1 wurde bereits erwähnt, dass der Mann-Whitney-U-Test, auch Mann-Whitney-Wilcoxon-Test, die nichtparametrische Alternative zum t-Test bei unabhängigen Stichproben (auch *Zweistichproben-t-Test*) ist.

Beispielhaft wurde im fiktiven Datensatz die Zustimmung zum Thema Umweltschutz der Gruppe der Männer als auch Frauen erfragt. Hierfür wurden 6 Items erfragt und gemittelt (vgl. zum Vorgehen Abschnitt 4.10). In einigen Disziplinen wird dieser Mittelwert als quasi-metrisch angesehen und der t-Test gerechnet. Da die zugrunde liegenden Items allerdings Likert-skaliert sind, wird hier die nichtparametrische Alternative gerechnet.

Es soll somit letztlich geprüft werden, ob das Geschlecht ein unterschiedliches Zustimmungsverhalten hervorruft.

2 Cohen, J. (1992): A power primer. Psychological bulletin, 112(1), 155–159.

Nullhypothese

Die beiden Gruppen weisen ähnliche Tendenzen auf bzw. die Mediane unterscheiden sich nicht.

Im einfachsten Datensatz existieren folglich nur zwei Spalten bzw. Variablen. Eine zeigt die Gruppenzugehörigkeit (Geschlecht) an, die andere die Zustimmung.

Voraussetzungen

Die Voraussetzungen sind folgende:

- Beobachtungen zweier unabhängiger Stichproben/Gruppen
- Die Testvariable muss mindestens **ordinalskaliert** sein. **Intervall**- oder **verhältnisskalierte** Testvariablen können ebenfalls untersucht werden.

Durchführung

Deskriptive Voranalyse

Je Gruppe können die Quartile als Lageparameter (insbesondere der Median) angefordert werden. Grafisch kann zusätzlich ein Boxplot (hier nicht gezeigt) ausgegeben werden.

Die Gruppenvariable sollte für den Mann-Whitney-U-Test wie auch die deskriptive Voranalyse faktorisiert sein (vgl. Abschnitt 4.7).

Zur deskriptiven Voranalyse bietet sich erneut das `dplyr`-Paket und dessen Funktionalität mittels Pipe-Operator `%>%` an (vgl. Abschnitt 2.5).

Zunächst wird der Data Frame `data.m` genannt, gefolgt vom Pipe-Operator `%>%` und der `group_by()`-Funktion, die die Lage- und Streumaße nach Gruppe anfordert. Mit der `quantile()`-Funktion innerhalb von `summarize` werden das 1. Quartil (`probs = 0.25`), der Median / das 2. Quartil (`probs = 0.5`), das 3. Quartil (`probs = 0.75`) sowie der Interquartilsabstand (`IQR`) berechnet. Das Anhängen von `as.data.frame()` sorgt für ein schöner lesbares Outputformat, ist aber optional.

Weitere Parameter zur Charakterisierung sind typischerweise nicht notwendig.

```
library(dplyr)
data.m %>%
  group_by(Gruppe) %>%
  summarize(Q1 = quantile(Wert, probs = 0.25),
            Q2 = quantile(Wert, probs = 0.5),
            Q3 = quantile(Wert, probs = 0.75),
            IQR = IQR(Wert),
            N = n()) %>%
  as.data.frame()
```

Der Output mittels `dplyr` deutet an, dass die Frauen höher liegende Quartile haben, bei gleichzeitig etwas geringerer Streuung (IQR).

```
  Gruppe   Q1   Q2   Q3  IQR  N
1   Frau 3.58 3.99 4.29 0.71 60
2   Mann 3.00 3.41 3.85 0.85 60
```

Grafisch kann zusätzlich ein gruppiertes Histogramm oder hier exemplarisch ein Boxplot angefordert werden. Sämtliche Anpassungen (vgl. Abschnitt 6.4.1) werden hier vernachlässigt, da es nur um den Kern der Darstellung geht: die Lage der Verteilungen je Gruppe.

```
boxplot(data.m$Wert~data.m$Gruppe)
```

In den Boxplots ist ebenso eine deutlich unterschiedliche Lage zu erkennen. Das Zentrum der Verteilung »Zustimmung zum Thema Umweltschutz« liegt bei der Gruppe der Frauen deutlich über dem Median der Gruppe der Männer.

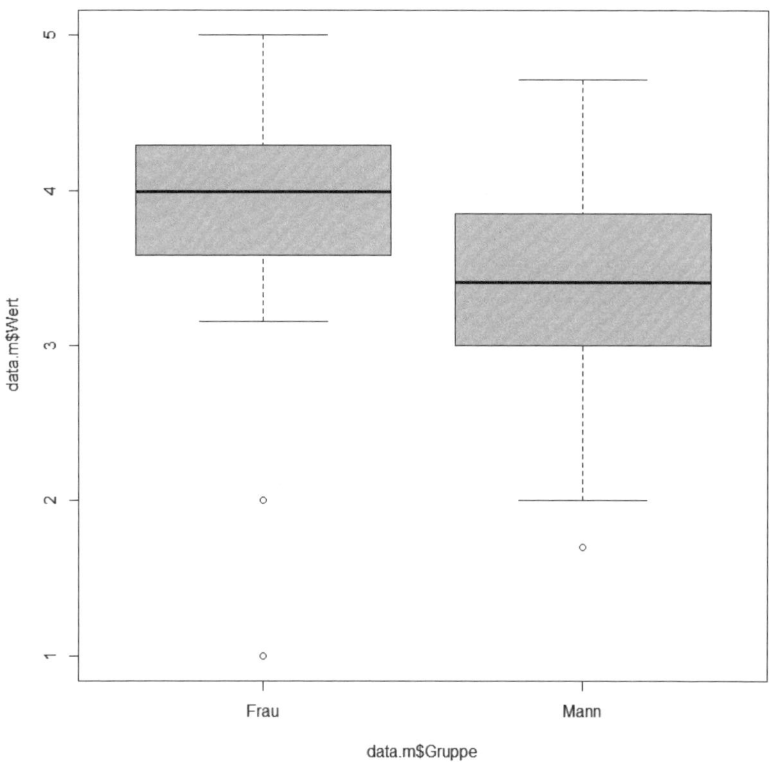

Abb. 11.3: Boxplot für die Frauen und Männer zur Zustimmung zum Thema Umweltschutz

Berechnung des Mann-Whitney-U-Tests

Nach der kurzen Voranalyse kann der Mann-Whitney-U-Test/Mann-Whitney-Wilcoxon-Test gerechnet werden.

Hierzu wird die `wilcox.test()`-Funktion verwendet, die Ihnen bereits vom Wilcoxon-Test für abhängige Stichproben bekannt ist (vgl. Abschnitt 10.1.2). Allerdings wird, da es ein ungepaarter Test ist, das Argument `paired = TRUE` NICHT verwendet.

In die Funktion wird die Testvariable gefolgt von ~ (AltGr + +) und der Gruppenvariablen eingesetzt. Weitere Argumente sind:

- Das Argument `exact = FALSE` verhindert das Ausgeben einer exakten Signifikanz (p-Wert). In dem Falle wird eine approximative p-Wert-Schätzung vorgenommen. Für Stichproben ab 20 ist dies hinreichend genau. Gleichzeitig kann mit der `wilcox.test()`-Funktion bei mehrfach vorkommenden Werten (sog. *Bindungen* – »ties«) keine exakte Signifikanz berechnet werden.

- Zusätzlich kann im Falle einer im Vorfeld spezifizierten gerichteten Hypothese die Alternativhypothese konkreter formuliert werden (sog. einseitige Testung). Hierzu wird mit dem Argument `alternative` festgelegt, ob der Median der ersten Gruppe (hier: Frauen) größer (`greater`) oder kleiner (`less`) dem Median der zweiten Gruppe (hier: Männer) ist.
- Wenn ein Konfidenzintervall benötigt wird, kann dies mit, `conf.int = TRUE` angefordert werden (Standard 95 %). Sollte ein anderes als das 95%-Konfidenzintervall gewünscht sein, wird `conf.level = 0.99` für das z.B. 99%-Konfidenzintervall verwendet, was ich im Code allerdings weglasse.

```
# Zweiseitige Testung
wilcox.test(data.m$Wert~data.m$Gruppe, exact = FALSE,
            conf.int = TRUE)

# Einseitige Testung
wilcox.test(data = data.t2, Wert~Gruppe, var.equal = TRUE,
            alternative = "greater")
```

Der Output von R sieht nun wie folgt aus:

```
# Zweiseitige Testung
Wilcoxon rank sum test with continuity correction

data:  data.m$Wert by data.m$Gruppe
W = 2801, p-value = 1.464e-07
alternative hypothesis: true location shift is not equal to 0
95 percent confidence interval:
 0.4299759 0.8499448
sample estimates:
difference in location
             0.5799657

# Ergebnisse der einseitigen Testung wurden weggelassen
```

Der Output kann auf wenige Aspekte reduziert werden:

- In der Zeile `W = 2801, p-value = 1.464e-07` stehen die empirische Prüfgröße `W` und der p-Wert. Der p-Wert wird bei einseitiger Testung halbiert, was R automatisch vornimmt.
- `alternative hypothesis: true location shift is not equal to 0` ist die Alternativhypothese, die bei Verwerfung der Nullhypothese anzunehmen ist. Sie unterscheidet sich je nachdem, ob einseitig oder zweiseitig getestet wird.
- Das `95 percent confidence interval` ist das 95%-Konfidenzintervall und korrespondiert zum Kriterium des α-Signifikanzniveaus von 5 %.

Interpretation der Ergebnisse

- Der p-Wert der zweiseitigen Testung ist mit `p = 1.45e-07` sehr klein (das Komma wird 7 Stellen nach links verschoben) und liegt unter dem typischen Alpha-Niveau von `0.05`.
- Alternativ beinhaltet das Konfidenzintervall die 0 NICHT.
- Aufgrund `p < α` kann die Nullhypothese von Gleichheit der Mittelwerte über die Gruppen (Trainiert vs. Untrainiert) verworfen werden.
- Die Alternativhypothese ist folglich anzunehmen.
- Der Median von Gruppe 1 (hier: Frauen) unterscheidet sich mit `3.99` signifikant vom Median `3.41` von Gruppe 2 (hier: Männer).

Berechnung der Effektstärke

Wenn die Ergebnisse zeigen, dass ein Unterschied (= Effekt) besteht, also das Ergebnis infolge eines p-Werts `< 0.05` signifikant ist, ist zusätzlich die Effektstärke (auch Effektgröße) zu berechnen. Da die Höhe des p-Werts entgegen falschen vorherrschenden Meinungen nichts über die Stärke eines Effekts aussagt, ist ein separates Maß hierfür notwendig: Im Falle des Mann-Whitney-U-Tests/Mann-Whitney-Wilcoxon-Tests ist dies *r*.

Wie schon beim Wilcoxon-Test für abhängige Stichproben kann erneut im `rstatix`-Paket auf die `wilcox_effsize()`-Funktion zurückgegriffen werden:

```
library(rstatix)
wilcox_effsize(data = data.m, Wert~Gruppe)
```

Im Ergebnis erhält man lediglich eine Zahl, im Beispiel 0.48.

```
# A tibble: 1 x 7
  .y.   group1 group2 effsize    n1    n2 magnitude
* <chr> <chr>  <chr>    <dbl> <int> <int> <ord>
1 Wert  Frau   Mann     0.480    60    60 moderate
```

Diese Effektstärke ist schließlich einzuordnen. Hierzu dient erneut Cohen, J. (1992). S. 157[3], wo die Grenzen für kleine (r > 0.1), mittlere (r > 0.3) und große Effekte (r > 0.5) genannt sind.

Die berechnete Effektstärke von 0.48 liegt knapp unter der Grenze zum großen Effekt von 0.5. Folglich ist es ein mittlerer Effekt. Mitunter findet sich auch die Formulierung, dass es ein mittlerer Effekt mit Tendenz zum großen Effekt ist.

Reporting der Ergebnisse

Das Ergebnis des Mann-Whitney-U-Tests lässt den folgenden Schluss zu:

Frauen (Median = 3.99) zeigen gegenüber Männern (Median = 3.41) eine signifikant höhere Zustimmung zum Thema Umweltschutz, z = 5.13, p < 0.001, r = 0.48. Nach Cohen (1992) ist dieser Unterschied mittel.

Der z-Wert im obigen Absatz ist die standardisierte Teststatistik, die mittels qnorm()-Funktion aus dem *p-Wert* ermittelt werden kann. Sie ist beim Reporting optional und kann über Zuweisung der Mann-Whitney-U-Test-Ergebnisse zu einem Objekt wie unten gezeigt ermittelt werden.

```
x <- wilcox.test(data.m$Wert~data.m$Gruppe, exact = FALSE)
qnorm(x$p.value)
```

11.2 Mehr als zwei Gruppen zu einem Zeitpunkt mit einem Einflussfaktor

Nachdem im vorigen Abschnitt 11.1 lediglich zwei unabhängige Stichproben verglichen wurden, werden nachfolgend mehr als zwei unabhängige Stichproben bzw. Gruppen auf Unterschiede geprüft.

3 Cohen, J. (1992): A power primer. Psychological bulletin, 112(1), 155–159.

Eine Unterteilung in parametrisch (Einfaktorielle ANOVA, Abschnitt 11.2.1) und nichtparametrisch (Kruskal-Wallis-Test, Abschnitt 11.2.2) kann vorgenommen werden.

11.2.1 Einfaktorielle ANOVA

Sollten mehr als zwei Gruppen hinsichtlich eines Einflussfaktors auf Unterschiede geprüft werden, wird typischerweise eine einfaktorielle ANOVA gerechnet.

In folgendem fiktiven Beispiel messen sich vier Sportvereine, die unterschiedliche Trainingsphilosophien besitzen. Deren Vereinsmitglieder müssen sportliche Übungen ausführen, die in einen gewissen Score münden (dessen Berechnung ist für den Kontext nachrangig). Es soll schließlich geprüft werden, welcher Sportverein das effektivste Training besitzt bzw. zwischen welchen der Trainingsmethoden Unterschiede existieren.

Nullhypothese der einfaktoriellen ANOVA

Die Mittelwerte der Gruppen unterschieden sich nicht bzw. die Mittelwertdifferenz der beiden Gruppen beträgt 0.

Im einfachsten Datensatz (im Long-Format) existieren folglich nur zwei Spalten bzw. Variablen. Eine zeigt die Gruppenzugehörigkeit (untrainiert, trainiert) an, die andere die Zählung der Wiederholungen.

Voraussetzungen

Die Voraussetzungen sind folgende:

- Beobachtungen von mindestens drei unabhängigen Stichproben/Gruppen
- Die Testvariable muss **intervall**- oder **verhältnisskaliert** sein.
- Die Residuen des Gesamtmodells sollten normalverteilt sein. Für die Prüfung empfehle ich Q-Q-Plots. Ist pro Gruppe N > 30, kann dies vernachlässigt werden.
- In etwa gleiche Varianzen (»Varianzhomogenität«) der Testvariablen über die Gruppen. Bei Ungleichheit wird die Welch-ANOVA gerechnet, was nachfolgend ebenfalls gezeigt wird.

Durchführung der einfaktoriellen ANOVA

Deskriptive Voranalyse

Je Gruppe kann für den deskriptiven Ersteindruck der Mittelwert als Lageparameter und die Standardabweichung als Streuparameter der geschafften Wiederholungen sowie die Gruppengröße ermittelt werden.

Die Gruppenvariable sollte für die einfaktorielle ANOVA als auch die deskriptive Voranalyse faktorisiert sein (vgl. Abschnitt 4.7).

Zur deskriptiven Voranalyse bietet sich erneut das `dplyr`-Paket und dessen Funktionalität mittels Pipe-Operator `%>%` an (vgl. Abschnitt 2.5). Für mehr Parameter kann auch die `describeBy()`-Funktion aus dem `psych`-Paket verwendet werden – dies bilde ich aus Gründen der Übersichtlichkeit nicht extra ab.

```
data.a %>%
  group_by(Gruppe) %>%
  summarize(M = mean(Wert),
            SD = sd(Wert),
            N = n()) %>%
  as.data.frame()

library(psych)
describeBy(data.a$Wert, group = data.a$Gruppe)
```

Der Output mittels `dplyr` deutet an, dass die zweite Gruppe den höchsten Score (`M = 28.08`) erreicht hat, bei gleichzeitig niedrigster Streuung (`SD = 2.86`). Die erste Gruppe wiederum besitzt den niedrigsten Score (`M = 23.76`) und die höchste Streuung der Leistungen ihrer Vereinsmitglieder (`SD = 4.7`).

```
  Gruppe        M       SD  N
1      1 23.75862 4.695402 29
2      2 28.08333 2.857738 24
3      3 26.94444 3.371684 36
4      4 25.16129 3.110164 31
```

Grafisch kann zusätzlich ein Histogramm oder hier exemplarisch ein Boxplot angefordert werden.

```
boxplot(data.a$Wert~data.a$Gruppe)
```

In den Boxplots ist eine deutlich unterschiedliche Lage vor allem von Gruppe 1 zu Gruppe 2 zu erkennen.

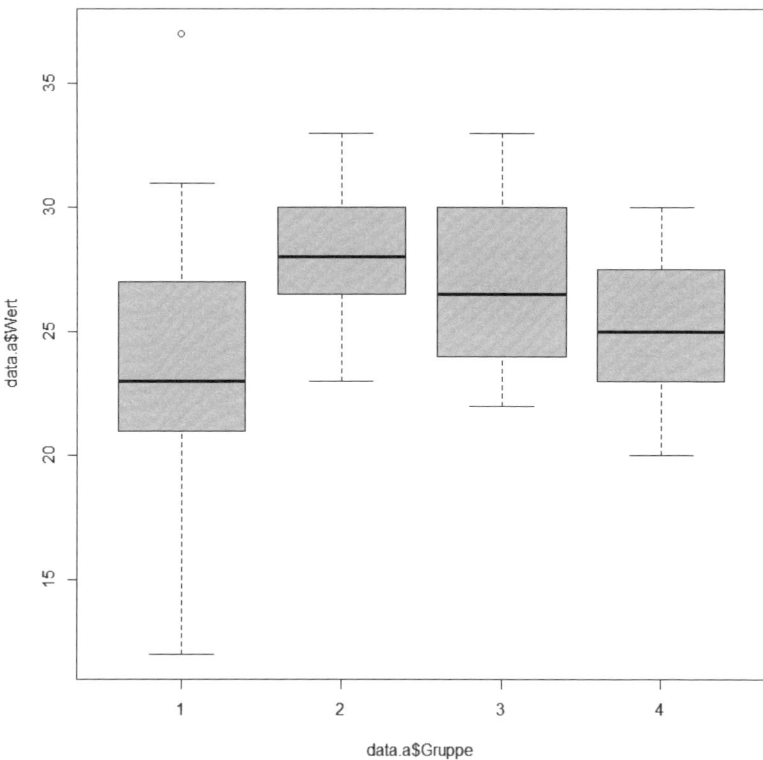

Abb. 11.4: Boxplots

Prüfung auf Normalverteilung

Nur zwei der vier Gruppen sind mit N > 30 hinreichend groß, weshalb eine Prüfung der Residuen auf Normalverteilung durchzuführen ist. Die Residuen sind der Unterschiedsbetrag zwischen dem beobachteten und dem durch das Modell geschätzten y-Wert, also der Testvariablen. Dazu wird zunächst das Modell mit der `lm()`-Funktion geschätzt und die Ergebnisse, insbesondere die Residuen im Objekt `nv` gespeichert:

```
nv <- lm(Wert ~ Gruppe, data = data.a)
```

Anschließend werden die Residuen (`residuals()`) mit der `ggqqplot()`-Funktion des `ggpubr`- Pakets in einem Q-Q-Plot dargestellt:

```
library(ggpubr)
ggqqplot(residuals(nv))
```

Im Q-Q-Plot sollten die Punkte idealerweise auf oder nahe der Diagonalen liegen. In Abbildung 11.5 ist erkennbar, dass dies der Fall ist. Eine perfekte Normalverteilung ist ohnehin nicht erwartbar und in der Praxis reicht eine »In-etwa-Normalverteilung«. Hinzu kommt, dass die ANOVA auch bei leichten Verletzungen dieser Annahme robust ist.[4] Sollte es hier zu großen Abweichungen kommen, kann der in Abschnitt 11.2.2 vorgestellte Kruskal-Wallis-Test als nichtparametrische Alternative angewandt werden.

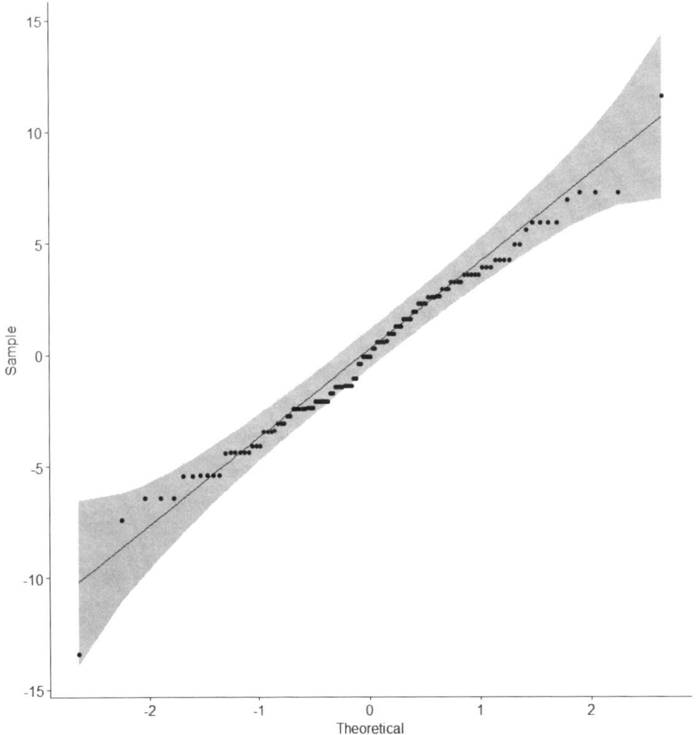

Abb. 11.5: Q-Q-Plots für die Residuen der einfaktoriellen ANOVA

4 Vgl. Blanca Mena, M. J., Alarcón Postigo, R., Arnau Gras, J., Bono Cabré, R., & Bendayan, R. (2017). Non-normal data: Is ANOVA still a valid option?. Psicothema.

Prüfung auf Varianzhomogenität

Die Prüfung auf in etwa gleiche Varianzen über die vier Gruppen hinweg kann in der Regel über die in der deskriptiven Voranalyse angeforderten quadrierten Standardabweichungen per Augentest geprüft werden. Alternativ kann mit dem Levene-Test eine analytische Prüfung auf Varianzhomogenität vorgenommen werden.

Hierzu eignet sich die `leveneTest()`-Funktion aus dem `car`-Paket:

```
library(car)
leveneTest(data = data.a, Wert~Gruppe)
```

Der Levene-Test geht in der Nullhypothese von Varianzgleichheit aus, demzufolge sollte der p-Wert über `0.05` liegen.

```
Levene's Test for Homogeneity of Variance (center = median)
       Df F value Pr(>F)
group   3  1.6645 0.1785
      116
```

Die Nullhypothese von Varianzhomogenität kann aufgrund `p = 0.18` nicht verworfen werden. Es liegt also Varianzhomogenität vor.

Denken Sie daran, dass analytische Tests mit zunehmender Stichprobengröße eher signifikant werden (vgl. Vorwort von Teil IV dieses Buches).

Zusätzlich kann für die Prüfung auf Varianzhomogenität ein »Residuals vs. Fitted«-Diagramm angefordert werden. Hierzu wird die `plot()`-Funktion verwendet. Die im Rahmen der Prüfung auf Normalverteilung errechneten Residuen werden in die `plot()`-Funktion gegeben und `,1` angehängt:

```
plot(nv,1)
```

In Abbildung 11.6 ist das angeforderte Residuendiagramm zu sehen. Die näherungsweise horizontale Linie auf Höhe von `y = 0` ist ein Indikator für Varianzhomogenität. Je gerader die Linie auf Höhe von `y = 0` ist, desto homogener sind die Varianzen. Demnach sollte die Funktion keine Gipfel oder Täler besitzen. Sollte dem dennoch so sein, wird eine Welch-ANOVA gerechnet, die über eine Anpassung der Freiheitsgrade die Varianzungleichheit korrigiert. Die Rechnung wird entsprechend ebenfalls gezeigt.

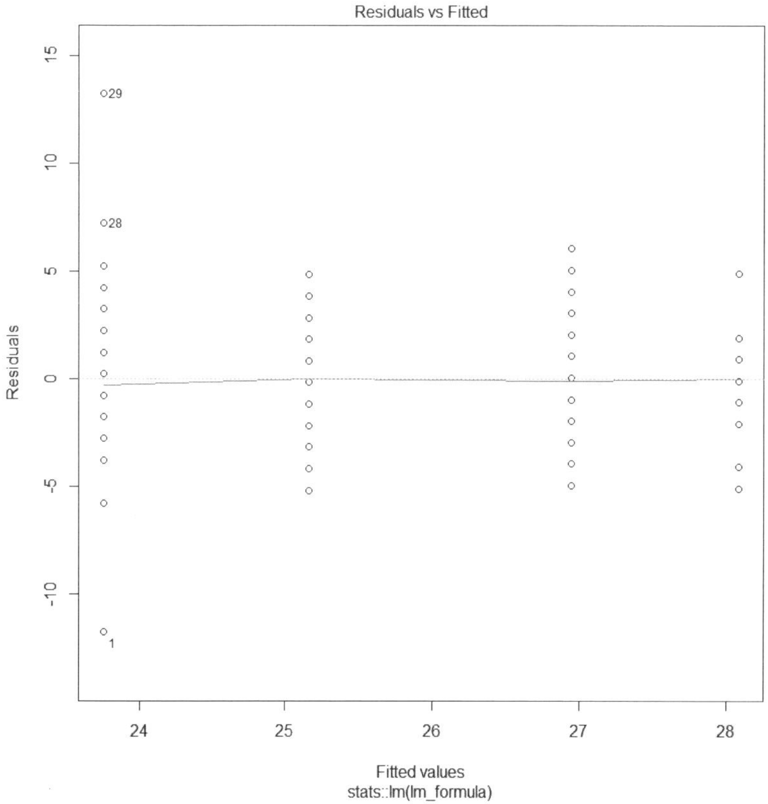

Abb. 11.6: Residuen-Plot zur Beurteilung von Varianzhomogenität

Nach den Voraussetzungsprüfungen kann nun die einfaktorielle ANOVA gerechnet werden.

Berechnung der einfaktoriellen ANOVA

Für die Berechnung der einfaktoriellen ANOVA wird die `anova_test()`-Funktion des `rstatix`-Pakets verwendet.

Es gibt verschiedene Möglichkeiten, eine einfaktorielle ANOVA in R zu rechnen. Die Funktionalität wird von diversen Paketen bereitgestellt.

Die einzugebenden Argumente sind nahezu selbsterklärend:

- `data` ist die Datenquelle, also der Data Frame (im Long-Format), in dem die Messdaten hinterlegt sind.
- `dv` steht für *dependent variable* und heißt abhängige, also Testvariable.
- `between` ist der Name der Variablen, die die Gruppen definiert – der sog. *Zwischensubjektfaktor*.
- `effect.size` fordert die Effektstärke an (hier sind Eta^2 (`ges`) und Partielles Eta^2 (`pes`) möglich). Allerdings ist eine Effektstärke für die ANOVA selbst schlecht interpretierbar. Eine Effektstärke ist für die noch zu rechnenden Post-hoc-Tests sinnvoller.

```
anova_test(data = data.a, dv = Wert, between = Gruppe,
           effect.size = "pes")
```

Der Output von R sieht nun wie folgt aus:

```
Coefficient covariances computed by hccm()
ANOVA Table (type II tests)

  Effect DFn DFd     F        p p<.05   pes
1 Gruppe   3 116 7.856 8.11e-05     * 0.169
```

Das Hauptaugenmerk des Outputs wird auf den p-Wert (`8.11e-05`) gelegt, der aus der F-Statistik (`7.86`) und den mit `DF` abgekürzten Freiheitsgraden (`3, 116`) ermittelt wird. Da anhand des p-Werts bereits ersichtlich ist, dass Unterschiede zwischen den Messzeitpunkten existieren, muss untersucht werden, zwischen welchen Messzeitpunkten Unterschiede existieren. Dafür verwendet man die sog. *Post-hoc-Tests*. Das ist nur ein kompliziert klingender Name für t-Tests zwischen allen Gruppen.

Auch für die Post-hoc-Tests gibt es im `rstatix`-Paket eine Funktion, nämlich die `pairwise_t_test()`-Funktion, die erneut bequem mit Piping (%>%) angesprochen wird.

In die Funktion wird die Testvariable gefolgt von ~ (AltGr + +) und der Variablen, die die Zeitpunkte beinhaltet, eingegeben. Hinzu kommt im Falle von Varianzhomogenität, dass `pool.sd = TRUE` ist, sonst entsprechend `FALSE`. Ist Letzteres zutreffend, wird die sog. gerechnet. Diese berücksichtigt lediglich die ungleichen Varianzen in der Berechnung der p-Werte. Die Interpretation erfolgt identisch. Schließlich müssen die p-Werte für die sog. Alphafehlerkumulierung (vgl. Vorwort von Teil IV dieses Buches) korrigiert werden,[5] was mit `p.adjust.method` geschieht. Der angehängte Befehl `as.data.frame()` sorgt für eine etwas schmalere Tabelle und ist optional.

```
data.a %>%
  pairwise_t_test(Wert~Gruppe, pool.sd = TRUE,
                  p.adjust.method = "bonferroni") %>%
  as.data.frame()
```

Das Ergebnis der Post-hoc-Analyse sieht wie folgt aus:

Es ergeben sich sechs paarweise Gruppenvergleiche (`1-2`, `1-3`, `2-3`, `1-4`, `2-4` und `3-4`), wovon drei signifikant sind (`1-2`, `1-3`, `2-4`), da deren korrigierte p-Werte jeweils unter `α = 0.05` liegen, wie in der Spalte `p.adj` und `p.adj.signif` zu erkennen ist. Die Spalte `p` enthält die unkorrigierten p-Werte und ist zu ignorieren.

```
   .y. group1 group2 n1 n2        p p.signif    p.adj p.adj.
                                                      signif
1 Wert      1      2 29 24 2.74e-05     **** 0.000164    ***
2 Wert      1      3 29 36 5.41e-04      *** 0.003250     **
3 Wert      2      3 24 36 2.31e-01       ns 1.000000     ns
4 Wert      1      4 29 31 1.33e-01       ns 0.798000     ns
5 Wert      2      4 24 31 3.35e-03       ** 0.020100      *
6 Wert      3      4 36 31 4.48e-02        * 0.269000     ns
```

Interpretation der Ergebnisse

- Der p-Wert der ANOVA ist mit `p = 8.11e-05` sehr klein (das Komma wird 5 Stellen nach links verschoben) und liegt unter dem typischen Alpha-Niveau von `0.05`. Dies wird auch mit dem * bei `p < 0.05` angezeigt.
- Aufgrund `p < α` kann die Nullhypothese von Gleichheit der Messwerte zwischen den Gruppen (bzw. eine Differenz von 0) verworfen werden.
- Die Alternativhypothese ist anzunehmen und mittels Post-hoc-Tests auf Unterschiede zwischen den Gruppen zu prüfen.
- Bei den Post-hoc-Tests ist erkennbar, dass sich die Gruppen 1 und 2, 1 und 3 sowie 2 und 4 jeweils aufgrund $p_{adj} < α$ signifikant voneinander unter-

5 Hierfür existieren verschiedene Möglichkeiten: "holm", "hochberg", "hommel", "bonferroni", "BH", "BY", "fdr", "none". Bonferroni ist die konservativste Korrekturvariante und wird am ehesten empfohlen.

scheiden. In der Spalte `p.adj.signif` wird dies zusätzlich mit einem bzw. mehreren * angezeigt.

- Die Mittelwerte der Gruppen 1 und 2 (`23.76` vs. `28.08`) der Gruppen 1 und 3 (`23.76` vs. `26.94`) sowie Gruppen 2 und 4 (`28.08` vs. `25.16`) unterscheiden sich jeweils signifikant voneinander.

Berechnung der Effektstärke

Wenn die ANOVA-Ergebnisse zeigen, dass ein Unterschied (= Effekt) besteht, also das Ergebnis infolge eines `p`-Werts `< 0.05` signifikant ist, werden die Post-hoc-Tests gerechnet. Deren Effektstärke kann deutlich besser interpretiert werden als ein partielles Eta^2 der ANOVA selbst (`pes` im Output der ANOVA). Wie bereits aus den verschiedenen Kapiteln der t-Tests bekannt, ist *Cohens d* nutzbar. Aus Gründen der Einfachheit kann auch hier wieder mit Piping und der `cohens_d()`-Funktion aus dem `rstatix`-Paket gearbeitet werden. Der angehängte Befehl `as.data.frame()` sorgt für eine etwas schmalere Tabelle und ist optional.

```
data.a %>%
  cohens_d(Wert~Gruppe) %>%
  as.data.frame()
```

Das führt zu folgendem Output:

```
   .y. group1 group2    effsize n1 n2 magnitude
1 Wert      1      2 -1.1126844 29 24     large
2 Wert      1      3 -0.7794095 29 36  moderate
3 Wert      1      4 -0.3522122 29 31     small
4 Wert      2      3  0.3644102 24 36     small
5 Wert      2      4  0.9783783 24 31     large
6 Wert      3      4  0.5497520 36 31  moderate
```

In der Spalte `effsize` sind die jeweiligen Effektstärken zu sehen. Für das Berichten sollten hier die Beträge, also die positiven Werte, verwendet werden. Bequem ist ebenso die Einordnung in der Spalte `magnitude`, wo für den jeweiligen Betrag der Effektstärken die Einordnung nach Cohen (1992), S. 157[6], wo die Grenzen für kleine (`d > 0.2`), mittlere (`d > 0.5`) und große Effekte (`d > 0.8`) genannt sind, vorgenommen wurden.

Zwischen den Gruppen 1 und 2 sowie 2 und 4 existiert ein großer Effekt, zwischen 1 und 3 ein mittlerer Effekt. Die anderen angezeigten Effekte, obwohl sie

6 Cohen, J. (1992): A power primer. Psychological bulletin, 112(1), 155–159.

als zum Teil sogar mittel ausgewiesen werden, sind NICHT zu berichten, da die korrigierte Signifikanz bei den Post-hoc-Tests über $\alpha = 0.05$ liegt.

Reporting der Ergebnisse

Das Ergebnis der einfaktoriellen ANOVA lässt den folgenden Schluss zu:

Die einfaktorielle ANOVA zeigt einen statistisch signifikanten Unterschied hinsichtlich der Leistungsindizes der vier Sportvereine, ($F(3,116) = 7.856$, $p < 0.001$).

Mit anschließenden Post-hoc-Tests und Bonferroni-Korrektur konnte zudem für die Gruppen 1 und 2 ($p < 0.001$, $d = 1.11$) als auch für die Gruppen 2 und 4 ($p < 0.01$, $d = 0.98$) jeweils ein großer Unterschied und für die Gruppen 1 und 3 ein mittlerer Unterschied ($p = 0.02$, $d = 0.35$) festgestellt werden.

11.2.2 Kruskal-Wallis-Test

Zu Beginn von Abschnitt 11.2 wurde bereits erwähnt, dass der Kruskal-Wallis-Test die nichtparametrische Alternative zur einfaktoriellen ANOVA ist.

In folgendem fiktiven Beispiel wird bei vier verschiedenen Altersgruppen die emotionale Empathiefähigkeit (5 Items gemittelt) auf einer Skala von 1 bis 5 gemessen.

In einigen Disziplinen wird dieser Mittelwert als quasi-metrisch angesehen und die einfaktorielle ANOVA gerechnet. Da die zugrunde liegenden Items allerdings Likert-skaliert sind, wird die nichtparametrische Alternative gerechnet.

Es soll schließlich geprüft werden, welche Altersgruppe den höchsten Wert der Empathiefähigkeit ausweist.

Nullhypothese des Kruskal-Wallis-Tests

Die Gruppen besitzen gleiche zentrale Tendenzen bzw. die Mediane unterscheiden sich nicht.

Im einfachsten Datensatz existieren folglich nur zwei Spalten bzw. Variablen. Eine zeigt die Gruppenzugehörigkeit an, die andere die gemessene Empathiefähigkeit.

Voraussetzungen

Die Voraussetzungen sind folgende:

- Beobachtungen von mindestens drei unabhängigen Stichproben/Gruppen
- Die Testvariable muss mindestens **ordinalskaliert** sein. **Intervall**- oder **verhältnisskalierte** Testvariablen können ebenfalls untersucht werden.

Durchführung

Deskriptive Voranalyse

Je Gruppe können die Quartile (insbesondere der Median) als Lageparameter wie auch der Interquartilsabstand als Streumaß angefordert werden. Die Gruppengrößen werden ebenfalls berechnet.

Die Gruppenvariable sollte für den Kruskal-Wallis-Test als auch die deskriptive Voranalyse faktorisiert sein (vgl. Abschnitt 4.7).

Zur deskriptiven Voranalyse bietet sich erneut das `dplyr`-Paket und dessen Funktionalität mittels Pipe-Operator `%>%` an (vgl. Abschnitt 2.5). Für mehr Parameter kann auch die `describeBy()`-Funktion aus dem `psych`-Paket verwendet werden – dies bilde ich aus Gründen der Übersichtlichkeit nicht extra ab.

```
library(dplyr)
data.k %>%
  group_by(Gruppe) %>%
  summarize(Q1 = quantile(Wert, probs = 0.25),
            Q2 = quantile(Wert, probs = 0.5),
            Q3 = quantile(Wert, probs = 0.75),
            IQR = IQR(Wert),
            N = n()) %>%
  as.data.frame()

library(psych)
describeBy(data.k$Wert, group = data.k$Gruppe)
```

Der Output mittels `dplyr` deutet an, dass die dritte Gruppe den höchsten Wert (`Q2 = Median = 2.65`) erreicht hat, etwas weniger bei der vierten Gruppe

(`Median = 2.5`). Die erste und zweite Gruppe liegen gleich auf (`Median = 2`). Die Streuungen liegen bis auf die der vierten Gruppe (`IQR = 0.45`) recht nah beieinander.

```
  Gruppe   Q1   Q2    Q3   IQR  N
1      1 1.70 2.00 2.800 1.100 29
2      2 1.40 2.00 2.600 1.200 24
3      3 2.10 2.65 3.625 1.525 36
4      4 2.35 2.50 2.800 0.450 31
```

Grafisch kann zusätzlich ein Boxplot angefordert werden.

```
boxplot(data.k$Wert~data.k$Gruppe)
```

In den Boxplots ist die ähnliche Lage der ersten und zweiten Gruppe erkennbar. Die dritte und vierte Gruppe liegen etwas höher, allerdings haben sie deutlich unterschiedliche Streuungen.

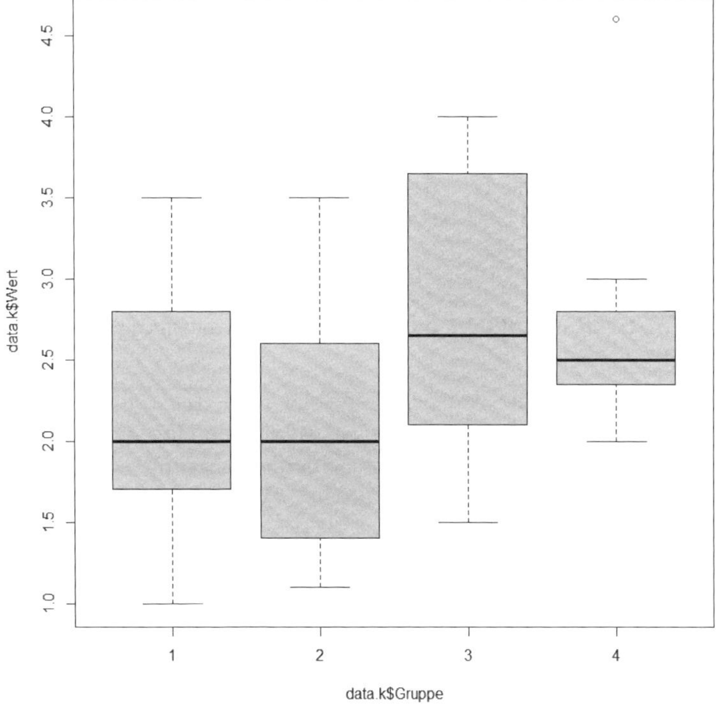

Abb. 11.7: Boxplots

Berechnung des Kruskal-Wallis-Tests

Für die Berechnung der Friedman-ANOVA wird die `kruskal_test()`-Funktion des `rstatix`-Pakets verwendet.

In die Funktion sind nur zwei Argumente zu übergeben.

- Formel: die Testvariable gefolgt von ~ ([AltGr] + [+]) und der Variablen, die die Zeitpunkte beinhaltet
- `data` ist die Datenquelle.

```
001 kruskal_test(Wert ~ Gruppe, data = data.k)
```

Der nachfolgende Output ist auf das Wesentliche reduziert. Die Nullhypothese von Gleichheit wird anhand der Signifikanz `p = 0.000325` verworfen. Über die vier Gruppen hinweg gibt es offensichtlich Unterschiede – anhand der deskriptiven und visuellen Voranalyse war dies bereits zu erwarten.

```
# A tibble: 1 x 6
  .y.       n statistic    df        p method
* <chr> <int>     <dbl> <int>    <dbl> <chr>
1 Wert    120      18.6     3 0.000325 Kruskal-Wallis
```

Da anhand des p-Werts erkannt wurde, dass Unterschiede zwischen den Gruppen existieren, muss untersucht werden, zwischen welchen Gruppen (signifikante) Unterschiede existieren. Dafür werden als Post-hoc-Tests die bereits aus Abschnitt 11.1.2 bekannten Mann-Whitney-U-/Mann-Whitney-Wilcoxon-Tests verwendet.

Auch für die Post-hoc-Tests gibt es im `rstatix`-Paket eine Funktion, nämlich die `wilcox_test()`-Funktion, die erneut bequem mit Piping (%>%) angesprochen wird.

In die Funktion wird die Testvariable gefolgt von ~ ([AltGr] + [+]) und der Variablen, die die Gruppenzugehörigkeit beinhaltet, eingegeben. Schließlich müssen die p-Werte für die sog. Alphafehlerkumulierung (vgl. Vorwort von Teil IV dieses Buches) korrigiert werden[7], was mit `p.adjust.method` geschieht.

7 Hierfür existieren verschiedene Möglichkeiten: "holm", "hochberg", "hommel", "bonferroni", "BH", "BY", "fdr", "none". Bonferroni ist die konservativste Korrekturvariante und wird am ehesten empfohlen.

```
data.k %>%
  wilcox_test(Wert~Gruppe, p.adjust.method = "bonferroni") %>%
  as.data.frame()
```

Das Ergebnis der Post-hoc-Analyse sieht wie folgt aus:

```
   .y. group1 group2 n1 n2 statistic        p p.adj  p.adj.
                                                     signif
1 Wert      1      2 29 24     374.5 0.642000 1.000      ns
2 Wert      1      3 29 36     287.5 0.002000 0.012       *
3 Wert      1      4 29 31     276.0 0.010000 0.062      ns
4 Wert      2      3 24 36     213.5 0.000989 0.006      **
5 Wert      2      4 24 31     192.5 0.002000 0.014       *
6 Wert      3      4 36 31     607.0 0.541000 1.000      ns
```

Drei der sechs paarweisen Vergleiche (Gruppe 1 und 3, Gruppe 2 und 3 sowie Gruppe 2 und 4) sind signifikant, da deren korrigierte Signifikanz jeweils unter $\alpha = 0.05$ liegt, wie in der Spalte `p.adj` und `p.adj.signif` zu erkennen ist. Die Spalte `p` enthält die unkorrigierten `p`-Werte und ist zu ignorieren.

Interpretation der Ergebnisse

- Der `p`-Wert des Kruskal-Wallis-Tests ist mit `p = 3.25e-04` sehr klein (das Komma wird 4 Stellen nach links verschoben) und liegt unter dem typischen Alpha-Niveau von `0.05`. Dies wird auch mit dem * bei `p < 0.05` angezeigt.
- Aufgrund $p < \alpha$ kann die Nullhypothese von Gleichheit der Mediane zwischen den Gruppen (bzw. eine Differenz von 0) verworfen werden.
- Die Alternativhypothese ist anzunehmen und mittels Post-hoc-Tests auf Unterschiede zwischen den Gruppen zu prüfen.
- Bei den Post-hoc-Tests ist erkennbar, dass sich die Gruppen 1 und 3, 2 und 3 sowie 2 und 4 jeweils aufgrund $p_{adj} < \alpha$ signifikant voneinander unterscheiden. In der Spalte `p.adj.signif` wird dies zusätzlich mit einem bzw. mehreren * angezeigt.
- Die Mediane der Gruppen 1 und 3 (2 vs. `2.65`) der Gruppen 2 und 3 (2 vs. `2.65`) sowie Gruppen 2 und 4 (2 vs. `2.5`) unterscheiden sich jeweils signifikant voneinander.

Berechnung der Effektstärke

Wenn die Ergebnisse des Kruskal-Wallis-Tests zeigen, dass ein Unterschied (= Effekt) besteht, also das Ergebnis infolge eines p-Werts `< 0.05` signifikant ist, werden die Post-hoc-Tests gerechnet. Deren Effektstärke kann deutlich besser interpretiert werden als ein Eta^2 basierend auf der H-Statistik des Kruskal-Wallis-Tests selbst. Dennoch soll die Berechnung von Eta^2 an dieser Stelle kurz gezeigt werden, da in manchen Disziplinen eine Angabe gefordert wird. Dazu dient die `kruskal-effsize()`-Funktion aus dem `rstatix`-Paket. Die einzugebenden Argumente sind analog zur `kruskal_test()`-Funktion:

```
kruskal_effsize(Wert ~ Gruppe, data = data.k)
```

Das führt zu folgendem Output:

```
# A tibble: 1 x 5
  .y.       n effsize method  magnitude
* <chr> <int>   <dbl> <chr>   <ord>
1 Wert    120   0.135 eta2[H] moderate
```

In der Spalte `effsize` stehen das `Eta`^{2} von gerundeten `0.14` als auch die Einordnung, dass dies ein mittlerer Effekt ist. Allerdings interessiert Forscher in der Regel nicht ein Gesamteffekt, der wenig bis nicht interpretierbar ist, sondern die Effekte zwischen den einzelnen Gruppen.

Aus Gründen der Einfachheit kann erneut mit dem Pipe-Operator in Verbindung mit der `wilcox_effsize()`-Funktion aus dem `rstatix`-Paket gearbeitet werden. Der angehängte Befehl `as.data.frame()` sorgt für eine etwas schmalere Tabelle und ist optional.

```
data.k %>%
  wilcox_effsize(Wert ~ Gruppe) %>%
  as.data.frame()
```

Die paarweisen Vergleiche haben die folgenden Effektstärken *r*:

```
   .y. group1 group2    effsize n1 n2 magnitude
1 Wert      1      2 0.06515026 29 24     small
2 Wert      1      3 0.38423028 29 36  moderate
3 Wert      1      4 0.33195538 29 31  moderate
4 Wert      2      3 0.42616944 24 36  moderate
5 Wert      2      4 0.41174635 24 31  moderate
6 Wert      3      4 0.07540206 36 31     small
```

Erneut sind in der Spalte `effsize` die jeweiligen Effektstärken zu sehen. Bequem ist ebenso die Einordnung in der Spalte `magnitude`, wo für den jeweiligen Wert der Effektstärken die Einordnung nach Cohen (1992), S. 157[8], wo die Grenzen für kleine (`r > 0.1`), mittlere (`r > 0.3`) und große Effekte (`r > 0.5`) genannt sind, vorgenommen wurde:

Zwischen den Gruppen 1 und 3, Gruppen 2 und 3 sowie Gruppen 2 und 4 existiert jeweils ein mittlerer Effekt. Die anderen angezeigten Effekte, obwohl sie als zum Teil sogar als mittel ausgewiesen werden, sind NICHT zu berichten, da die korrigierte Signifikanz bei den Post-hoc-Tests über `α = 0.05` liegt.

Reporting der Ergebnisse

Das Ergebnis des Kruskal-Wallis-Tests lässt den folgenden Schluss zu:

Der Kruskal-Wallis-Tests zeigt einen statistisch signifikanten Unterschied hinsichtlich der emotionalen Empathiefähigkeit der Gruppen, ($Chi^2(3) = 18.6$, $p < 0.001$).

Mit anschließenden Post-hoc-Tests und Bonferroni-Korrektur konnte zudem für die Gruppen 1 und 3 ($p = 0.01$, $r = 0.38$), Gruppen 2 und 3 ($p = 0.01$, $r = 0.43$) als auch für die Gruppen 2 und 4 ($p < 0.001$, $r = 0.41$) jeweils ein mittlerer Unterschied festgestellt werden.

8 Cohen, J. (1992): A power primer. Psychological bulletin, 112(1), 155–159.

12

Unterschiede zwischen Gruppen mit mehreren Einflussfaktoren sowie mit Messwiederholung (gemischte Modelle)

12.1 Mehrere Gruppen infolge mehrerer Einflussfaktoren – Mehrfaktorielle ANOVA

Die mehrfaktorielle ANOVA hat, wie es der Name andeutet, mehr als einen Einflussfaktor auf die abhängige Variable. Die Einflussfaktoren sind typischerweise kategorialskaliert. Ordinalskalierte Einflussfaktoren sind auch zulässig, allerdings ist mit einer Vielzahl an Ausprägungen die Gruppenbildung sowie Ergebnisinterpretation sowohl schwieriger als auch eine größere Stichprobe zum Rechnen notwendig. Sollte es sich vor allem um intervallskalierte Einflussfaktoren handeln, ist eine multiple lineare Regression (vgl. Abschnitt 14.1) angebrachter.

Nachfolgend wird eine zweifaktorielle ANOVA gerechnet. Die Hinzunahme weiterer Faktoren ist problemlos möglich.

In folgendem fiktiven Beispiel wird das Geschlecht (2-stufig) als erster Einflussfaktor und die Berufserfahrung (4-stufig) als zweiter Einflussfaktor auf das Bruttoeinkommen verwendet. Es soll geprüft werden, ob einer oder beide Faktoren (= Haupteffekte) oder beide Faktoren in Kombination (= Interaktionseffekt) zu Unterschieden im Bruttoeinkommen führen. Eine mögliche

Interaktion ist im Vorfeld unbedingt konzeptionell herzuleiten, da ansonsten auf jene nicht geprüft werden sollte.

Nullhypothese der mehrfaktoriellen ANOVA

Die Mittelwerte über die Gruppen unterscheiden sich weder nach einem der Haupteffekte noch den gemeinsamen Interaktionseffekten.

Im einfachsten Datensatz für eine zweifaktorielle ANOVA existieren folglich nur drei Spalten bzw. Variablen: Im fiktiven Beispiel sind es das Bruttoeinkommen, die Berufserfahrung und das Geschlecht.

12.1.1 Voraussetzungen

Die Voraussetzungen sind folgende:

- Die Faktoren bilden unabhängige Stichproben/Gruppen.
- Die Testvariable muss **intervall**- oder **verhältnisskaliert** sein.
- Die Residuen sollten für das Modell normalverteilt sein. Für die Prüfung empfehle ich Q-Q-Plots. Bei N > 30 pro Gruppe kann dies vernachlässigt werden.
- In etwa gleiche Varianzen (»Varianzhomogenität«) der Testvariablen über die Gruppen.

12.1.2 Durchführung

Deskriptive Voranalyse

Je Gruppe kann für den deskriptiven Ersteindruck der Mittelwert als Lageparameter wie auch die Standardabweichung als Streuparameter des Bruttoeinkommens ermittelt werden. Zusätzlich werden Gruppengrößen ausgegeben.

Die Gruppenvariable sollte für die einfaktorielle ANOVA sowie die deskriptive Voranalyse faktorisiert sein (vgl. Abschnitt 4.7).

Zur deskriptiven Voranalyse bietet sich erneut das `dplyr`-Paket und dessen Funktionalität mittels Pipe-Operator `%>%` an (vgl. Abschnitt 2.5). Für mehr Parameter kann auch die `describeBy()`-Funktion aus dem `psych`-Paket verwendet werden – dies wird aus Gründen der Übersichtlichkeit nicht extra abgebildet.

Achtung: Die Anzahl der Faktorausprägungen multipliziert ergibt die Anzahl der zu vergleichenden Gruppen. Im Beispiel `2x4 = 8`. Die Reihenfolge innerhalb von `group_by()` kann geändert werden. Im Code unten werden die Berechnungen zunächst nach Geschlecht und innerhalb dessen nach Erfahrungsstufe gerechnet.

```
data.a2 %>%
  group_by(Geschlecht, Erfahrung) %>%
  summarize(M = mean(Einkommen),
            SD = sd(Einkommen),
            N = n()) %>%
  as.data.frame()

library(psych)
describeBy(data.a$Wert, group = data.a$Gruppe)
```

Der Output mittels `dplyr` deutet zunächst an, dass bei beiden Geschlechtern eine höhere Erfahrungsstufe zu einem höheren Bruttoeinkommen führt. Hinzu kommt, dass Männer per se ein höheres Bruttoeinkommen erzielen, was im Einklang mit der Literatur zum »Gender Pay Gap« steht.

```
  Geschlecht Erfahrung        M        SD  N
1       Frau         1 2847.586 1162.9539 29
2       Frau         2 2701.154  918.8050 26
3       Frau         3 3517.429 1195.3841 35
4       Frau         4 3845.217  881.0885 23
5       Mann         1 2996.129 1020.4956 31
6       Mann         2 3267.500 1210.8755 28
7       Mann         3 3709.429 1016.5366 35
8       Mann         4 4092.424 1051.2702 33
```

Grafisch kann zusätzlich ein Liniendiagramm oder hier exemplarisch ein Boxplot angefordert werden.

```
library(ggpubr)
ggboxplot(data.a2, x = "Erfahrung", y = "Einkommen",
         fill = "Geschlecht")
```

In den Boxplots in Abbildung 12.1 ist der eben beschriebene Trend ebenfalls anhand der unterschiedlichen Lagen der Boxen deutlich zu erkennen. Eine analytische Prüfung auf Signifikanz dieser Ersteindrücke steht im Kern der mehrfaktoriellen ANOVA.

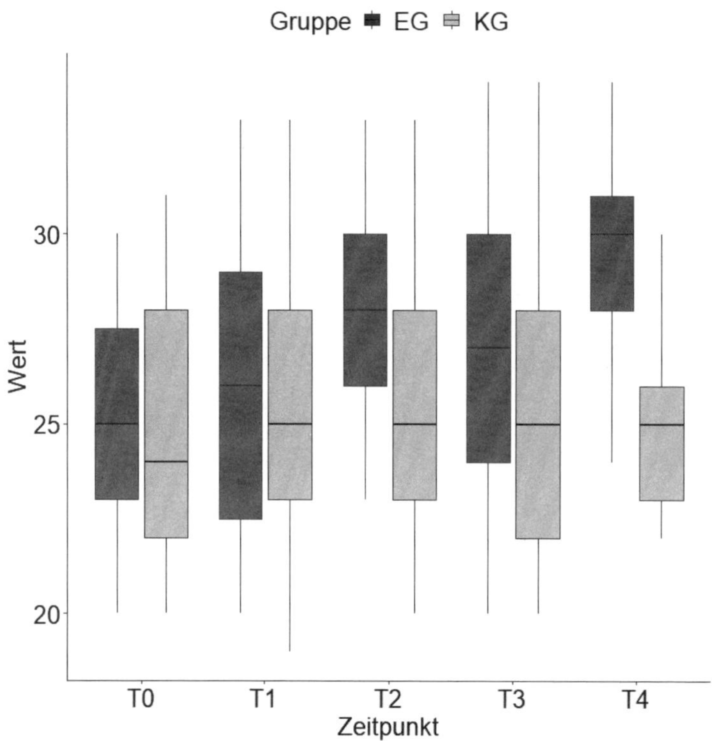

Abb. 12.1: Boxplots je Geschlecht und Erfahrungsstufe für die abhängige Variable »Einkommen«

Prüfung auf Normalverteilung

Nur die Hälfte der acht Gruppen ist mit N > 30 hinreichend groß, weshalb eine Prüfung der Residuen auf Normalverteilung durchzuführen ist. Die Residuen sind der Unterschiedsbetrag zwischen dem beobachteten und dem durch das Modell geschätzten y-Werts, also der Testvariablen. Dazu wird zunächst das Modell mit der `lm()`-Funktion geschätzt und die Ergebnisse, insbesondere die Residuen im Objekt `nv` gespeichert. Wichtig ist hierbei, dass das Einkommen gefolgt von ~ ([AltGr] + [+]) und den mit einem * verbundenen Gruppierungsvariablen in die `lm()`-Funktion gegeben wird.

```
nv <- lm(Einkommen ~ Geschlecht*Erfahrung, data = data.a2)
```

Anschließend werden die Residuen (`residuals()`) mit der `ggqqplot()`-Funktion des `ggpubr`-Pakets in einem Q-Q-Plot dargestellt:

```
library(ggpubr)
ggqqplot(residuals(nv))
```

Im Q-Q-Plot sollten die Punkte idealerweise auf oder nahe der Diagonalen liegen. In Abbildung 12.2 ist erkennbar, dass dies der Fall ist. Eine Abweichung am rechten und linken Rand ist nichts Außergewöhnliches und kein Grund zur Sorge. Eine perfekte Normalverteilung ist ohnehin nicht erwartbar und in der Praxis reicht eine »In-etwa-Normalverteilung«. Hinzu kommt, dass die ANOVA auch bei leichten Verletzungen dieser Annahme robust ist.[1]

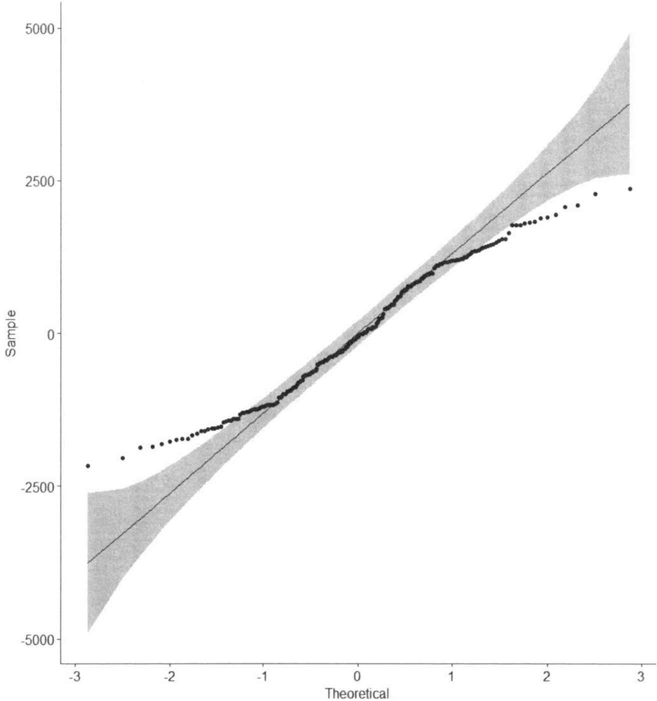

Abb. 12.2: Q-Q-Plots für Residuen der ANOVA

Prüfung auf Varianzhomogenität

Die Prüfung auf in etwa gleiche Varianzen über die acht Gruppen hinweg kann in der Regel über die in der deskriptiven Voranalyse angeforderten qua-

1 Vgl. Blanca Mena, M. J., Alarcón Postigo, R., Arnau Gras, J., Bono Cabré, R., & Bendayan, R. (2017). Non-normal data: Is ANOVA still a valid option?. Psicothema.

drierten Standardabweichungen per Augentest geprüft werden. Alternativ kann mit dem Levene-Test eine analytische Prüfung auf Varianzhomogenität vorgenommen werden.

Hierzu eignet sich die `leveneTest()`-Funktion aus dem `car`-Paket:

```
library(car)
leveneTest(data = data.a2, Einkommen~Geschlecht*Erfahrung)
```

Der Levene-Test geht in der Nullhypothese von Varianzgleichheit aus, demzufolge sollte der `p`-Wert über `0.05` liegen.

```
Levene's Test for Homogeneity of Variance (center = median)
       Df F value Pr(>F)
group   7  0.8819 0.5215
      232
```

Die Nullhypothese von Varianzhomogenität kann aufgrund `p = 0.52` nicht verworfen werden. Es liegt also Varianzhomogenität vor.

Denken Sie daran, dass analytische Tests mit zunehmender Stichprobengröße eher signifikant werden (vgl. Vorwort von Teil IV dieses Buches).

Zusätzlich kann für die Prüfung auf Varianzhomogenität ein »Residuals vs. Fitted«-Diagramm angefordert werden. Hierzu wird die `plot()`-Funktion verwendet. Dann können wir die im Rahmen der Prüfung auf Normalverteilung gerechneten Residuen in die `plot()`-Funktion geben und `,1` anhängen:

```
plot(nv,1)
```

In Abbildung 12.3 ist das angeforderte Residuendiagramm zu sehen. Die näherungsweise horizontale Linie auf Höhe von $y = 0$ ist ein Indikator für Varianzhomogenität. Je gerader die Linie auf Höhe von $y = 0$ ist, desto homogener sind die Varianzen. Demnach sollte die Funktion keine Gipfel oder Täler besitzen.

Nach den Voraussetzungsprüfungen kann nun die ANOVA gerechnet werden.

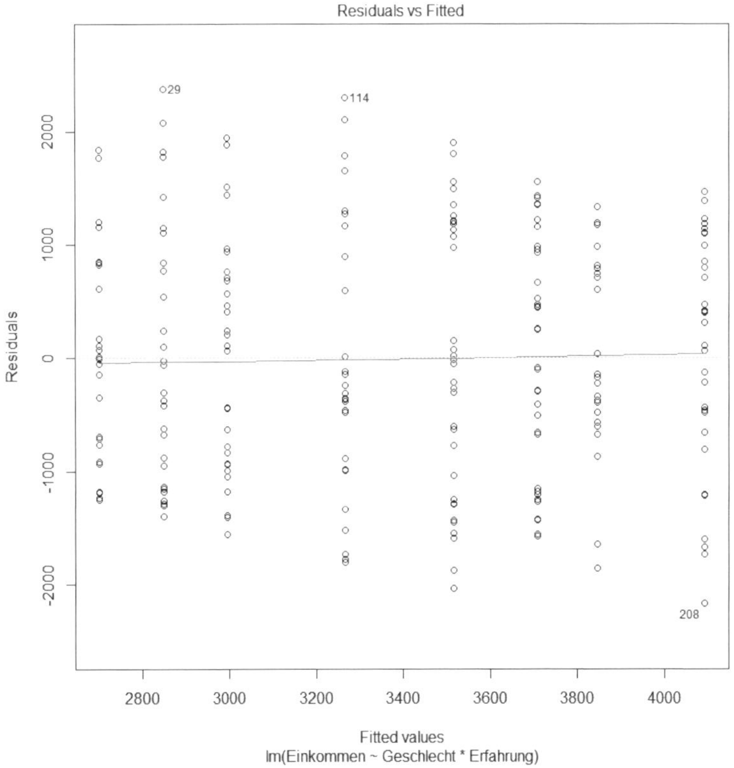

Abb. 12.3: Residuen-Plot zur Beurteilung von Varianzhomogenität

Berechnung der mehrfaktoriellen ANOVA

Für die Berechnung der einfaktoriellen ANOVA wird die `anova_test()`-Funktion des `rstatix`-Pakets verwendet.

Es gibt verschiedene Möglichkeiten, eine mehrfaktorielle ANOVA in R zu rechnen. Die Funktionalität wird von diversen Paketen bereitgestellt.

Die einzugebenden Argumente sind nahezu selbsterklärend:

- `data` ist die Datenquelle, also der Data Frame (im Long-Format), in dem die Messdaten hinterlegt sind.

- Die Formel `Einkommen~Geschlecht*Erfahrung` ist die Modellformulierung für die ANOVA. Das Einkommen wird aus den beiden Faktoren »Geschlecht« und »Erfahrung« und deren Kombination geschätzt. Weitere Faktoren werden analog mit * angehängt.
- `effect.size` fordert die Effektstärke an (hier sind Eta^2 (`ges`) und Partielles Eta^2 (`pes`) möglich).

```
anova_test(data = data.a2, Einkommen~Geschlecht*Erfahrung,
                    effect.size = "pes")
```

Der Output von R sieht nun wie folgt aus:

```
                 Effect DFn DFd      F        p p<.05   pes
1            Geschlecht   1 232  4.025 4.60e-02     * 0.017
2             Erfahrung   3 232 12.769 9.42e-08     * 0.142
3 Geschlecht:Erfahrung   3 232  0.440 7.24e-01       0.006
```

Das Hauptaugenmerk des Outputs wird auf die `p`-Werte gelegt, der jeweils aus der `F`-Statistik und den mit `DF` abgekürzten Freiheitsgraden ermittelt wird.

Hier zeigt sich, dass sowohl der Haupteffekt »Geschlecht« als auch der Haupteffekt »Erfahrung« jeweils statistisch signifikant sind (`p < 0.05`). Ein signifikanter Interaktionseffekt liegt nicht vor. Das Geschlecht verstärkt/schwächt also nicht den Effekt der Erfahrung – oder umgekehrt.

Wäre der Interaktionseffekt signifikant, würden die Haupteffekte bei einer Signifikanz dennoch nicht interpretiert. Mit einem signifikanten Interaktionseffekt wurde in dem Falle festgestellt, dass das Zusammenspiel der (beiden) Faktoren und nicht deren einzelnes Wirken auf die abhängige Variable (statistisch) bedeutsam sind. In dem Falle wird mit der `emmeans_test()`-Funktion fortgefahren, was ich in einem kleinen Exkurs im Anschluss an diesen Abschnitt zeige.

Da das »Geschlecht« nur zwei Ausprägungen hat, muss und kann hierfür kein Post-hoc-Test gerechnet werden. Zudem war in der deskriptiven Voranalyse ersichtlich, dass Frauen ein niedrigeres Bruttoeinkommen erzielen. Dieser Unterschied kann bereits als signifikant festgehalten werden.

Die Erfahrung hat allerdings vier Ausprägungen, weshalb hierfür Post-hoc-Tests notwendig sind, um zu sehen, zwischen welchen Erfahrungsstufen signifikante Unterschiede bestehen.

Im `rstatix`-Paket kann dafür die `pairwise_t_test()`-Funktion verwendet werden, die erneut bequem mit Piping (%>%) angesprochen wird.

In die Funktion wird die Testvariable gefolgt von ~ (`AltGr` + `+`) und der Variablen, die die Zeitpunkte beinhaltet, eingegeben. Hinzu kommt im Falle von Varianzhomogenität, dass `pool.sd = TRUE` ist, sonst entsprechend `FALSE`. Schließlich müssen die p-Werte für die sog. *Alphafehlerkumulierung* (vgl. Vorwort von Teil IV) korrigiert werden[2], was mit `p.adjust.method` geschieht. Der angehängte Befehl `as.data.frame()` sorgt für eine etwas schmalere Tabelle und ist optional.

```
data.a2 %>%
  pairwise_t_test(Einkommen~Erfahrung, pool.sd = TRUE,
                  p.adjust.method = "bonferroni") %>%
  as.data.frame()
```

Im Output sieht man Folgendes:

```
        .y. group1 group2 n1 n2        p p.signif    p.adj  p.adj.
                                                             signif
1 Einkommen      1      2 60 54 7.27e-01       ns 1.00e+00       ns
2 Einkommen      1      3 60 70 3.26e-04      *** 1.95e-03       **
3 Einkommen      2      3 54 70 1.67e-03       ** 9.99e-03       **
4 Einkommen      1      4 60 56 2.12e-07     **** 1.27e-06     ****
5 Einkommen      2      4 54 56 2.10e-06     **** 1.26e-05     ****
6 Einkommen      3      4 70 56 5.11e-02       ns 3.06e-01       ns
```

Die Erfahrungsstufen 1 und 2 sowie 3 und 4 unterscheiden sich nach Bonferroni-Korrektur nicht, alle anderen Gruppen hingegen schon. Somit sind die Eindrücke aus der deskriptiven Voranalyse bekräftigt.

Exkurs: Signifikante Interaktion

Es kann vorkommen, dass sich neben den Haupteffekten auch eine signifikante Interaktion zeigt. Dies ist im vorliegenden Beispiel zwar (deutlich) nicht zutreffend, es soll hier aber dennoch gezeigt werden, wie das Vorgehen in einem solchen Falle ist. Wie bereits erwähnt, sind bei einer signifikanten Interaktion die Haupteffekte nicht zu interpretieren, da sich die Einflussfaktoren gegenseitig bedingen. Vielmehr empfiehlt sich, auf jeder Ebene bzw. Ausprägung des

2 Hierfür existieren verschiedene Möglichkeiten: `"holm"`, `"hochberg"`, `"hommel"`, `"bonferroni"`, `"BH"`, `"BY"`, `"fdr"`, `"none"`. Bonferroni ist die konservativste Korrekturvariante und wird am ehesten empfohlen.

einen Faktors eine ANOVA für den jeweils anderen Faktor für die Testvariable zu rechnen (siehe nachfolgend **A.** und **B.**).

Da zwei ANOVA auf dieselbe Stichprobe (nur mit anderem Aufbau) gerechnet werden, muss aufgrund Alphafehlerkumulierung (vgl. Vorwort von Teil IV dieses Buches) der α-Wert **händisch** angepasst werden. Da es sich um zwei Tests handelt, ist dieser lediglich zu halbieren. Das neue vom jeweiligen p-Wert zu unterschreitende Signifikanzniveau ist demnach $\alpha = 0.05/2 = 0.025$.

A. Zum Beispiel wird zunächst jeweils für die beiden Geschlechter eine einfaktorielle ANOVA mit »Erfahrung« als Gruppenvariable und »Einkommen« als Testvariable gerechnet.

```
data.a2 %>%
  group_by(Geschlecht) %>%
  anova_test(Einkommen ~ Erfahrung, effect.size = "pes")%>%
  as.data.frame()
```

Das Ergebnis zeigt, dass die Erfahrung bei beiden Geschlechtern jeweils ein signifikanter Einflussfaktor aufgrund $p < 0.025$ auf das Einkommen ist.

```
  Geschlecht    Effect DFn DFd     F        p p<.05   pes
1       Frau Erfahrung   3 109 6.736 0.000327     * 0.156
2       Mann Erfahrung   3 123 6.476 0.000417     * 0.136
```

B. Anschließend wird für die vier Erfahrungsstufen jeweils eine einfaktorielle ANOVA mit dem Geschlecht als Gruppenvariable und Einkommen als Testvariable gerechnet:

```
data.a2 %>%
  group_by(Erfahrung) %>%
  anova_test(Einkommen ~ Geschlecht, effect.size = "pes")%>%
  as.data.frame()
```

Hier zeigt sich wiederum, dass innerhalb der Erfahrungsstufen – selbst vor einer Alphafehlerkorrektur – das Geschlecht kein signifikanter Einflussfaktor auf das Einkommen ist.

```
  Erfahrung     Effect DFn DFd     F     p p<.05   pes
1         1 Geschlecht   1  58 0.277 0.600       0.005
2         2 Geschlecht   1  52 3.705 0.060       0.067
```

```
3          3 Geschlecht   1  68 0.524 0.472         0.008
4          4 Geschlecht   1  54 0.853 0.360         0.016
```

Da in **A.** erkannt wurde, dass die Erfahrung für beide Geschlechter-Gruppen ein signifikanter Einflussfaktor auf das Einkommen ist, kann dies auch so geschlossen werden:

Der einfache Haupteffekt von Erfahrung auf das Einkommen war sowohl für Männer als auch für Frauen statistisch signifikant (`p < 0.001`).

Mit anderen Worten: Es gibt einen statistisch signifikanten Unterschied im Einkommen bei Männern in den verschiedenen Erfahrungsstufen, `F(3, 109) = 6.74`, `p < 0.001`. Die gleiche Schlussfolgerung gilt für Frauen, `F(3, 123) = 6.476`, `p < 0.001`.

Nun ist infolge der ANOVAs aus **A.** und **B.** eine Post-hoc-Analyse zu rechnen. Im vorliegenden Beispiel allerdings nur für **A.**, da sich in **B.** keine Signifikanzen zeigten. Es soll also für **A.** innerhalb der Geschlechter geschaut werden, zwischen welchen Erfahrungsstufen ein signifikanter Unterschied besteht.

Eine Untersuchung dessen gelingt am einfachsten mit der `emmeans_test()`-Funktion aus dem `emmeans`-Paket. In sie wird die Testvariable gefolgt von ~ (AltGr + +) und der Erfahrungsvariablen eingegeben. Im Vorfeld wird die Ausgabe jedoch bereits mit `group_by(Geschlecht)` getrennt, analog zu **A.** Schließlich müssen erneut die `p`-Werte für die sog. Alphafehlerkumulierung (vgl. Vorwort von Teil IV dieses Buches) korrigiert werden[3], was mit `p.adjust.method` geschieht. Der angehängte Befehl `as.data.frame()` sorgt für eine etwas schmalere Tabelle und ist optional.

```
install.packages("emmeans")
library(emmeans)
data.a2 %>%
  group_by(Geschlecht) %>%
  emmeans_test(Einkommen ~ Erfahrung,
               p.adjust.method = "bonferroni")  %>%
  as.data.frame()
```

Das Ergebnis der Post-hoc-Analyse wurden aus Gründen der Übersicht bei den Bezeichnungen gekürzt und die Spalte des unangepassten `p`-Werts entfernt.

3 Hierfür existieren verschiedene Möglichkeiten: `"holm"`, `"hochberg"`, `"hommel"`, `"bonferroni"`, `"BH"`, `"BY"`, `"fdr"`, `"none"`. Bonferroni ist die konservativste Korrekturvariante und wird am ehesten empfohlen.

```
Geschl term    .y. g1 g2  df  statistic p.adj  p.adj.
                                                signif
1        F  Erf  Eink  1  2 232  0.5063746 1.000     ns
2        F  Erf  Eink  1  3 232 -2.4914156 0.081     ns
3        F  Erf  Eink  1  4 232 -3.3370429 0.006     **
4        F  Erf  Eink  2  3 232 -2.9445752 0.021      *
5        F  Erf  Eink  2  4 232 -3.7327872 0.001     **
6        F  Erf  Eink  3  4 232 -1.1405350 1.000     ns
7        M  Erf  Eink  1  2 232 -0.9721377 1.000     ns
8        M  Erf  Eink  1  3 232 -2.7011293 0.045      *
9        M  Erf  Eink  1  4 232 -4.0936044 0.000    ***
10       M  Erf  Eink  2  3 232 -1.6278912 0.629     ns
11       M  Erf  Eink  2  4 232 -2.9985802 0.018      *
12       M  Erf  Eink  3  4 232 -1.4742154 0.851     ns
```

Es ergeben sich bei den Frauen drei signifikante paarweise Vergleiche zwischen den Erfahrungsstufen 1 und 4, 2 und 3 sowie 2 und 4. Bei den Männern unterscheiden sich die Erfahrungsstufen 1 und 3, 1 und 4 sowie 2 und 4, wie in der Spalte `p.adj` und `p.adj.signif` jeweils zu erkennen ist.

An dieser Stelle ist der Exkurs einer signifikanten Interaktion beendet.

12.1.3 Interpretation der Ergebnisse

- Die ANOVA zeigte zwei signifikante Haupteffekte:
  Geschlecht `F(1,232) = 4.03, p = 0.046` und Erfahrung `F(3,232) = 12.77, p < 0.001` und liegt unter dem typischen Alpha-Niveau von `0.05`. Der Interaktionseffekt aus Geschlecht und Erfahrung zeigte sich nicht signifikant, `F(3,232) = 0.44, p = 0.72`.
- Die Alternativhypothese von Mittelwertunterschieden über die Gruppen ist anzunehmen und mittels Post-hoc-Tests auf Unterschiede zwischen den Gruppen zu prüfen.
- Da das Geschlecht dichotom ist, erübrigt sich ein Post-hoc-Test für diesen Einflussfaktor. Für den vierstufigen Einflussfaktor »Erfahrung« ist dies allerdings durchzuführen. Hier zeigten sich die Erfahrungsstufen 1 und 3, 2 und 3, 1 und 4 sowie 2 und 4 aufgrund $p_{adj} < \alpha$ als signifikant unterschiedlich. In der Spalte `p.adj.signif` wird dies zusätzlich mit einem bzw. mehreren * angezeigt. Lediglich zwischen den Erfahrungsstufen 1 und 2 sowie 3 und 4 gibt es keine signifikanten Unterschiede.

- Sollte ein signifikanter Interaktionseffekt existieren, sind zudem die Ergebnisse aus dem durchgeführten Exkurs zur Interaktion zu interpretieren, beispielsweise, dass sich innerhalb der Frauen die Erfahrungsstufen 1 und 4, 2 und 3 sowie 2 und 4 und sich bei den Männern die Erfahrungsstufen 1 und 3, 1 und 4 sowie 2 und 4 signifikant unterscheiden.

12.1.4 Reporting der Ergebnisse

Das Ergebnis der mehrfaktoriellen ANOVA lässt den folgenden Schluss zu:

Der zweistufige Einflussfaktor »Geschlecht« ($F(1,232) = 4.03$, $p = 0.046$) als auch der vierstufige Einflussfaktor »Erfahrung« ($F(3,232) = 12.77$, $p < 0.001$) zeigen sich als jeweils signifikant. Eine signifikante Interaktion beider Faktoren konnte nicht beobachtet werden $F(3,232) = 0.44$, $p = 0.72$.

Mit anschließenden Post-hoc-Tests und Bonferroni-Korrektur konnte für den Einflussfaktor »Erfahrung« beobachtet werden, dass die Erfahrungsstufen 1 und 3 ($p = 0.002$), 2 und 3 ($p = 0.01$), 1 und 4 ($p < 0.001$) sowie 2 und 4 ($p < 0.001$) signifikant unterschiedlich sind.

Im Ergebnis erzielen Männer höherer Erfahrungsstufen signifikant höhere Einkommen, was im Einklang zur Forschungsliteratur zum »Gender Pay Gap« ist.

Bei signifikanter Interaktion kann zudem das Diagramm in Abbildung 12.4 angefordert werden.

Der Code hierzu mutet sehr kompliziert an, verknüpft aber nur Dinge, die bereits durchgeführt wurden. Im Objekt `ph` werden mittels `emmeans_test()` die Post-hoc-Tests für das Einkommen, gruppiert nach Geschlecht gerechnet. Diese werden im Anschluss in `ggboxplot()` weiter verarbeitet.

```
ph <- data.a2 %>%
  group_by(Geschlecht) %>%
  emmeans_test(Einkommen~Erfahrung,
               p.adjust.method = "bonferroni") %>%
               add_xy_position(x = "Geschlecht")

ggboxplot(data.a2, x = "Geschlecht", y = "Einkommen",
          color = "Erfahrung") +
  stat_pvalue_manual(ph) +
  labs(subtitle = get_test_label(anova_test(data = data.a2,
       Einkommen~Geschlecht*Erfahrung, effect.size = "pes"),
       detailed = TRUE))
```

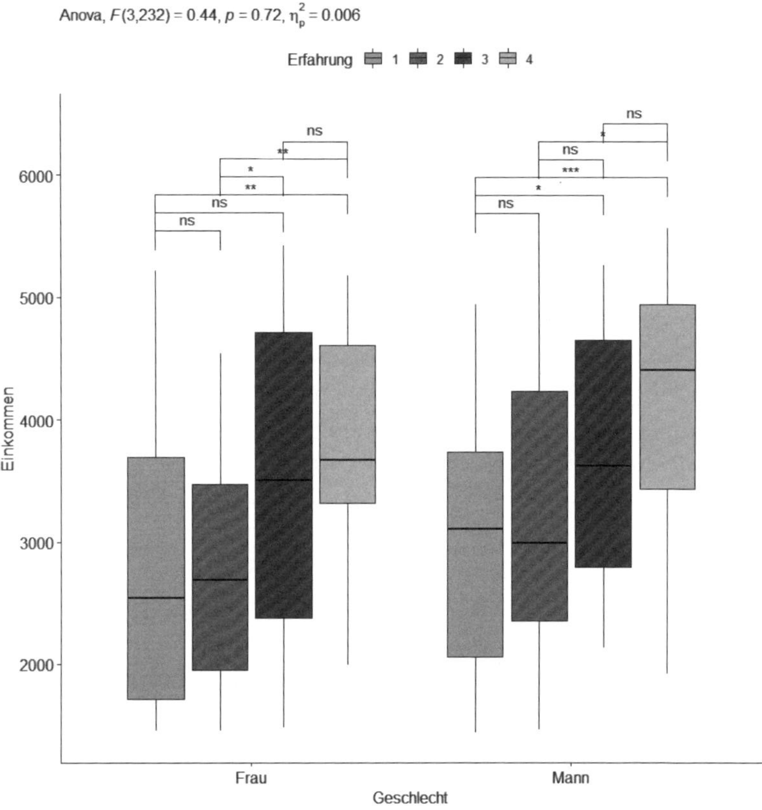

Abb. 12.4: Visualisierung der Post-hoc-Tests für die Erfahrungsstufen je Geschlecht im Falle einer signifikanten Interaktion mittels Boxplots

12.2 Gemischte ANOVA als Sonderfall

Die gemischte ANOVA (auch mixed ANOVA) besitzt, wie es der Name andeutet, mehr als eine Gruppe (Zwischensubjektfaktor) und zugleich Messwiederholungen (Innersubjektfaktor), also mindestens zwei Messzeitpunkte. Ein typischer Anwendungsfall sind klinische Studien, die Probanden in eine Experimentalgruppe und eine Kontrollgruppe einteilen. Hierbei erhält nur die Experimentalgruppe eine vorher definierte Intervention, allerdings wird die interessierende Variable für beide Gruppen im Nachgang der Intervention gemessen.

In folgendem fiktiven Beispiel wird die eben beschriebene Einteilung in Experimental- und Interventionsgruppe vorgenommen. Insgesamt gibt es 5 Messzeitpunkte: vor der Intervention (`T0`) und nach der Intervention (`T1`-`T4`). Das Untersuchungsziel ist, festzustellen, ob es zwischen den Gruppen über die Zeit Unterschiede gibt, also die Intervention in der Experimentalgruppe – im Gegensatz zur Kontrollgruppe – wirkt.

Nullhypothese der gemischten ANOVA

Die Mittelwerte über die Gruppen unterscheiden sich nicht, die Mittelwerte über die Zeit unterscheiden sich nicht und auch nicht der Interaktionseffekt aus beiden Faktoren.

Im einfachsten Datensatz für eine gemischte ANOVA existieren folglich vier Spalten bzw. Variablen: Im fiktiven Beispiel sind es die Probanden-ID, ein Leistungsscore, eine Zeitpunktvariable sowie die Gruppenvariable. Für die Analyse ist zwingend das Long-Format notwendig (vgl. Abschnitt 2.4.2).

12.2.1 Voraussetzungen

Die Voraussetzungen sind folgende:

- Es gibt einen Innersubjektfaktor (= Messwiederholung) mit mindestens zwei Ausprägungen.
- Es gibt einen Zwischensubjektfaktor (= Gruppenvariable) mit mindestens zwei Ausprägungen.
- Die Testvariable muss **intervall-** oder **verhältnisskaliert** sein.
- Die Testvariable sollte je Gruppe und Zeitpunkt in etwa normalverteilt sein. Für die Prüfung empfehle ich Q-Q-Plots. Bei N > 30 pro Gruppe kann dies vernachlässigt werden.
- In etwa gleiche Varianzen (»Varianzhomogenität«) der Testvariablen über die Gruppen je Zeitpunkt.
- In etwa gleiche Kovarianzmatrizen der abhängigen Variablen über die Gruppen hinweg.
- Keine »Ausreißer«.
- Sphärizität muss vorliegen. Varianzen der Differenzen zwischen jeweils zwei Messzeitpunkten müssen (in etwa) gleich sein.

12.2.2 Durchführung

Deskriptive Voranalyse

Je Gruppe kann für den deskriptiven Ersteindruck der Mittelwert als Lageparameter wie auch die Standardabweichung als Streuparameter des Testscores ermittelt werden. Zusätzlich wird noch die Anzahl der Beobachtungen angefordert.

Die Gruppenvariable sollte sowohl für die einfaktorielle ANOVA als auch die deskriptive Voranalyse faktorisiert sein (vgl. Abschnitt 4.7).

Zur deskriptiven Voranalyse bietet sich erneut das `dplyr`-Paket und dessen Funktionalität mittels Pipe-Operator `%>%` an (vgl. Abschnitt 2.5).

Achtung: Die Anzahl der Gruppen multipliziert mit den Zeitpunkten ergibt die Anzahl der Vergleiche. Im Beispiel `2x5 = 10`. Die Reihenfolge innerhalb von `group_by()` kann geändert werden. Im Code unten werden die Berechnungen zunächst nach Geschlecht und innerhalb dessen nach Zeitpunkten gerechnet.

```
library(dplyr)
data.ma %>%
  group_by(Zeitpunkt, Gruppe) %>%
  get_summary_stats(Wert, type = "mean_sd") %>%
  as.data.frame()
```

Der Output mittels `dplyr` deutet zunächst an, dass der Testscore der Gruppe 1 (Kontrollgruppe) über die Zeit auf in etwa gleichem Niveau verharrt, wohingegen der Testscore für die Gruppe 2 (Experimentalgruppe) zunimmt.

```
   Gruppe Zeitpunkt variable  n   mean    sd
1      EG        T0     Wert 31 25.161 3.110
2      KG        T0     Wert 29 25.000 3.625
3      EG        T1     Wert 31 26.323 3.978
4      KG        T1     Wert 29 25.414 3.571
5      EG        T2     Wert 31 27.774 2.860
6      KG        T2     Wert 29 25.586 3.428
7      EG        T3     Wert 31 26.839 3.857
8      KG        T3     Wert 29 25.517 3.823
9      EG        T4     Wert 31 29.516 2.407
10     KG        T4     Wert 29 25.034 2.275
```

Grafisch kann zusätzlich ein Liniendiagramm oder hier exemplarisch ein Boxplot angefordert werden.

```
library(ggpubr)
ggboxplot(data.ma, x = "Zeitpunkt", y = "Wert", fill = "Gruppe")
```

In den Boxplots in Abbildung 12.1 ist der eben beschriebene Trend ebenfalls anhand der unterschiedlichen Lagen der Boxen deutlich zu erkennen. Eine analytische Prüfung auf Signifikanz dieser Ersteindrücke steht im Kern der gemischten ANOVA.

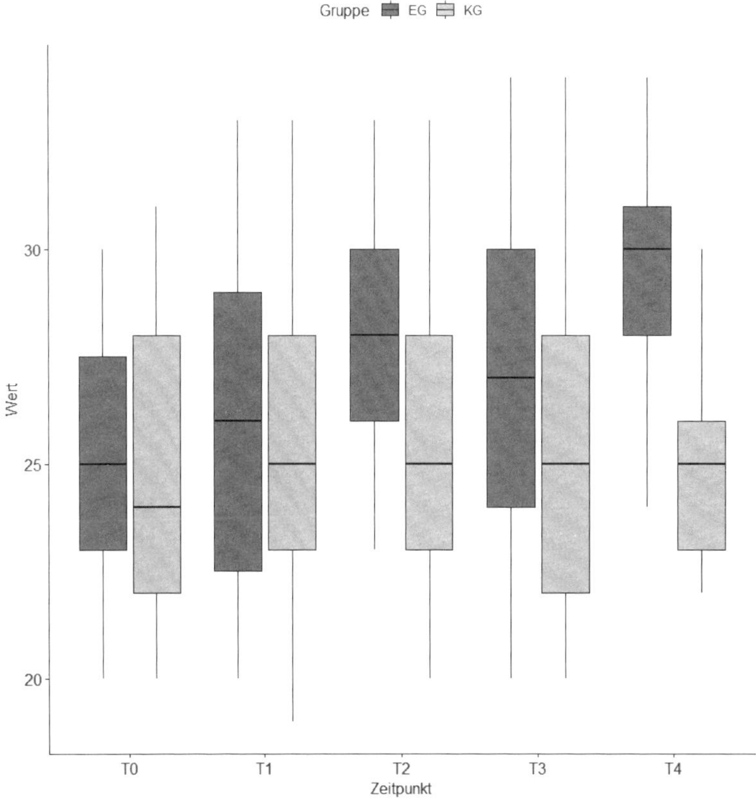

Abb. 12.5: Boxplots je Gruppe über die Zeit, Erfahrungsstufe für die abhängige Variable »Einkommen«

Prüfung auf Normalverteilung

Zwar sind die Gruppen mit 29 und 31 Subjekten ausreichend groß, eine Prüfung der Residuen auf Normalverteilung wird exemplarisch dennoch durchgeführt.

Hierzu wird die Testvariable »Wert« mit der `ggqqplot()`-Funktion des `ggpubr`-Pakets in einem Q-Q-Plot dargestellt. Allerdings wird dies mit `facet.by = "Zeitpunkt*Gruppe")` je Gruppe und Zeitpunkt separat dargestellt.

```
library(ggpubr)
ggqqplot(data.ma, "Wert", facet.by = "Zeitpunkt*Gruppe")
```

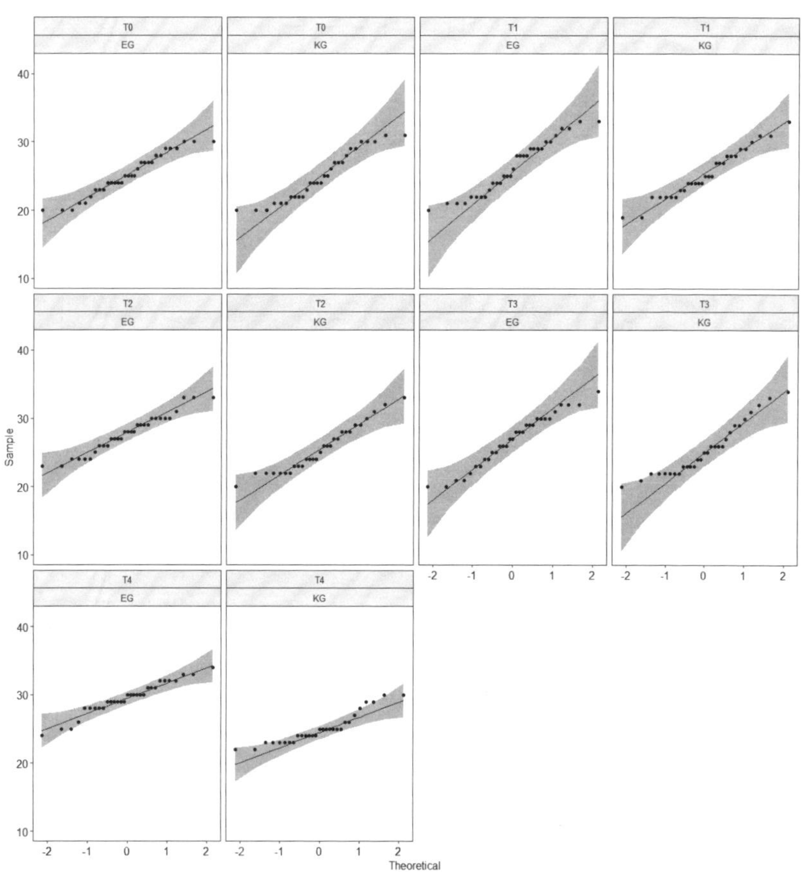

Abb. 12.6: Q-Q-Plots für die Kombination aus Zeitpunkt und Gruppenzugehörigkeit

Im Q-Q-Plot sollten die Punkte idealerweise auf oder nahe der Diagonalen liegen. In Abbildung 12.6 ist erkennbar, dass dies der Fall ist. Eine Abweichung am rechten und linken Rand ist nichts Außergewöhnliches und kein Grund zur Sorge. Eine perfekte Normalverteilung ist ohnehin nicht erwartbar und in der Praxis reicht eine »In-etwa-Normalverteilung«. Hinzu kommt, dass die ANOVA auch bei leichten Verletzungen dieser Annahme robust ist.[4]

Prüfung auf Varianzhomogenität

Die Prüfung auf in etwa gleiche Varianzen zwischen Experimental- und Kontrollgruppe über die 5 Zeitpunkte hinweg kann in der Regel über die in der deskriptiven Voranalyse angeforderten quadrierten Standardabweichungen per Augentest geprüft werden. Alternativ kann mit dem Levene-Test eine analytische Prüfung auf Varianzhomogenität vorgenommen werden.

Hierzu eignet sich die `levene_test()`-Funktion aus dem `rstatix`-Paket:

```
library(rstatix)
data.ma %>%
  group_by(Zeitpunkt) %>%
  levene_test(Wert~Gruppe)
```

Der Levene-Test geht in der Nullhypothese von Varianzgleichheit aus, demzufolge sollte der p-Wert über `0.05` liegen.

```
# A tibble: 5 x 5
  Zeitpunkt   df1   df2 statistic     p
  <fct>     <int> <int>     <dbl> <dbl>
1 T0            1    58    1.10   0.298
2 T1            1    58    1.36   0.248
3 T2            1    58    1.53   0.221
4 T3            1    58    0.0491 0.825
5 T4            1    58    0.140  0.710
```

Die Nullhypothese von Varianzhomogenität kann aufgrund `p > 0.05` für keinen der Zeitpunkte verworfen werden. Es liegt also Varianzhomogenität vor.

Denken Sie daran, dass analytische Tests mit zunehmender Stichprobengröße eher signifikant werden (vgl. Vorwort von Teil IV dieses Buches).

4 Vgl. Blanca Mena, M. J., Alarcón Postigo, R., Arnau Gras, J., Bono Cabré, R., & Bendayan, R. (2017). Non-normal data: Is ANOVA still a valid option?. Psicothema.

Gleichheit der Kovarianzmatrizen

Die Prüfung auf in etwa gleiche Kovarianzmatrizen erfolgt mit dem Box-Test (`box_m()`) aus dem `rstatix`-Paket:

```
box_m(data.ma[, "Wert", drop = FALSE], data.ma$Gruppe)
```

```
# A tibble: 1 x 4
  statistic p.value parameter
      <dbl>   <dbl>     <dbl>
1     0.593   0.441         1
```

Hier ist die Signifikanz mit `p = 0.441` über der Verwerfungsgrenze von `α = 0.05`. Somit kann die Nullhypothese der Gleichheit der Kovarianzmatrizen der abhängigen Variablen über die Gruppen hinweg nicht verworfen werden. Es wird allerdings empfohlen, bei diesem sehr sensitiven Test die Verwerfungsgrenze auf `α = 0.001` zu setzen.[5]

Prüfung auf Ausreißer

Eine Prüfung auf »Ausreißer« ist nach der Begutachtung der Boxplots in Abbildung 12.5 eigentlich nicht mehr notwendig – die Boxplots zeigen keine ungewöhnlichen Fälle.

Eine analytische Prüfung kann mit der `identify_outliers()`-Funktion des `rstatix`-Pakets für die Kombination aus Gruppenzugehörigkeit und Zeitpunkt durchgeführt werden:

```
data.ma %>%
  group_by(Gruppe, Zeitpunkt) %>%
  identify_outliers(Wert)
```

Das Ergebnis zeigt analog zu den Boxplots keine ungewöhnlichen Fälle.

Prüfung auf Sphärizität

Die Prüfung auf Sphärizität ist mit der Verwendung der `anova_test()`-Funktion des `rstatix`-Pakets nicht notwendig, da im Falle einer Verletzung dieser Annahme automatisch eine Korrektur gerechnet wird.

Falls der Mauchly-Test berichtet werden muss, kann er aus dem Objekt (hier `m.anova`), in das die Modellergebnisse der `anova_test()`-Funktion überge-

5 Hahs-Vaughn, D. L. (2016). Applied multivariate statistical concepts. Routledge, S. 43.

ben werden (siehe nachfolgende Berechnung der gemischten ANOVA), ausgelesen werden.

```
> m.anova$'Mauchly's Test for Sphericity'
           Effect     W         p p<.05
1       Zeitpunkt 0.564 0.000178     *
2 Gruppe:Zeitpunkt 0.564 0.000178     *
```

Hier zeigt sich der Mauchly-Test mit `p < 0.001` deutlich signifikant. Die Sphärizität ist demnach verletzt. Varianzen der Differenzen zwischen jeweils x Messzeitpunkten sind ungleich. Wie bereits erwähnt, wird für die Verletzung korrigiert. Es wird die Greenhouse-Geisser-Korrektur angewandt.

Berechnung der gemischten ANOVA

Nach den wichtigsten Voraussetzungsprüfungen kann nun die gemischte ANOVA gerechnet werden.

Es gibt verschiedene Möglichkeiten, eine gemischte ANOVA in R zu rechnen. Die Funktionalität wird von diversen Paketen bereitgestellt.

Für die Berechnung der einfaktoriellen ANOVA wird hier, wie auch für die anderen ANOVAs in diesem Buch, die `anova_test()`-Funktion des `rstatix`-Pakets verwendet. Die einzugebenden Argumente sind nahezu selbsterklärend:

- `data` ist die Datenquelle, also der Data Frame (im Long-Format), in dem die Messdaten hinterlegt sind.
- `dv` ist die abhängige Variable, die zu testende Variable.
- `wid` ist die ID der Untersuchungssubjekte.
- `between` ist der Zwischensubjektfaktor, also die Gruppenvariable, die die Zugehörigkeit zur Experimental- oder Kontrollgruppe anzeigt.
- `within` ist der Innersubjektfaktor, also die Variable, die die Messwiederholungen beinhaltet.
- `effect.size` fordert die Effektstärke an (hier sind Eta^2 (`ges`) und Partielles Eta^2 (`pes`) möglich).

```
m.anova <- anova_test(data = data.ma, dv = Wert, wid = ID,
                      between = Gruppe, within = Zeitpunkt,
                      effect.size = "pes")
get_anova_table(m.anova)
```

Der Output von R sieht nun wie folgt aus:

```
ANOVA Table (type III tests)

            Effect  DFn    DFd      F        p p<.05  pes
1           Gruppe 1.00  58.00 21.398 2.14e-05     * 0.27
2        Zeitpunkt 3.28 190.42  3.716 1.00e-02     * 0.06
3 Gruppe:Zeitpunkt 3.28 190.42  3.734 1.00e-02     * 0.06
```

Das Hauptaugenmerk des Outputs wird auf die `p`-Werte gelegt, die jeweils aus der `F`-Statistik und den mit `DF` abgekürzten Freiheitsgraden ermittelt werden.

Hier zeigt sich, dass sowohl der Zwischensubjektfaktor (Kontrollgruppe vs. Experimentalgruppe) als auch der Innersubjektfaktor (Messwiederholung) jeweils statistisch signifikant (`p < 0.05`) sind. Ein signifikanter Interaktionseffekt liegt ebenfalls vor. Die beiden Faktoren bedingen sich in ihrem Einfluss auf die Testvariable.

Da der Interaktionseffekt signifikant ist, werden die Haupteffekte im Falle einer Signifikanz dennoch nicht interpretiert. Mit einem signifikanten Interaktionseffekt wurde in dem Falle festgestellt, dass das Zusammenspiel der (beiden) Faktoren und nicht deren einzelnes Wirken auf die abhängige Variable (statistisch) bedeutsam sind.

Ist der Interaktionseffekt nicht signifikant, werden die Haupteffekte interpretiert. Hat ein Haupteffekt nur zwei Ausprägungen, sind hierfür keine Post-hoc-Tests notwendig. Bei mehr als zwei Ausprägungen hingegen schon.

Rechnung der Post-hoc-Tests – Signifikante Interaktion

Nachfolgend wird das Vorgehen bei einer signifikanten Interaktion, wie im Beispiel vorliegend, gezeigt.

Zunächst wird die Wirkung des Zwischensubjektfaktors (= Gruppe) zu jedem Zeitpunkt auf den Testscore gerechnet (`group_by(Zeitpunkt)`): Gruppenunterschiede je Zeitpunkt. Es kann auch umgekehrt gerechnet werden: Wirkung des Innersubjektfaktors (= Zeitpunkte) je Gruppe (`group_by(Gruppe)`): Unterschiede über die Zeit je Gruppe.

Ich zeige hier Gruppenunterschiede je Zeitpunkt, da dies inhaltlich sinnvoller ist und auch erwartet wird, dass sich die Gruppen zueinander je Zeitpunkt unterscheiden und sich nicht zwangsweise die beiden Gruppen in sich über die Zeit hinweg unterscheiden.

- Gibt es nur zwei Gruppen, reicht ein paarweiser t-Test (A) mit `pairwise_t_test()`.
- Bei mehr als 2 Gruppen ist eine ANOVA (B) mit `anova_test()` zu rechnen. Im Falle einer Signifikanz jener müssen Post-hoc-Tests, also erneut paarweise t-Tests (A), angeschlossen werden:

```
# (A) 2 Gruppen - paarweise t-Tests
data.ma %>%
  group_by(Zeitpunkt)%>%
  pairwise_t_test(Wert~Gruppe, pool.sd = TRUE, p.adjust.method = "bonferroni") %>%
  as.data.frame()

# (B) > 2 Gruppen - ANOVA
data.ma %>%
  group_by(Zeitpunkt) %>%
  anova_test(dv = Wert, wid = ID, between= Gruppe)%>%
  get_anova_table()%>%
  adjust_pvalue(method = "bonferroni")%>%
  as.data.frame()

# bei Signifikanz der ANOVA (B) wird der Code bei (A) zusätzlich gerechnet
```

Im Ergebnis für (A) ist erkennbar, dass die Gruppenzugehörigkeit in den Zeitpunkten T2 und T4 signifikante Unterschiede zeigt.

```
  Zeitpunkt  .y. group1 group2 n1 n2        p p.signif    p.adj p.adj.signif
1        T0 Wert     EG     KG 31 29 8.54e-01       ns 8.54e-01           ns
2        T1 Wert     EG     KG 31 29 3.57e-01       ns 3.57e-01           ns
3        T2 Wert     EG     KG 31 29 9.29e-03       ** 9.29e-03           **
4        T3 Wert     EG     KG 31 29 1.88e-01       ns 1.88e-01           ns
5        T4 Wert     EG     KG 31 29 6.22e-10     **** 6.22e-10         ****
```

Rechnung der Post-hoc-Tests – Keine signifikante Interaktion

Wenn die Interaktion NICHT signifikant ist, müssen die Haupteffekte der beiden Variablen interpretiert werden: Gruppe und Zeit. Ein signifikanter Haupteffekt kann mit paarweisen Vergleichen verfolgt werden.

Zuerst werden (A) mehrere paarweise **gepaarte** t-Tests für die Zeitvariable durchgeführt – die Gruppenzugehörigkeit wird ignoriert. Danach werden paarweise **ungepaarte** t-Tests für die Gruppenvariable gerechnet – die Zeitvariable wird ignoriert.

```
# (A) Zeiteffekt
data.ma %>%
  pairwise_t_test(Wert~Zeitpunkt, pool.sd = TRUE, paired = TRUE,
                  p.adjust.method = "bonferroni") %>%
  as.data.frame()

#  (B) Gruppeneffekt
data.ma %>%
  pairwise_t_test(Wert~Gruppe, pool.sd = TRUE,
                  p.adjust.method = "bonferroni") %>%
  as.data.frame()
```

Da es sich um eine signifikante Interaktion handelt, zeige ich die Ergebnisse zu obigem Code nicht, da diese eine Interaktion ignorieren. Die Interpretation ist aber analog vorzunehmen: Signifikante Unterschiede anhand der adjustierten p-Werte sind zu interpretieren.

12.2.3 Interpretation der Ergebnisse

- Die ANOVA zeigte einen signifikanten Interaktionseffekt aus »Gruppenzugehörigkeit« und »Zeit« für die Erklärung des Testscores: `F(3.28,190.42) = 3.73, p = 0.01`
- Die Alternativhypothese von Mittelwertunterschieden über die Gruppen über die Zeit ist anzunehmen. Die Unterschiede werden bei in etwa gleichem Ausgangsniveau im Zeitablauf größer (vgl. Abbildung 12.5).
- Mittels Post-hoc-Tests auf Unterschiede zwischen den Gruppen je Zeitpunkt zeigt sich ein Unterschied in T2 ($p_{adj.} < 0.01$) und T4 ($p_{adj.} < 0.001$).
- Eine Interpretation der Haupteffekte »Gruppenzugehörigkeit« und »Zeit« ist somit hinfällig, da deren gemeinsames Wirken bereits als Einflussfaktor identifiziert wurde.

12.2.4 Reporting der Ergebnisse

Das Ergebnis der gemischten ANOVA lässt den folgenden Schluss zu:

Die gemischte ANOVA zeigt einen signifikanten Interaktionseffekt aus »Gruppenzugehörigkeit« und »Zeit« für die Erklärung des Testscores: `F(3.28,190.42) = 3.73, p = 0.01`.

Mit anschließenden Post-hoc-Tests und Bonferroni-Korrektur konnte sowohl im Zeitpunkt `T2` (`p < 0.01`) als auch `T4` (`p < 0.001`) ein signifikanter Unterschied von Kontroll- und Experimentalgruppe beobachtet werden. Unter Zuhilfenahme eines Liniendiagramms kann dies zusätzlich deutlich besser gesehen werden.

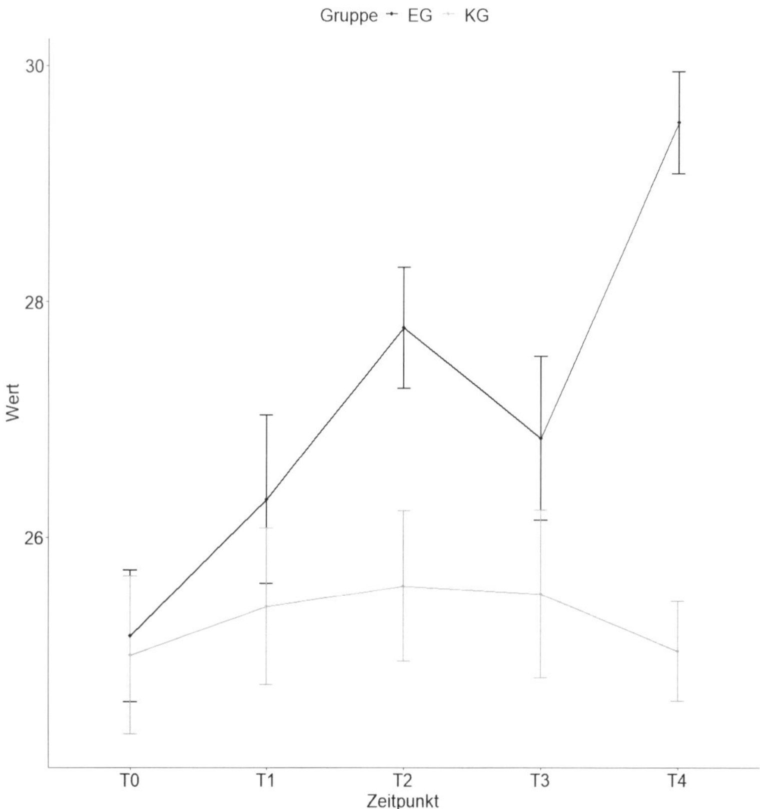

Abb. 12.7: Grafische Veranschaulichung der Mittelwertentwicklung (inkl. Streuung) im Zeitverlauf zwischen EG und KG

```
ggline(data.ma, x = "Zeitpunkt", y = "Wert", color = "Gruppe",
add = "mean_se", palette = c("black", "grey"))
```

Im Ergebnis wirkt die Intervention wie gewünscht bei der Experimentalgruppe und führt über die Zeit zu einem höheren Testscore.

13

Ungerichtete Zusammenhänge – Korrelationsanalysen

Wie bereits im Kapitel zur deskriptiven Statistik (vgl. Kapitel 5) ausgeführt, gibt es immer wieder Studien und Arbeiten, die im Rahmen der deskriptiven Statistik pauschal eine Korrelationstabelle präsentieren und hieraus weitere Schritte ableiten. Dieser Ansatz ist unfundiert und in der Wissenschaft nicht statthaft – wenngleich er immer noch zu finden ist. Vielmehr sollte eine konzeptionelle oder zumindest auf anekdotischer Evidenz basierende Fundierung angeführt werden, um die nachfolgenden Korrelationen zu rechnen.

Voraussetzungen für Korrelationen können auf das Skalenniveau der zu korrelierenden Variablen reduziert werden, die nachfolgend in einer Entscheidungshilfe in Tabelle 13.1 zusammengefasst sind.

Denken Sie daran, im Vorfeld eine Poweranalyse durchzuführen (vgl. Vorwort von Teil IV dieses Buches).

Paarung	Intervall/ Verhältnis	Ordinal	Nominal
Intervall/ Verhältnis	Pearson (Abschnitt 13.1)	Spearman (Abschnitt 13.2) Kendalls Tau (Abschnitt 13.3)	Pearson-Punkt-biseriale Korrelation* (Abschnitt 13.4)
Ordinal		Spearman (Abschnitt 13.2) Kendalls Tau (Abschnitt 13.3) Chi^2 ** (Abschnitt 13.5)	Chi^2 (Abschnitt 13.5)
Nominal			Chi2 (Abschnitt 13.5) Kontingenz-koeffizient / Cramer V (Abschnitt 13.6) Odds-Ratio (Abschnitt 13.7)*
* die nominale Variable darf nur zwei Ausprägungen besitzen ** sofern beide Variablen über eine geringe Anzahl Ausprägungen verfügen			

Tab. 13.1: Übersicht der Korrelationskoeffizienten in Abhängigkeit der Skalenniveaus der zu korrelierenden Variablen

Denken Sie daran, dass anhand von Korrelation NICHT auf Kausalität geschlossen werden kann (vgl. Vorwort Teil IV dieses Buches).

13.1 Pearson-Korrelation

Sollten beide zu korrelierenden Variablen intervall- oder verhältnisskaliert sein, kann eine Pearson-Korrelation gerechnet werden, um ihren linearen Zusammenhang zu quantifizieren. Die Korrelation kann Werte zwischen -1 und +1 annehmen. Im Vorfeld kann auch ein Streudiagramm zur Veranschaulichung erstellt werden (vgl. Abschnitt 8.1).

Nullhypothese der Pearson-Korrelation

Es existiert kein linearer Zusammenhang zwischen den beiden Variablen.

13.1.1 Durchführung

In R ist die einfachste Funktion für den Pearson-Korrelationskoeffizienten die `cor.test()`-Funktion. Die beiden zu korrelierenden Variablen (hier: Einkommen und Zufriedenheit) werden mit Angabe des Data Frames per Komma getrennt eingegeben:

```
cor.test(data$Zufriedenheit, data$Einkommen)
```

Sollte ein anderes Niveau des Konfidenzintervalls gewünscht sein, kann dies mit z.B. `conf.level = 0.99` angefordert werden. Wurde eine einseitige Hypothese formuliert, also es wird entweder eine positive oder negative Korrelation unterstellt, kann dies mit `alternative =` definiert werden.

Achtung, `"greater"` steht bzgl. `alternative =` für eine positive vermutete Korrelation (`r > 0`) und `"less"` für eine negative vermutete Korrelation (`r < 0`). Standardmäßig wird stets zweiseitig getestet, also ob eine negative oder positive Korrelation vorliegt.

Die `cor_test()`-Funktion des `rstatix`-Pakets kann mit denselben Argumenten verwendet werden, um einen etwas schmaleren Output zu erhalten. Allerdings gibt sie die im Reporting notwendigen Freiheitsgrade nicht mit aus.

Im Ergebnis erhält man folgende Übersicht:

```
Pearson's product-moment correlation
data:  data$Zufriedenheit and data$Einkommen
t = 18.199, df = 69, p-value < 2.2e-16
alternative hypothesis: true correlation is not equal to 0
95 percent confidence interval:
 0.8586599 0.9429017
sample estimates:
      cor
0.9097206
```

In Abschnitt 13.8 wird das Vorgehen einer Partialkorrelation gezeigt, womit eine Korrelation um den Einfluss von Drittvariablen bereinigt werden kann.

13.1.2 Ergebnis und Interpretation

Die wesentliche Zahl findet sich ganz am Ende des Outputs und ist der Korrelationskoeffizient nach Pearson `cor = 0.91`. Zusätzlich ist die Signifikanz zu prüfen, die bei `p-value` ablesbar ist. Mit `p < 2.2e-16` wird die kleinste von R dargestellte Signifikanz zurückgegeben. Das Komma wird um 16 Stellen nach links verschoben – es handelt sich um eine sehr kleine Signifikanz.

Die Nullhypothese keiner Korrelation der beiden Variablen wird hiermit eindeutig aufgrund `p < 0.05` zugunsten der Alternativhypothese verworfen. Es liegt somit eine (positive) Korrelation zwischen den Variablen »Einkommen« und »Zufriedenheit« vor.

Denken Sie daran, dass anhand von Korrelation NICHT auf Kausalität geschlossen werden kann (vgl. Vorwort von Teil IV dieses Buches).

Schließlich kann der Effekt noch eingeordnet werden. Hierzu kann Cohen, J. (1992). S. 157[1], wo die Grenzen für kleine (`r > 0.1`), mittlere (`r > 0.3`) und große Effekte (`r > 0.5`) genannt sind, verwendet werden. Da die Grenze zum großen Effekt deutlich überschritten ist, liegt ein großer Effekt vor.

Effektstärkengrenzen sind nicht allgemeingültig. Fach- bzw. disziplinspezifische Standards sind hier zu beachten.

13.1.3 Reporting der Ergebnisse

Zu berichten ist der Korrelationskoeffizient mitsamt Freiheitsgraden (`df`) als auch der Signifikanz im Kontext der korrelierten Variablen. Das Konfidenzintervall (hier 95 %) ist optional.

Die Variablen »Einkommen« und »Zufriedenheit« korrelieren stark positiv, `r(69) = 0.91`, `95%` KI `[0.86, 0.94]`, `p < 0.001`.

1 Cohen, J. (1992): A power primer. Psychological bulletin, 112(1), 155–159.

13.2 Spearman-Korrelation

Eine Spearman-Rangkorrelation wird zumeist dann verwendet, wenn a) Variablenpaare mit hoher Hebelwirkung[2] die Berechnung des Pearson-Korrelationskoeffizienten verzerren würden. Der Spearman-Korrelationskoeffizient verwendet Ränge (Position in einer geordneten Liste) statt der eigentlichen Werte, was diese Verzerrung unterdrückt.[3] Er wird weiterhin verwendet, wenn b) eine der beiden zu korrelierenden Variablen ordinalskaliert und die andere intervall- oder verhältnisskaliert ist oder beide Variablen ordinalskaliert sind. Der Spearman-Korrelationskoeffizient kann ebenfalls Werte zwischen -1 und +1 annehmen. Auch für diese Korrelation kann im Vorfeld ein Streudiagramm zur Veranschaulichung erstellt werden (vgl. Abschnitt 8.1).

Nullhypothese der Spearman-Korrelation

Es existiert kein Zusammenhang zwischen den beiden Variablen.

13.2.1 Durchführung

In R ist die einfachste Funktion auch für den Spearman-Korrelationskoeffizienten die `cor.test()`-Funktion. Die beiden zu korrelierenden Variablen (hier erneut: Einkommen und Zufriedenheit) werden mit Angabe des Data Frames per Komma getrennt eingegeben und um `method = "spearman"` ergänzt, um den Spearman-Korrelationskoeffizienten berechnen zu lassen.

```
cor.test(data$Zufriedenheit, data$Einkommen, method = "spearman")
```

Identisch ist wieder die Angabe von `alternative =`, wenn eine einseitige Hypothese formuliert wurde, also entweder eine positive oder negative Korrelation unterstellt wird.

Achtung, `"greater"` steht bzgl. `alternative =` für eine positive vermutete Korrelation und `"less"` für eine negative vermutete Korrelation. Standardmäßig wird stets zweiseitig getestet, also ob eine negative oder positive Korrelation vorliegt.

2 Wertepaare mit hoher Hebelwirkung sind ungewöhnliche Variablenkombinationen. Um im Beispiel von Einkommen und Zufriedenheit zu bleiben, wären ungewöhnliche Kombinationen eine hohe Zufriedenheit bei niedrigem Einkommen oder umgekehrt. Ein Ausschlussgrund ist dies im Übrigen nicht.

3 Vgl. Abdullah, M. B. (1990). On a robust correlation coefficient. Journal of the Royal Statistical Society: Series D (The Statistician), 39(4), 455–460.

Die `cor_test()`-Funktion des `rstatix`-Pakets kann mit denselben Argumenten verwendet werden, um einen etwas schmaleren Output zu erhalten.

Im Ergebnis erhält man folgende Übersicht:

```
Spearman's rank correlation rho


data:  data$Zufriedenheit and data$Einkommen
S = 5178.7, p-value < 2.2e-16
alternative hypothesis: true rho is greater than 0
sample estimates:
      rho
0.9131669
```

Das Konfidenzintervall muss leider mit einer separaten Funktion des `DescTools`-Pakets angefordert werden, z.B. das 95%-Konfidenzintervall:

```
library(DescTools)
SpearmanRho(data$Zufriedenheit, data$Einkommen, conf.level = 0.95)
```

Mit dem Ergebnis:

```
      rho    lwr.ci    upr.ci
0.9131669 0.8639164 0.9451178
```

In Abschnitt 13.8 wird das Vorgehen einer Partialkorrelation gezeigt, womit eine Korrelation um den Einfluss von Drittvariablen bereinigt werden kann.

13.2.2 Ergebnis und Interpretation

Die wesentliche Zahl findet sich ganz am Ende des Outputs und ist der Korrelationskoeffizient nach Spearman `rho = 0.91`. Zusätzlich ist die Signifikanz zu prüfen, die bei `p-value` ablesbar ist. Mit `p < 2.2e-16` wird die kleinste von R dargestellte Signifikanz zurückgegeben. Das Komma wird um 16 Stellen nach links verschoben – es handelt sich um eine sehr kleine Signifikanz.

Die Nullhypothese keiner Korrelation der beiden Variablen wird aufgrund von `p < 0.05` hiermit eindeutig zugunsten der Alternativhypothese verworfen. Das Konfidenzintervall kommt entsprechend zum selben Schluss, da es die

Null nicht beinhaltet. Es liegt somit eine (positive) Korrelation zwischen den Variablen »Einkommen« und »Zufriedenheit« vor.

Denken Sie daran, dass anhand von Korrelation NICHT auf Kausalität geschlossen werden kann (vgl. Vorwort von Teil IV dieses Buches).

Schließlich kann der Effekt noch eingeordnet werden. Hierzu kann erneut Cohen, J. (1992). S. 157[4], wo die Grenzen für kleine (`r > 0.1`), mittlere (`r > 0.3`) und große Effekte (`r > 0.5`) genannt sind, verwendet werden. Da die Grenze zum großen Effekt deutlich überschritten ist, liegt ein großer Effekt vor.

Effektstärkengrenzen sind nicht allgemeingültig. Fach- bzw. disziplinspezifische Standards sind hier zu beachten.

13.2.3 Reporting der Ergebnisse

Zu berichten ist der Korrelationskoeffizient mitsamt Freiheitsgraden (`df`) als auch der Signifikanz im Kontext der korrelierten Variablen. Die Freiheitsgrade von `cor.test()` werden für die Spearman-Korrelation nicht ausgegeben. Sie sind mit Stichprobengröße `N - 2 = 71 - 2 = 69` ermittelbar.

Die Variablen »Einkommen« und »Zufriedenheit« korrelieren stark positiv, $r_s(69) = 0.91$, 95% KI [0.86, 0.94], $p < 0.001$.

13.3 Kendall-Tau-Korrelation

Eine Kendall-Tau-Rangkorrelation wird, wie die Spearman-Rangkorrelation, zumeist dann verwendet, wenn 1) Variablenpaare mit hoher Hebelwirkung die Berechnung des Pearson-Korrelationskoeffizienten verzerren würden. Er wird auch verwendet, wenn 2) die Variablen mindestens ordinalskaliert sind. Und schließlich findet Kendall-Tau regelmäßig Anwendung, wenn 3) die Stichprobe mit `N < 20` eher klein ist und mehrere gleiche Werte auftreten (= Bindungen). Im Unterschied zu Spearman ist Kendall-Tau etwas robuster und effizienter[5], diese Nuancen hier zu diskutieren würde aber zu weit führen. Am wichtigsten für die Wahl von Kendalls Tau ist die kleinere Stichprobengröße und die Beachtung von Bindungen.

4 Cohen, J. (1992): A power primer. Psychological bulletin, 112(1), 155–159.

5 Croux, C., & Dehon, C. (2010). Influence functions of the Spearman and Kendall correlation measures. Statistical methods & applications, 19(4), 497–515.

Den Kendall-Tau-Korrelationskoeffizienten gibt es in drei Varianten a, b und c. Die Variante b kontrolliert im Gegensatz zur Variante a die Existenz von Bindungen. Die Variante c tut dies auch und ist zudem bei ordinalskalierten Variablen passender, wenn die Wertebereiche unterschiedlich sind (z.B. 5er-Skala vs. 7er-Skala).

Der Kendall-Tau-Korrelationskoeffizient kann Werte zwischen -1 und +1 annehmen. Auch für diese Korrelation kann im Vorfeld ein Streudiagramm zur Veranschaulichung erstellt werden (vgl. Abschnitt 8.1).

Nullhypothese der Kendall-Tau-Korrelation

Es existiert kein Zusammenhang zwischen den beiden Variablen.

13.3.1 Durchführung

In R ist die einfachste Funktion auch für den Kendall-Tau-Korrelationskoeffizienten (b) die `cor.test()`-Funktion. Die beiden zu korrelierenden Variablen (hier erneut: »Einkommen« und »Zufriedenheit«) werden mit Angabe des Data Frames per Komma getrennt eingegeben und um `method="kendall"` ergänzt, um den Spearman-Korrelationskoeffizienten berechnen zu lassen.

```
001 cor.test(data$Zufriedenheit, data$Einkommen, method = "kendall")
```

Identisch ist wieder die Angabe von `alternative =`, wenn eine einseitige Hypothese formuliert wurde, also entweder eine positive oder negative Korrelation unterstellt wird.

Achtung, `"greater"` steht bzgl. `alternative =` für eine positive vermutete Korrelation (`r > 0`) und `"less"` für eine negative vermutete Korrelation (`r < 0`). Standardmäßig wird stets zweiseitig getestet, also ob eine negative oder positive Korrelation vorliegt.

Die `cor_test()`-Funktion des `rstatix`-Pakets kann mit denselben Argumenten verwendet werden, um einen etwas schmaleren Output zu erhalten.

Im Ergebnis erhält man folgende Übersicht:

```
Kendall's rank correlation tau

data:  data$Zufriedenheit and data$Einkommen
z = 9.2641, p-value < 2.2e-16
alternative hypothesis: true tau is not equal to 0
sample estimates:
      tau
0.7610428
```

Das Konfidenzintervall muss leider auch bei Kendall-Tau (b) mit der separaten `KendallTauB()`-Funktion des `DescTools`-Pakets angefordert werden, z.B. das 95%-Konfidenzintervall:

```
library(DescTools)
KendallTauB(data$Zufriedenheit, data$Einkommen, conf.level = 0.95)
```

Mit dem Ergebnis:

```
    tau_b    lwr.ci    upr.ci
0.7610428 0.6986136 0.8234720
```

In Abschnitt 13.8 wird das Vorgehen einer Partialkorrelation gezeigt, womit eine Korrelation um den Einfluss von Drittvariablen bereinigt werden kann.

13.3.2 Ergebnis und Interpretation

Die wesentliche Zahl findet sich ganz am Ende des Outputs und ist der Korrelationskoeffizient nach Spearman `tau = 0.76`. Dies ist qualitativ vergleichbar mit den Korrelationen von Pearson und Spearman auf dieselben Daten. Quantitativ ist der Korrelationskoeffizient stets etwas geringer.[6] Zusätzlich ist die Signifikanz zu prüfen, die bei `p-value` ablesbar ist. Mit `p < 2.2e-16` wird die kleinste von R dargestellte Signifikanz zurückgegeben. Das Komma wird um 16 Stellen nach links verschoben – es handelt sich um eine sehr kleine Signifikanz.

Die Nullhypothese keiner Korrelation der beiden Variablen aufgrund `p < 0.05` wird hiermit eindeutig zugunsten der Alternativhypothese verworfen. Das Konfidenzintervall kommt entsprechend zum selben Schluss, da es

6 Vgl. Strahan, R. F. (1982). Assessing magnitude of effect from rank-order correlation coefficients. Educational and Psychological Measurement, 42(3), 763–765, S. 765.

die Null nicht beinhaltet. Es liegt somit eine (positive) Korrelation zwischen den Variablen »Einkommen« und »Zufriedenheit« vor.

Denken Sie daran, dass anhand von Korrelation NICHT auf Kausalität geschlossen werden kann (vgl. Vorwort von Teil IV dieses Buches).

Schließlich kann der Effekt noch eingeordnet werden. Hierzu kann erneut Cohen, J. (1992). S. 157[7], diesmal aber in Verbindung mit Strahan (1982), S. 765 verwendet werden. Die Grenzen für kleine (`r > 0.06`), mittlere (`r > 0.19`) und große Effekte (`r > 0.33`) sind entsprechend niedriger. Da im Beispiel die Grenze zum großen Effekt deutlich überschritten ist, liegt ein großer Effekt vor.

Effektstärkengrenzen sind nicht allgemeingültig. Fach- bzw. disziplinspezifische Standards sind hier zu beachten.

13.3.3 Reporting der Ergebnisse

Zu berichten ist der Korrelationskoeffizient mitsamt Freiheitsgraden (`df`) als auch der Signifikanz im Kontext der korrelierten Variablen. Die Freiheitsgrade werden von `cor.test()` für die Kendall-Tau-Korrelation nicht ausgegeben. Sie sind mit Stichprobengröße `N - 2 = 71 - 2 = 69` ermittelbar.

Die Variablen »Einkommen« und »Zufriedenheit« korrelieren stark positiv, $r_{\tau b}(69) = 0.76$, 95% KI [0.70, 0.82], $p < 0.001$.

13.4 Pearson-punktbiseriale Korrelation

Die punktbiseriale Korrelation nach Pearson ist immer dann anzuwenden, wenn eines der beiden Merkmale dichotom ist, also nur zwei Ausprägungen besitzt und das andere Merkmal intervall- oder verhältnisskaliert ist. Wie beim Pearson-Korrelationskoeffizienten kann die Pearson-punktbiseriale Korrelation ebenfalls Werte zwischen -1 und +1 annehmen.

Nullhypothese der punktbiserialen Korrelation

Es existiert kein Zusammenhang zwischen den beiden Variablen.

7 Cohen, J. (1992): A power primer. Psychological bulletin, 112(1), 155–159.

13.4.1 Durchführung

Die bisher schon bekannte `cor.test()`-Funktion kann auch für die punktbiseriale Korrelation verwendet werden. Hierbei ist aber unbedingt darauf zu achten, dass die dichotome Variable NICHT als Faktor, sondern numerisch hinterlegt ist (siehe unten). Die beiden zu korrelierenden Variablen (hier: »Geschlecht« und »Zufriedenheit«) werden mit Angabe des Data Frames per Komma getrennt eingegeben:

```
data$Geschlecht <- as.numeric(data$Geschlecht)
cor.test(data$Geschlecht, data$Zufriedenheit)
```

Sollte ein anderes Niveau des Konfidenzintervalls gewünscht sein, kann dies mit z.B. `conf.level = 0.99` angefordert werden. Wurde eine einseitige Hypothese formuliert, also es wird entweder eine positive oder negative Korrelation unterstellt, kann dies mit `alternative =` definiert werden.

Achtung, `"greater"` steht bzgl. `alternative =` für eine positive vermutete Korrelation und `"less"` für eine negative vermutete Korrelation. Standardmäßig wird stets zweiseitig getestet, also ob eine negative oder positive Korrelation vorliegt. Positiv bezieht sich an dieser Stelle darauf, dass mit einer höheren Ausprägung der dichotomen Variablen eine höhere Merkmalsausprägung der intervall- bzw. verhältnisskalierten Variablen einhergeht. Daher ist es im Vorfeld wichtig, zu schauen, welche Zahl für welche Ausprägung steht.

Die `cor_test()`-Funktion des `rstatix`-Pakets kann mit denselben Argumenten verwendet werden, um einen etwas schmaleren Output zu erhalten. Allerdings gibt sie die im Reporting notwendigen Freiheitsgrade nicht mit aus.

Im Ergebnis erhält man folgende Übersicht:

```
Pearson's product-moment correlation
data:  data$Geschlecht and data$Zufriedenheit
t = -0.35997, df = 69, p-value = 0.72
alternative hypothesis: true correlation is not equal to 0
95 percent confidence interval:
 -0.2738325  0.1919478
sample estimates:
        cor
-0.04329475
```

13.4.2 Ergebnis und Interpretation

Die wesentliche Zahl findet sich ganz am Ende des Outputs und ist der punktbiseriale Korrelationskoeffizient nach Pearson `cor = -0.04`. Zusätzlich ist die Signifikanz zu prüfen, die bei `p-value` ablesbar ist. Da `p = 0.72` deutlich über `α = 0.05` liegt, ist die Korrelation nicht signifikant. Passend dazu enthält das 95%-Konfidenzintervall die Null – ein Nulleffekt (»Nullkorrelation«) kann also nicht ausgeschlossen werden.

Die Nullhypothese keiner Korrelation der beiden Variablen kann hiermit NICHT zugunsten der Alternativhypothese verworfen werden. Sie muss folglich beibehalten werden. Es liegt somit keine Korrelation zwischen den Variablen »Geschlecht« und »Zufriedenheit« vor.

Schließlich kann im Falle einer Signifikanz der Effekt noch eingeordnet werden. Hierzu kann Cohen, J. (1992). S. 157[8], wo die Grenzen für kleine (`r > 0.1`), mittlere (`r > 0.3`) und große Effekte (`r > 0.5`) genannt sind, verwendet werden. Da es sich nicht um einen signifikanten Effekt handelt, wird keine Effektstärke berichtet.

Effektstärkengrenzen sind nicht allgemeingültig. Fach- bzw. disziplinspezifische Standards sind hier zu beachten.

13.4.3 Exkurs: Interpretation einer signifikanten Korrelation

Sollte `p < 0.05` sein, liegt eine Korrelation vor. Sei $r_{pb} = -0.6$, so würde ein signifikanter negativer Effekt vorliegen. Wie bereits erwähnt, ist die Nummerierung der Kategorien der dichotomen Variablen (Geschlecht) hierbei entscheidend.

Da ich weiß, dass die Männer mit 0 und die Frauen mit 1 codiert sind, kann ich bei einer Zunahme der Variablen »Geschlecht« von einer Abnahme der Variablen »Zufriedenheit« ausgehen. Alternativ kann die Abnahme der Variablen »Geschlecht« mit einer Zunahme der »Zufriedenheit« in Verbindung gebracht werden. Konkret würden in diesem Beispiel Männer also eher unzufriedener und Frauen zufriedener sein.

8 Cohen, J. (1992): A power primer. Psychological bulletin, 112(1), 155–159.

13.4.4 Reporting der Ergebnisse

Zu berichten ist der Korrelationskoeffizient mitsamt Freiheitsgraden (`df`) als auch der Signifikanz im Kontext der korrelierten Variablen. Das Konfidenzintervall (hier 95%) ist optional.

Die Variablen »Einkommen« und »Zufriedenheit« korrelieren stark positiv, `r(69) = -0.04, 95% KI [-0.27, 0.19], p < 0.001`.

13.5 Chi²-Test auf Unabhängigkeit

Der Chi²-Test ist bereits in Abschnitt 9.3 als Chi²-Anpassungstest aufgetaucht, wo ein Merkmal gegen einen hypothetischen Wert getestet wird. In diesem Abschnitt prüft der Chi²-Test zwei Merkmale, die maximal ordinalskaliert sind und eine geringe Anzahl Ausprägungen besitzen, auf Unabhängigkeit. Oder anders formuliert: Kommen gewisse Merkmalsausprägungen in Kombination mit anderen Merkmalsausprägungen überhäufig als unter der Annahme von Unabhängigkeit vor?

Nullhypothese des Chi²-Tests auf Unabhängigkeit

Die beiden Variablen sind (stochastisch) unabhängig.

13.5.1 Durchführung

Für den Chi²-Unabhängigkeitstest kann die `chisq.test()`-Funktion der Basisversion von R verwendet werden. Allerdings empfehle ich stattdessen die `CrossTable()`-Funktion des `gmodels`-Pakets sehr, weil sie zu erkennen hilft, wo potenzielle Abweichungen von Unabhängigkeit auftreten.

Nominale Variablen können und sollten als Faktor hinterlegt sein (vgl. Abschnitt 4.7), da es in der Auswertung der noch zu erstellenden Tabelle hilfreich ist. Die beiden zu korrelierenden Variablen (hier: Geschlecht und Lieblingsfarbe) werden mit Angabe des Data Frames per Komma getrennt eingegeben. Die spalten- (`prop.c = FALSE`), reihen- (`prop.r = FALSE`) und tabellenweisen (`prop.t = FALSE`) relativen Häufigkeiten blende ich allerdings für einen Gewinn an Übersicht aus.

Mit `fisher = TRUE` fordere ich zusätzlich den exakten Fisher-Test an. Dieser wird immer dann anstelle der approximativen Schätzung bei der Signifikanzermittlung verwendet, wenn die erwarteten Zellhäufigkeiten < 5 sind. Streitbar ist, ob bereits eine Zelle (= Merkmalskombination) ausreicht oder 20 % der Zellen eine erwartete Häufigkeit < 5 haben sollen.

Meine Empfehlung: Da unsere Computer heute im Vergleich zu damals, wo der Fisher-Test entwickelt und erstmals angewandt wurde, um ein Vielfaches schneller sind, sollte der Fisher-Test im Zweifel pauschal angefordert werden. Sollte es sich um eine sehr große Kreuztabelle handeln, kann dies evtl. aber dann doch zu rechenintensiv sein, um es in einer adäquaten Zeit zu berechnen. Im Falle einer Fehlermeldung kann auf die approximative p-Wert-Ermittlung mittels Chi^2 zurückgegriffen werden.

```
library(gmodels)
CrossTable(data$Lieblingsfarbe, data$Geschlecht,
           prop.c = FALSE, prop.r = FALSE, prop.t = FALSE,
           expected=TRUE, fisher=TRUE)
```

Im Ergebnis erhält man folgende Übersicht:

```
   Cell Contents
|-------------------------|
|                       N |
|              Expected N |
| Chi-square contribution |
|-------------------------|


Total Observations in Table:  71


          | Geschlecht
  L.farbe |          m |          w | Row Total |
----------|------------|------------|-----------|
     Blau |          6 |          8 |        14 |
          |      7.099 |      6.901 |           |
          |      0.170 |      0.175 |           |
----------|------------|------------|-----------|
     Gelb |         11 |          6 |        17 |
          |      8.620 |      8.380 |           |
          |      0.657 |      0.676 |           |
----------|------------|------------|-----------|
```

```
     Grün |          6 |          4 |         10 |
          |      5.070 |      4.930 |            |
          |      0.170 |      0.175 |            |
----------|------------|------------|------------|
      Rot |          7 |          7 |         14 |
          |      7.099 |      6.901 |            |
          |      0.001 |      0.001 |            |
----------|------------|------------|------------|
  Schwarz |          6 |         10 |         16 |
          |      8.113 |      7.887 |            |
          |      0.550 |      0.566 |            |
----------|------------|------------|------------|
Col Total |         36 |         35 |         71 |
----------|------------|------------|------------|

Statistics for All Table Factors

Pearson's Chi-squared test
------------------------------------------------------------
Chi^2 =  3.142841     d.f. =  4     p =  0.5342122

Fisher's Exact Test for Count Data
------------------------------------------------------------
Alternative hypothesis: two.sided
p =  0.5517412
```

13.5.2 Ergebnis und Interpretation

Beobachtete und erwartete Häufigkeiten

Bevor das Testergebnis interpretiert wird, folgen noch einige Sätze zur Kreuztabelle. In der ersten Zeile jeder Zelle stehen die beobachteten Häufigkeiten (N). Geschlecht = m und Lieblingsfarbe = Blau wurde 6-mal beobachtet. Geschlecht = w und Lieblingsfarbe = Schwarz wurde 10-mal beobachtet. Darunter steht jeweils die unter Unabhängigkeit erwartete Häufigkeit – `Expected N` (`7.099 bzw. 7.887`). Bei zu großer Abweichung der beobachteten von den erwarteten Häufigkeiten wird der Wert in Zeile 3 der jeweiligen Zelle größer. Mit einer größeren Chi²-Teststatistik bzw. einer steigenden Summe der `Chi-square contribution` wird der Test irgendwann signifikante Abweichungen der beobachteten von den erwarteten Häufigkeiten diagnostizieren.

Test auf Unabhängigkeit der beobachteten und erwarteten Häufigkeiten

Die nun wesentliche Zahl findet sich relativ am Ende des Outputs (`Pearson's Chi-squared test`). Hier ist der `p`-Wert zu interpretieren. Er liegt mit `p = 0.53` über `α = 0.05`. Die Nullhypothese stochastischer Unabhängigkeit zwischen den Variablen »Geschlecht« und »Lieblingsfarbe« kann somit nicht verworfen werden. Sie muss folglich beibehalten werden. Es liegt also keine überhäufige Kombination eines Geschlechts mit einer Lieblingsfarbe vor. Anders formuliert: Es scheint keinen Zusammenhang zwischen Geschlecht und Lieblingsfarbe zu geben.

Der exakte Fisher-Test kann stattdessen auch berichtet werden. Hier ist `p = 0.55` unwesentlich größer. Das Ergebnis ist qualitativ identisch.

Exkurs: Berechnung der Effektstärke bei einem signifikanten Zusammenhang

Sollte `p <  0.05` sein, kann die Effektstärke Cohens W (Wertebereich 0 bis 1) berechnet werden. Hierzu werden Chi^2-Teststatistik und die Tabellengröße verwendet. In R kann mit der `cohenW()`-Funktion aus dem `rcompanion`-Paket diese direkt berechnet werden.

```
library(rcompanion)
cohenW(data$Geschlecht, data$Lieblingsfarbe)
```

Das Ergebnis ist ein Cohens W von `0.21`.

```
[1] 0.2104
```

Schließlich kann im Falle einer Signifikanz der Effekt noch eingeordnet werden. Hierzu kann Cohen, J. (1992). S. 157[9], wo die Grenzen für kleine (`w > 0.1`), mittlere (`w > 0.3`) und große Effekte (`w > 0.5`) genannt sind, verwendet werden. Da es sich nicht um einen signifikanten Effekt handelt, wird keine Effektstärke berichtet.

Effektstärkengrenzen sind nicht allgemeingültig. Fach- bzw. disziplinspezifische Standards sind hier zu beachten.

9 Cohen, J. (1992): A power primer. Psychological bulletin, 112(1), 155–159.

13.5.3 Reporting der Ergebnisse

Zu berichten ist die Chi²-Teststatistik mitsamt Freiheitsgraden (`df`) und der Stichprobengröße `N` als auch der Signifikanz im Kontext der korrelierten Variablen. Im Falle des verwendeten Fisher-Tests wird die Signifikanz entsprechend getauscht und »Fisher-Test zur Ermittlung der exakten Signifikanz« angehängt.

Die Variablen »Geschlecht« und »Lieblingsfarbe« zeigen stochastische Unabhängigkeit, `Chi`^{2}`(4, 71) = 3.14`, `p = 0.53`.

13.6 Kontingenzkoeffizient / Cramer V

Der Kontingenzkoeffizient und Cramer V (Wertebereich beider 0 bis 1) sind für die Korrelation von nominalen/kategorialen mit ordinalen Variablen konzipiert. Sie basieren ebenso auf einer Kreuztabelle und der Chi²-Teststatistik und messen den Zusammenhang der Merkmale. Da beide Werte stets positiv sind, kann über die Richtung eines Zusammenhangs keine Aussage getroffen werden.

Zur Berechnung kann die `Assocs()`-Funktion aus dem `DescTools`-Paket verwendet werden. In sie wird lediglich die Kreuztabelle mit `table()` hineingegeben. Im Anschluss wird eine ganze Reihe an Zusammenhangsmaßen ausgegeben, darunter auch der Kontingenzkoeffizient und Cramer V.

```
library(DescTools)
Assocs(table(data$Geschlecht, data$Lieblingsfarbe))
```

Das Ergebnis dieses Aufrufs ist Folgendes:

```
                         estimate  lwr.ci  upr.ci
Contingency Coeff.         0.2059       -       -
Cramer V                   0.2104  0.0000  0.3649
Kendall Tau-b              0.0737 -0.1366  0.2839
Goodman Kruskal Gamma      0.1155 -0.2130  0.4440
Stuart Tau-c               0.0928 -0.1721  0.3578
Somers D C|R               0.0929 -0.1721  0.3578
Somers D R|C               0.0584 -0.1079  0.2248
Pearson Correlation        0.0871 -0.1493  0.3140
Spearman Correlation       0.0822 -0.1541  0.3096
Lambda C|R                 0.0741  0.0000  0.2138
```

```
Lambda R|C                   0.1714  0.0000  0.4506
Lambda sym                   0.1124  0.0000  0.2820
Uncertainty Coeff. C|R       0.0140 -0.0164  0.0445
Uncertainty Coeff. R|C       0.0323 -0.0377  0.1023
Uncertainty Coeff. sym       0.0196 -0.0229  0.0620
Mutual Information           0.0323       -       -
```

In den obersten beiden Zeilen stehen die betreffenden Zusammenhangsmaße. Für den Kontingenzkoeffizienten (`C = 0.21`) kann die Signifikanz mit `p = 0.627` aus dem Chi^2-Unabhängigkeitstest abgelesen werden. Der Zusammenhang zwischen Geschlecht und Lieblingsfarbe ist auch mit diesem Maß nicht statistisch signifikant.

Für Cramer V zeigt sich mit `V = 0.21` und dem Konfidenzintervall, das die Null umschließt, ebenso kein statistisch signifikanter Zusammenhang.

Im Falle einer Signifikanz ist `C` bzw. `V` mitsamt der Signifikanz zu berichten.

13.7 Odds-Ratio

Abschließend zum Kapitel für ungerichtete Zusammenhangsmaße wird das Odds-Ratio, auch *Chancenverhältnis* oder *relative Chance* vorgestellt. Es ist ein Maß für zwei dichotome Merkmale und vor allem in der Medizin anzutreffen.

Typischerweise gibt es einen bekannten oder vermuteten Risikofaktor für eine Krankheit, z.B. dass Patienten Raucher sind und dass sie eine Vorerkrankung haben oder ein bestimmtes Symptom zeigen, z.B. Atembeschwerden. In folgender Tabelle steht 0 jeweils für »Nein« und 1 jeweils für »Ja«.

```
> table(data.o$Raucher, data.o$Atembeschwerden)
    0  1
0  28 13
1  10 24
```

In den Zeilen steht die Eigenschaft (Raucher – 0, Nichtraucher – 1), da es in der `table()`-Funktion die erste Variable ist. Die Atembeschwerden (nur als »Beschwerden« abgekürzt) werden in den Spalten abgetragen. Sollten die Variablen im Vorfeld faktorisiert sein, würde dies so aussehen:

```
             Keine Beschwerden Beschwerden
Nichtraucher                28          13
Raucher                     10          24
```

Es ist erkennbar, dass es 28 Nichtraucher gibt, die keine Atembeschwerden haben. 24 Raucher haben wiederum Atembeschwerden. 13 Nichtraucher haben Atembeschwerden und 10 Raucher keine Atembeschwerden.

Das Odds-Ratio errechnet nun, wie viel höher die Chance von Atembeschwerden ist, wenn es sich bei den Patienten um Raucher handelt. Dazu wird das Produkt der Nichtraucher ohne Beschwerden (28) mit Rauchern mit Beschwerden (24) durch das Produkt von Nichtrauchern mit Beschwerden (13) mit Rauchern ohne Beschwerden (10) geteilt:

`(28*24)/(10*13) = 5.17`

Die `OddsRadio()`-Funktion mit der Kreuztabelle der beiden Variablen (aus `table()`) aus dem `DescTools`-Paket kommt zum identischen Ergebnis:

```
library(DescTools)
OddsRatio(table(data.o$Raucher, data.o$Atembeschwerden))
[1] 5.169231
```

Das bedeutet, dass die Chance, Atembeschwerden zu bekommen, unter den Rauchern etwas mehr als 5-mal so hoch ist wie unter Nichtrauchern.

Da das Odds-Ratio mitunter auch schwieriger zu interpretieren sein kann, bietet sich ebenso das relative Risiko an.

Es bildet den Quotienten aus den Prävalenzen (= relative Krankheitshäufigkeiten je Gruppe). Als Zähler ist die Gruppe mit dem Risikofaktor zu verwenden (Raucher), als Nenner die »Kontrollgruppe« ohne Risikofaktor (Nichtraucher).

Am Beispiel: Die Raucher haben eine Prävalenz von `24 / (24+10) = 0.71`, die Nichtraucher von `13 / (13+28) = 0.32`. Somit ist das relative Risiko `0.71/0.32 = 2,22`. Demnach ist es das Risiko von Atembeschwerden unter Rauchern etwa 2,2-mal so hoch wie unter Nichtrauchern.

13.8 Zusatz: Partialkorrelation

Eine Partialkorrelation korreliert zwei Variablen unter Berücksichtigung weiterer Korrelationen dieser beiden Variablen mit anderen Variablen. Das sog. *Auspartialisieren* verhindert also, dass Korrelationen durch wiederum andere Korrelationen verzerrt sind.

Zum Beispiel korrelieren Bildungsjahre, Einkommen und Motivation alle positiv miteinander:

```
> data2 <- subset(data, select = c(Einkommen, Bildungsjahre,
Motivation))
> cor(data2)
              Einkommen Bildungsjahre Motivation
Einkommen     1.0000000     0.7696694  0.5212439
Bildungsjahre 0.7696694     1.0000000  0.3745658
Motivation    0.5212439     0.3745658  1.0000000
```

Wenn man die Korrelation von Einkommen und Motivation um den gleichzeitigen Einfluss von Bildungsjahren auf beide bereinigt, erhält man die Partialkorrelation.

Dies gelingt mit der `partial.r()`-Funktion aus dem `psych`-Paket:

```
partial.r(data2, cs(Einkommen, Bildungsjahre), cs(Motivation),
method="pearson")
```

Die Funktion `partial.r()` nimmt aus einem beliebigen Datensatz (hier `data2`) die zu korrelierenden Variablen in die erste Klammer hinter `cs`. In der zweiten Klammer hinter `cs` stehen die Variablen, die auszupartialisieren sind. Als Zusatzargument kann mit `method=` noch angegeben werden, welcher Korrelationskoeffizient gerechnet werden soll. Es funktionieren `pearson`, `spearman` und `kendall`.

```
partial correlations
              Einkommen Bildungsjahre
Einkommen          1.00          0.73
Bildungsjahre      0.73          1.00
```

Hier ist erkennbar, dass die Korrelation von Einkommen und Bildungsjahren statt `r = 0.77` auf `r = 0.73` sinkt. Die Änderung in diesem fiktiven Datensatz ist betragsmäßig nicht sehr groß. In realen Datensätzen gibt es z.T. erhebliche Änderungen. Die Korrelation von Variablen untereinander ist auch einer der Gründe, warum im Rahmen der Regression (vgl. Kapitel 14) ein multipler Ansatz gerechnet werden sollte.

Gerichtete Zusammenhänge – Regressionsanalysen

Regressionsanalysen sind Werkzeuge zur Prüfung gerichteter Zusammenhänge – im Gegensatz zur Korrelation sind Ursache und Wirkung hier im Vorfeld bereits klar: Es gibt mindestens eine unabhängige Variable (Prädiktor), die eine abhängige Variable (Kriterium) zu prognostizieren versucht.

Je nach Skalenniveau der abhängigen Variablen sind andere Verfahren zu rechnen. Den Anfang macht die lineare Regression für intervall- bzw. verhältnisskalierte abhängige Variablen (Abschnitt 14.1). Sie kann bei geeigneter theoretischer Fundierung auch um Moderation und Mediation erweitert werden (Abschnitt 14.2). Die logistische Regression ist für kategoriale, speziell dichotome abhängige Variablen geeignet (Abschnitt 14.3). Sollten zudem die Kategorien in eine Ordnung gebracht werden können, ist eine ordinale Regression möglich (Abschnitt 14.4). Eine vorwärts oder rückwärts schrittweise Regression zeige ich hier nicht, da diese kein konzeptionell begründetes Gesamtmodell untersucht, sondern schrittweise Variablen hinzufügt bzw. entfernt und somit explorativ arbeitet. Dies ist in nahezu allen Fällen nicht statthaft.

Denken Sie daran, im Vorfeld eine Poweranalyse durchzuführen (vgl. Vorwort von Teil IV dieses Buches).

14.1 Lineare Regression

Der Name lineare Regression verrät es bereits: Zwischen der/den unabhängigen Variablen und der abhängigen Variablen existiert ein linearer Zusammenhang. Das kann grafisch mit dem Steigungsdreieck aus der Mathematik veranschaulicht werden. Mit jeder Zunahme der unabhängigen Variablen um eine Einheit steigt die abhängige Variable um einen konstanten Wert. Dies wird uns bei der Interpretation der Ergebnisse erneut begegnen.

Nullhypothese(n) der linearen Regression

- Für das Modell: Das Modell leistet keinen signifikanten Erklärungsbeitrag.
- Für die Prädiktoren: Der Prädiktor hat keinen Einfluss auf das Kriterium.

14.1.1 Vorbemerkungen und Vorbereitungen

Fairerweise muss eingeräumt werden, dass bei einfachen linearen Regressionen so getan wird, als ob keine weiteren Prädiktoren existieren würden. Am Beispiel des Einkommens würde eine Vorhersage nur durch z.B. den IQ bedeuten, dass bewusst alle anderen möglichen Einflussfaktoren (Motivation, Bildungsjahre, Berufserfahrung, Geschlecht ...) ignoriert werden.

Daher wird an dieser Stelle eindringlich vor der Verwendung nur einfacher linearer Regressionen gewarnt. Zwar stimmt es, dass Regressions- bzw. generell statistische Modelle sparsam sein sollten – ein Totalmodell ist weder sinnvoll noch praktikabel –, aber es sollte auf der anderen Seite keine zu starke Verkürzung der Realität vorgenommen werden. Ein Modell ist nur ein Abbild der Realität, weil jene zu komplex ist. Das ist jedoch kein Grund, nur einen Prädiktor zu verwenden.

Die mathematische Definition einer (multiplen) linearen Regression spare ich an dieser Stelle aus. Es gibt sehr viel Literatur, die dies sehr umfänglich und zudem mathematisch eloquent darstellt.1 Hier geht es um die Durchführung in R und die Interpretation und Ergebnispräsentation. Dennoch empfehle ich, im Vorfeld eine Übersichtsgrafik (vgl. Abbildung 14.1) zu erstellen. In ihr ist jeder Pfeil eine konkrete Hypothese – diese wurden im Vorfeld entsprechend fundiert hergeleitet. Für Kontrollvariablen – sofern diese ins Modell aufgenommen werden – bedarf es keiner speziellen Hypothesen.

1 Vgl. z.B. Ohr, D. (2010). Lineare Regression: Modellannahmen und Regressionsdiagnostik. In Handbuch der sozialwissenschaftlichen Datenanalyse, S. 639–675, Verlag für Sozialwissenschaften.

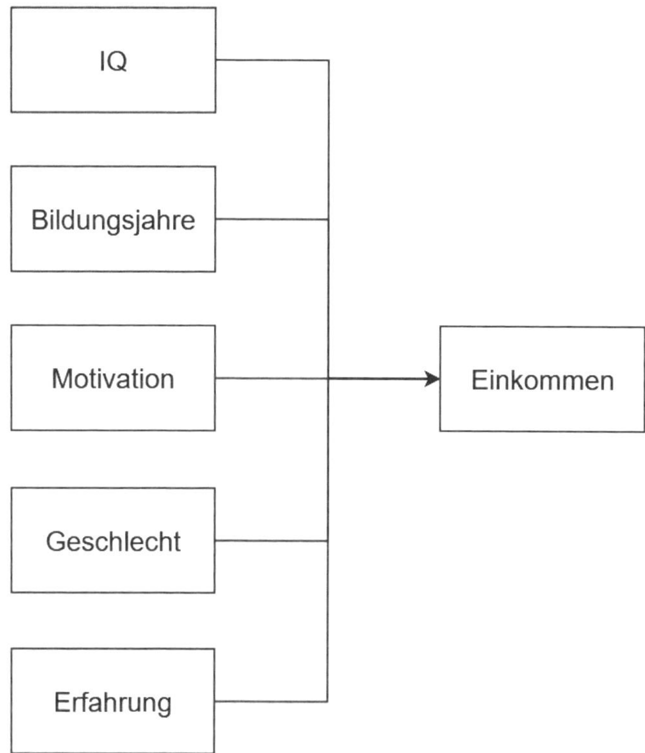

Abb. 14.1: Grafische Darstellung eines Regressionsmodells mit 5 Prädiktoren für das Kriterium »Einkommen«

14.1.2 Voraussetzungen der linearen Regression

Im Rahmen der linearen Regression sind folgende Voraussetzungen zu prüfen:

- Der Zusammenhang zwischen unabhängiger und abhängiger Variablen ist linear. Auch für nichtlineare Zusammenhänge ist die lineare Regression zumeist eine gute Approximation.
- Die abhängige Variable sollte **intervall-** oder **verhältnisskaliert** sein. Für latente Konstrukte, die durch einen Mittelwertscore mehrerer Items gemessen wurden (vgl. Abschnitt 4.10), ist die lineare Regression in der Regel zulässig. Man spricht hier von quasimetrischem Skalenniveau. Unabhängige

Variablen können ein beliebiges Skalenniveau haben. Kategoriale Variablen mit mehr als zwei Ausprägungen sind im Vorfeld als Dummy zu codieren (vgl. Abschnitt 4.9).

- Unkorreliertheit der Residuen.
- Im Falle mehrerer unabhängiger Variablen sollten diese nicht zu stark korrelieren (»Multikollinearität«).
- Keine einflussreichen Fälle (umgangssprachlich »Ausreißer«).
- Die Residuen sind normalverteilt.
- Die Residuen haben eine homogen streuende Varianz (»Homoskedastizität«)

14.1.3 Durchführung

Im einfachen Fall der linearen Regression gibt es einen Prädiktor. Dies kann grafisch mit einem Streudiagramm veranschaulicht werden (vgl. Abschnitt 8.1), in das bei Bedarf auch eine Regressionsgerade eingezeichnet werden kann. Die Gerade ist die »beste Gerade«, die durch die Punktewolke gelegt werden kann – sie bildet die geringste Summe der quadratischen Distanzen von der Geraden zu den Punkten ab. Bei *n* Prädiktoren kann man sich das als *n*-dimensionalen Raum vorstellen – da unser Vorstellungsvermögen im 3-dimensionalen Raum allerdings zumeist schon zu Ende ist, ist eine Darstellung mit Zahlen durchaus einfacher.

Die Modellformulierung und Rechnung ist für die Prüfung des Großteils der Voraussetzungen notwendig. Eine lineare Regression hat stets die Form: Kriterium (hier Einkommen) gefolgt von ~ (`AltGr` + `+`) und den Prädiktoren (hier IQ, Bildungsjahre, Motivation, Geschlecht und Berufserfahrung), jeweils durch + getrennt. Eingesetzt wird diese Formel in die `lm()`-Funktion, unter Angabe der Datenquelle. Im Beispiel weise ich sämtliche Berechnungsergebnisse dem Objekt `modell` zu.

```
modell <- lm(Einkommen ~ IQ + Bildungsjahre + Motivation +
             Geschlecht + Erfahrung, data = data)
```

Im Objekt `modell` sind neben den Modellergebnissen auch die wesentlichen Informationen für die nachfolgenden Voraussetzungsprüfungen enthalten.

Unkorreliertheit der Residuen

Diese Voraussetzung ist nur sehr schwer prüfbar. Sie kann aber mit sorgfältiger Planung im Vorfeld verhindert werden. Die Stichprobe sollte keine Längsschnittdaten (Messwiederholungen) beinhalten. Diese korrelieren logischerweise im Zeitablauf miteinander. Für Längsschnittdaten sollte aber ohnehin keine Querschnittsregression, sondern eine Panelregression gerechnet werden! Leider wird das sehr häufig missachtet – mit der Folge, dass die Ergebnisse wertlos sind. Daher noch einmal der Appell: Längsschnittdaten haben in Querschnittsanalysen nichts zu suchen.

Außerdem sollte kein geschachteltes, sog. *hierarchisches* Modell vorliegen. Die Stichprobe sollte also nicht aus Gruppen bestehen, in denen sich die Gruppenmitglieder im Hinblick auf gewisse Eigenschaften ähneln, z.B. Schulklassen, Mitarbeiterteams usw. Bei Zufallsstichproben ist dies in der Regel nicht der Fall.

Keine Multikollinearität

Multikollinearität meint keine zu starke Korrelation der Prädiktoren untereinander. Dies hat den Hintergrund, dass eine starke Korrelation von Prädiktoren ein Hinweis auf das gleiche dahinterliegende Konstrukt ist.

Zum Beispiel würde bei der Vorhersage des Einkommens mit den Prädiktoren »Berufserfahrung« und »Alter« zwangsweise eine hohe Korrelation zwischen jenen vorliegen. Die Folge von zu hoher Korrelation zwischen den Prädiktoren sind verzerrte Regressionskoeffizienten, mitunter auch verzerrte Standardfehler und somit wiederum verzerrte Signifikanzen. Sollte Multikollinearität vorliegen, sollte man sich (begründet) für einen Ausschluss eines Prädiktors entscheiden und das Modell erneut rechnen.

In R kann hierfür die `vif()`-Funktion des `car`-Pakets verwendet werden. Die damit berechneten VIF-Werte (Variance Inflation Factor) geben Auskunft darüber, ob die jeweilige Variable mit mehreren anderen Prädiktoren bedenklich korreliert.

Das Reziproke der VIF-Werte wird auch als *Toleranz* bezeichnet. Da die Interpretation der VIF-Werte intuitiver als die der Toleranz ist, beschränke ich mich an dieser Stelle hierauf.

In die `vif()`-Funktion wird erneut das im Objekt bereits berechnete Modell gegeben, allerdings wird mit `round()` auf 3 Nachkommastellen gerundet:

```
library(car)
round(vif(modell),3)
```

Im Ergebnis erhält man für jeden Prädiktor einen VIF-Wert:

```
   IQ Bildungsjahre    Motivation    Geschlecht     Erfahrung
1.101         1.743         1.262         1.050         1.832
```

Als Faustregel gilt, dass die VIF-Werte nicht über 10 liegen sollten, sehr konservativ wäre eine Grenze von 2. Ist dies bei einem oder mehreren Prädiktoren der Fall, sollte eine inhaltliche Suche nach einem Ausschlussgrund aus dem Modell erfolgen. Wenn es sich bei den untersuchten Subjekten allerdings um die tatsächliche Grundgesamtheit handelt, kann die Verletzung ignoriert werden, weil kein Fehlschluss von Stichprobe auf Grundgesamtheit möglich ist.

Mitunter kam beim Lesen der vorangegangenen Zeilen die Frage auf, warum keine Korrelation gerechnet wurde. Der Grund ist recht einfach: Eine Korrelation prüft zwei Variablen auf deren linearen Zusammenhang. Es interessiert aber der **gerichtete** Zusammenhang unter Kontrolle aller anderen Einflussfaktoren.

Wenn überhaupt, müsste also eine Partialkorrelation (vgl. Abschnitt 13.8) mitunter sogar mehrfach vor und nach Entfernung eines Prädiktors gerechnet werden.

Die VIF-Werte sind nicht nur bequem berechenbar, sie zeigen zudem direkt an, welcher Prädiktor »problematisch« ist, weil alle Korrelationen und Partialkorrelationen beachtet werden.

Keine einflussreichen Fälle (»Ausreißer«)

Umgangssprachlich findet man häufig den Begriff »Ausreißer«. Die korrekte Bezeichnung ist allerdings »Werte mit hoher Hebelwirkung«. Sie haben eine (für die Stichprobe!) ungewöhnliche Lage, also abseits des Zentrums der Punktewolke. Grafisch ausgedrückt sorgen sie dafür, dass die Regressionsgerade in ihre Richtung und damit weg vom Zentrum der Punktewolke gezogen wird. Solche Punkte haben einen überproportionalen Einfluss – eine große Hebelwirkung – auf die Regressionsgerade, weil sie deren Lage deutlich verändern. Die Folge ist ein insgesamt schlechterer sog. *Fit* des Modells.

Die Diagnose ist relativ einfach möglich. Erneut wird die `plot()`-Funktion mit den Modellergebnissen verwendet:

```
plot(modell, 4)
```

Im Ergebnis werden die Cooks-Distanzen errechnet, die ungewöhnliche Abweichungen vom Zentrum der Punktewolke sind.

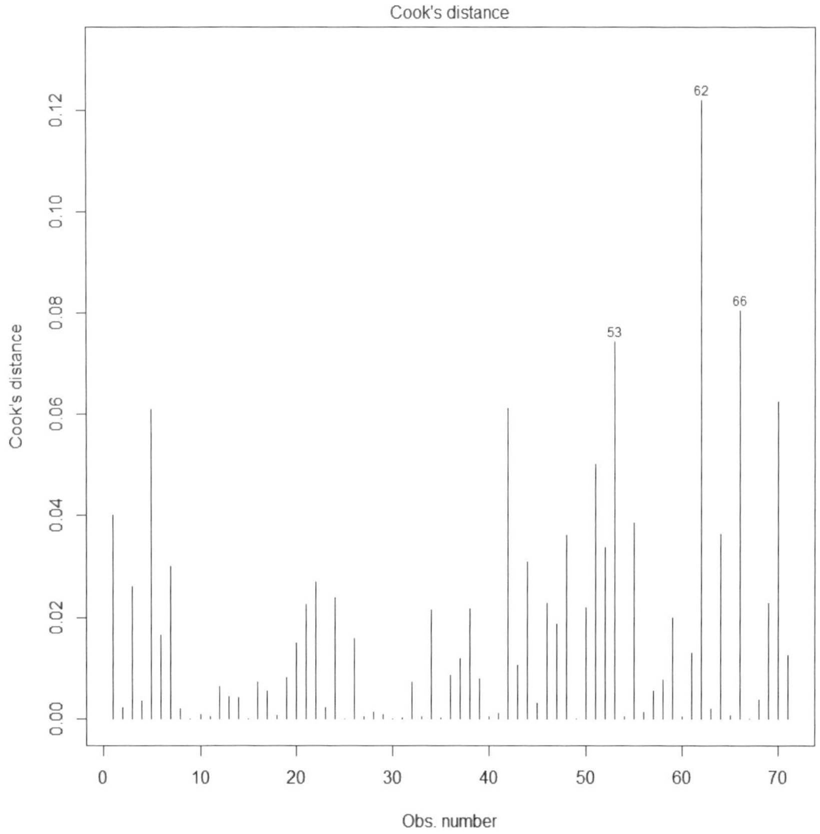

Abb. 14.2: Cooks-Distanzen für das gerechnete Modell

Abbildung 14.2 sieht zunächst dramatisch für die Fälle 53, 62 und 66 aus. Allerdings relativiert sich dies mit dem Blick auf die Skalierung der y-Achse und damit der jeweiligen Cooks-Distanz. Zwar gibt es in der Literatur feste Grenzen, die nicht überschritten werden sollten (z.B. 1[2] oder 4/N[3]), allerdings sollte

2 Cook, R., & Weisberg, S. (1982). Criticism and Influence Analysis in Regression. Sociological Methodology, 13, 313–361.

3 Hardin, J. W., Hardin, J. W., Hilbe, J. M., & Hilbe, J. (2007). Generalized linear models and extensions. Stata press, S. 49.

eher verhältnismäßig entschieden werden. Die Fälle 53, 62 und 66 sind auf Plausibilität zu prüfen.

Der Fall 53 (im fiktiven Datensatz) fällt auf, da der IQ mit 97 recht niedrig und das Einkommen (5500) sehr hoch ist – verhältnismäßig für die Stichprobe. Es gibt aber keinen inhaltlichen Grund, warum dies nicht möglich sein sollte. Die Fälle 62 und 66 fallen deswegen auf, weil sie für ihren recht hohen IQ (113 bzw. 128) und hohe Berufserfahrung (17 bzw. 24) ein lediglich durchschnittliches Einkommen (3500 bzw. 3900) erzielen.

Eine solche Betrachtung ist immer kontextabhängig und sollte möglichst viele/alle Prädiktoren und das Kriterium auf gemeinsame Plausibilität prüfen.

Im Ergebnis sind die Fälle plausibel und werden nicht ausgeschlossen, weil sich keine inhaltlichen Gründe finden.

Normalverteilte Residuen

Die Prüfung auf Normalverteilung der Residuen werden vorzugsweise mit einem Q-Q-Plot, wahlweise Histogramm geprüft. Analytische Tests sind eher ungeeignet, da sie bei kleinen Stichproben zu liberal und bei großen Stichproben zu konservativ sind.

```
plot(modell, 2)
hist(residuals(modell)) #Nicht abgebildet
```

Im Ergebnis erhält man in Abbildung 14.3 ein Q-Q-Diagramm, das eine Diagonale besitzt, die die theoretischen (idealen) einer Normalverteilung folgenden Residuen abbildet. Die Punkte stammen wiederum aus dem gerechneten Modell und sind die tatsächlichen Residuen. Je mehr Punkte auf oder nahe der Geraden liegen, desto eher sind die Residuen normalverteilt. Das Q-Q-Diagramm zeigt im Beispiel eine gute Normalverteilung. An den Enden in horizontaler Richtung sind naturgemäß einige größere Abweichungen, die aber allesamt vernachlässigbar sind.

Merke: Eine ungefähre Normalverteilung reicht vollkommen aus.

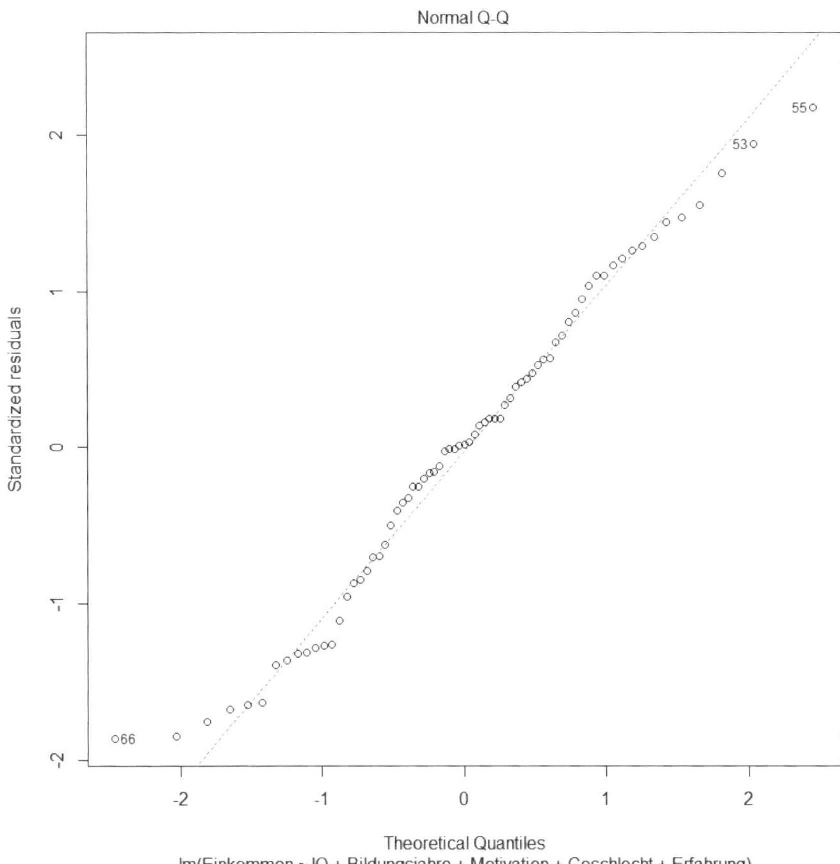

Abb. 14.3: Q-Q-Plot für die Residuen des gerechneten Modells

Homoskedastizität

Ich folge dem Ansatz von Hayes (2007), der auf eine explizite Testung auf Homoskedastizität verzichtet und direkt die Schätzung sog. *robuster Standardfehler* vorschlägt.[4] Das hat den Vorteil, dass bei Vorliegen von Homoskedastizität die Ergebnisse identisch sind. Im Falle von Heteroskedastizität sind die Ergebnisse direkt korrigiert. Die Prüfung ist somit obsolet. Dennoch zeige ich aus

4 Hayes, A. F., & Cai, L. (2007): Using heteroskedasticity-consistent standard error estimators in OLS regression: An introduction and software implementation. Behavior research methods, 39(4), 709–722.

Gründen der Vollständigkeit und vor allem zum Verständnis, was Homo- und Heteroskedastizität sind, nachfolgend die Prüfung.

Die homogene Streuung der Residuen wird ebenfalls primär grafisch geprüft. Auf eine analytische Prüfung mit dem Breusch-Pagan-Test (`bptest()`-Funktion des `lmtest`-Pakets) wird aufgrund zu geringer bzw. zu hoher Sensitivität des Tests bei kleinen bzw. großen Stichproben verzichtet (vgl. Vorwort von Teil IV dieses Buches).

Der entsprechende Funktionsaufruf ist bptest(modell). Die Nullhypothese von Homoskedastizität sollte nicht verworfen werden.

Der Befehl für die grafische Prüfung lautet `plot(modell,1)`.

```
plot(modell, 1)
```

Das Diagramm in Abbildung 14.4 ist nun zu interpretieren.

Im Idealfall streuen die Punkte gleichmäßig in `y`-Richtung entlang der Linie bei `y = 0`. Man könnte grafisch ausgedrückt ein ungefähres Rechteck um die Punkte legen. Nicht akzeptabel sind, erneut grafisch ausgedrückt, Formen, die einem Dreieck, einer Raute oder Ähnlichem entsprechen. Die Streuung sollte also ohne Zu- und Abnahme sein.

Im Beispiel ist die Streuung im x-Bereich bis ca. 2000 gering und nimmt anschließend stark zu. Die eingezeichnete Linie verdeutlicht dies zusätzlich. Im Idealfall ist sie nahe der `y = 0`-Linie. Im Beispiel hat die Linie sehr starke Beulen. Statt Homoskedastizität liegt daher Heteroskedastizität vor. Diese Verletzung ist unbedingt zu korrigieren, da hierdurch die Standardfehler verzerrt und dadurch wiederum verzerrte `p`-Werte die Folge sind. Verzerrte `p`-Werte führen final zu falschen Entscheidungen für/gegen die Nullhypothese.

Diesem Umstand wird mit der Schätzung von robusten Standardfehlern für die jeweiligen Koeffizienten begegnet. Im `lmtest`-Paket wird hierzu die `coeftest()`-Funktion verwendet:

```
install.packages("lmtest")
library(lmtest)
library(sandwich)
coeftest(modell, vcov = vcovHC(modell, type = "HC3"))
```

Das bisherige Modell (hier `modell`) wird dazu in die Funktion gegeben und mit `vcovHC()` werden für das Modell *heteroscedasticity-consistent standard errors* angefordert. Bei `type =` können verschiedene Arten angefordert werden.

»Heteroscedasticity-consistent 3« (`HC3`) wird zumeist gewählt. Sollten besonders einflussreiche Fälle vorliegen (siehe Abschnitt »Keine einflussreichen Fälle (»Ausreißer«)«), ist HC4 zu wählen.

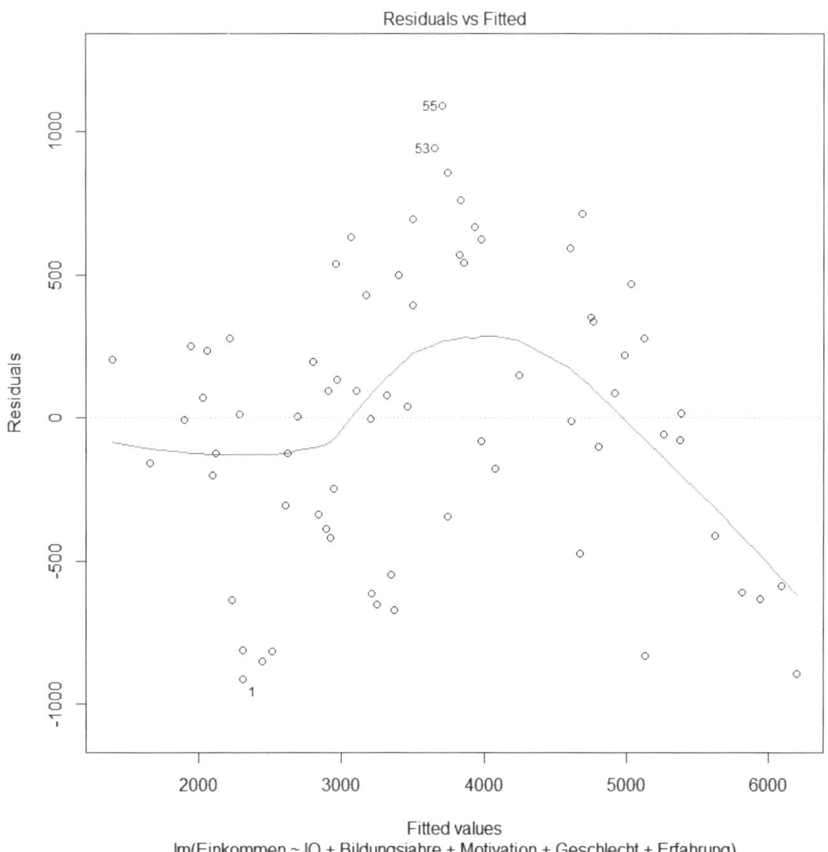

Abb. 14.4: Diagramm zur Prüfung auf Homoskedastizität des gerechneten Modells

14.1.4 Ergebnis

Zur Erinnerung: Die Berechnung erfolgte mit folgendem Funktionsaufruf:

```
modell <- lm(Einkommen ~ IQ + Bildungsjahre + Motivation +
                  Geschlecht + Erfahrung, data = data)
```

Mit der `summary()`-Funktion für die dem Objekt `modell` zugewiesenen Ergebnisse wird der Regressionsoutput angefordert:

```
summary(modell)
```

Die Ergebnisse sind die folgenden:

```
Call:
lm(formula = Einkommen ~ IQ + Bildungsjahre + Motivation +
Geschlecht +
    Erfahrung, data = data)

Residuals:
    Min      1Q  Median      3Q     Max
-916.11 -367.84   10.42  343.24 1089.50

4 Coefficients:
               Estimate Std. Error t value Pr(>|t|)
(Intercept)     344.616    489.289   0.704  0.48375
IQ                2.247      4.054   0.554  0.58137
Bildungsjahre    92.273     16.992   5.430 8.98e-07 ***
Motivation      135.046     47.313   2.854  0.00578 **
Geschlecht     -211.006    124.847  -1.690  0.09580 .
Erfahrung        87.312      9.587   9.108 3.20e-13 ***
---
Signif. codes:  0 '***' 0.001 '**' 0.01 '*' 0.05 '.' 0.1 ' ' 1

Residual standard error: 513.3 on 65 degrees of freedom
2 Multiple R-squared:  0.8529,  3 Adjusted R-squared:  0.8416
1 F-statistic: 75.36 on 5 and 65 DF,  p-value: < 2.2e-16
```

Sollte Heteroskedastizität wie im Beispiel vorliegen, sollten robuste Standardfehler berechnet und interpretiert werden.

```
coeftest(modell, vcov = vcovHC(modell, type = "HC3"))
```

Die Regressionskoeffizienten (`Estimates`) ändern sich nicht, jedoch sind Standardfehler (`Std. Error`), t-Werte (`t value`) und p-Werte (`Pr(>|t|)`) angepasst:

```
t test of coefficients:
4
               Estimate Std. Error t value  Pr(>|t|)
(Intercept)    344.6157   524.2367  0.6574   0.51327
IQ               2.2468     4.3807  0.5129   0.60977
Bildungsjahre   92.2730    19.8117  4.6575 1.630e-05 ***
Motivation     135.0456    55.6669  2.4260   0.01805 *
Geschlecht    -211.0055   124.9516 -1.6887   0.09607 .
Erfahrung       87.3123     9.7458  8.9589 5.851e-13 ***
---
Signif. codes:  0 '***' 0.001 '**' 0.01 '*' 0.05 '.' 0.1 ' ' 1
```

14.1.5 Interpretation der Ergebnisse

- Zunächst kann ganz am Ende des ersten Outputs mit dem **F-Test** (`F-statistic`) 1 begonnen werden. Die Nullhypothese des F-Tests, dass das Modell keinen signifikanten Erklärungsbeitrag leistet, wird anhand `F(5,65) = 75.36`, `p < 0.001` verworfen. Das Modell leistet also einen signifikanten Erklärungsbeitrag. Sollte die Nullhypothese hier nicht verworfen werden können, muss die Analyse abgebrochen werden. Das Modell ist salopp ausgedrückt nicht »gut genug«. Zwei häufige Gründe hierfür wären Verletzung der Linearitätsannahme oder die Prädiktoren haben schlicht keinen Einfluss auf das Kriterium.
- Als Nächstes kann das **multiple R^2** (`Multiple R-squared`) 2 begutachtet werden. Es drückt die Modellgüte aus und ist zwischen 0 und 1 normiert. Es zeigt die Varianzaufklärung des Kriteriums in Prozent. Im Beispiel wird mit $R^2 = 0.8529$ eine Varianzaufklärung des Kriteriums von 85,29 % erreicht. Das ist eine sehr! gute Größe und in der Praxis sind in manchen Kontexten (z.B. der Psychologie) schon 10 bis 15 % gute Werte.
- Das **korrigierte R^2** (`adjuste R-squared`) 3 wird berichtet, aber nicht direkt interpretiert. Es korrigiert das R^2 für die Eigenschaft der automatischen Zunahme bei einer höheren Anzahl von Prädiktoren. Werden z.B. 25 Prädiktoren aufgenommen, ist das R^2 sehr hoch, obwohl das Modell ggf. nur »mäßig« ist. Gleichzeitig sei an dieser Stelle erneut an das Prinzip der Sparsamkeit und Wesentlichkeit der Modellprädiktoren erinnert.
- Schließlich werden die **Koeffizienten** (`Coefficients`) 4, vorzugsweise mit der `coeftest()`-Funktion und robusten Standardfehlern, `t`- sowie `p`-Werten geschätzt, betrachtet.

Hier wird zunächst in der letzten Spalte nach signifikanten p-Werten geschaut, die unter dem Alphaniveau (von z.B. `0.05`) liegen. Standardmäßig werden diese für `p < 0.05` mit einem oder mehreren * markiert.

Es ist erkennbar, dass die Prädiktoren Bildungsjahre (`p < 0.001`), Motivation (`p = 0.018`) und Erfahrung (`p < 0.001`) signifikant sind. Das Geschlecht ist mit `p = 0.096` zwar mit einem `.` markiert, liegt aber über dem typischen Alphaniveau von `0.05`. Der IQ ist nicht signifikant (`p = 0.61`). Die Konstante (`Intercept`) wird stets nicht interpretiert.

Kategoriale Variablen mit mehr als zwei Ausprägungen sind im Vorfeld als Dummy zu codieren (vgl. Abschnitt 4.9).

Für die signifikanten Prädiktoren kann der Koeffizient betrachtet werden. **Richtung** und **Höhe** sind hierbei von Interesse. Der Einfluss von Bildungsjahren, Motivation und Erfahrung ist jeweils positiv, da der Koeffizient > 0 ist. Pauschal kann daher gesagt werden, dass eine Zunahme dieser Prädiktoren zu einer Zunahme des Kriteriums, also des Einkommens, führt.

Wichtig

Konkret: Erhöhen sich Bildungsjahre um eine Einheit, also ein Bildungsjahr, unter Konstanthaltung aller anderen Prädiktoren, steigt das Einkommen um `92.27`. Erhöht sich die Motivation um eine Einheit, steigt das Einkommen um `135.05`. Eine Zunahme der Berufserfahrung um eine Einheit, also ein Jahr, steigert das Einkommen um `87.31`.

Am Beispiel der dichotomen und damit bereits dummycodierten Variablen »Geschlecht« wird die Interpretation im Falle einer Signifikanz wie folgt vorgenommen:

Die niedrigste Ausprägung (hier 0 – Mann) ist stets die Referenzkategorie. Der Koeffizient ist analog zu lesen. Wird Geschlecht um 1 Einheit erhöht, von 0 (Mann) zu 1 (Frau) unter Konstanthaltung aller anderen Prädiktoren, zeigt der Koeffizient die Änderung des Kriteriums an. Im Beispiel eine Senkung des Einkommens um `211`. Frauen würden also ein um `211` niedrigeres Einkommen erzielen – falls es signifikant wäre.

Hierbei ist jedoch zu beachten, dass die Wertebereiche der Prädiktoren (ablesbar anhand der Spannweite, vgl. Abschnitt 5.3) entscheidend auf die

Größe des Koeffizienten Einfluss nehmen. Da der Wertebereich der Motivation nur 1 bis 5 ist, ist eine Änderung der Motivation um 1 Einheit naturgemäß »gravierender«, weil es eben nur 5 Stufen gibt.

- Für die Vergleichbarkeit der Einflüsse der Prädiktoren müssen standardisierte Koeffizienten berechnet werden. Dazu wird jede Variable mit der `scale()`-Funktion z-standardisiert (Mittelwert abgezogen und durch die Standardabweichung geteilt) und die Ergebnisse erneut in ein Objekt (hier `zmodell`) übergeben. Aus dem Objekt `zmodell` können sie abgerufen werden mit `$coefficients`.

```
zmodell <- lm(scale(Einkommen) ~ scale(IQ) + scale(Bildungsjahre) +
              scale(Motivation) + scale(Geschlecht) +
              scale(Erfahrung), data = data)

zmodell$coefficients

# auf 3 Nachkommastellen gerundet
round(zmodell$coefficients,3)
```

Die Ausgabe gibt für jeden Prädiktor die standardisierten Koeffizienten (hier gerundet und zeilenweise umbrochen) zurück:

```
> round(zmodell$coefficients,3)
          (Intercept)
                0.000

            scale(IQ)
                0.028

 scale(Bildungsjahre)
                0.341

    scale(Motivation)
                0.153

    scale(Geschlecht)
               -0.082

     scale(Erfahrung)
                0.586
```

Von den signifikanten Prädiktoren Bildungsjahre, Motivation und Erfahrung können die standardisierten Koeffizienten betragsmäßig verglichen werden. Erkennbar ist, dass die Erfahrung den größten Koeffizienten besitzt, gefolgt von Bildungsjahren und Motivation. Könnte man in anderem Kontext Variablen beeinflussen, würde am ehesten die Variable mit dem größten standardisierten Koeffizienten versucht werden zu beeinflussen.

Beispiel

Eine Entscheidungsperson in einem Unternehmen möchte die Kundenzufriedenheit steigern. In einer multiplen Regression wurden z.B. vier signifikante Einflussfaktoren identifiziert (Preis, Langlebigkeit, Handhabung, schwarze vs. weiße Produktfarbe). Der betragsmäßig größte standardisierte Koeffizient wird als Erstes auf Veränderbarkeit hin geprüft. Sei dies der Preis, kann eine Senkung dessen diskutiert werden, um die Zufriedenheit zu steigern. Ist dies aufgrund zu geringer Marge nicht (mehr) möglich, wird der zweitgrößte Einflussfaktor geprüft, z.B. die Langlebigkeit. Können also Produktbestandteile zu gleichen (moderat höheren) Kosten haltbarer gemacht werden, um die Langlebigkeit zu steigern?

14.1.6 Reporting der Ergebnisse

Zu berichten ist die `F`-Statistik samt Freiheitsgraden und `p`-Wert, die Modellgüte mit R^2 und angepasstem R^2 sowie die Koeffiziententabelle:

Die `F`-Statistik zeigt mit `F(5,65) = 75.36` einen signifikanten Erklärungsbeitrag des Modells. Die Modellgüte ist mit R^2 `= 0.85` sehr gut, das angepasste R^2 `= 0.84`.

Bildungsjahre (`b = 92.27, p < 0.001`), Motivation (`b = 135.05, p = 0.02`) und Erfahrung (`b = 87.31, p < 0.001`) zeigten sich als signifikant positive Prädiktoren für das Einkommen. Den stärksten Einfluss übte Erfahrung (`β = 0.586`) aus, gefolgt von Bildungsjahre (`β = 0.341`) und Motivation (`β = 0.153`).

Eine Effektstärke kann anhand des R^2 abgelesen werden. Allerdings kommt es hier sehr auf die Fachdisziplin an, was als kleiner, mittlerer oder großer Effekt angesehen wird.

Die Angabe einer Tabelle ist sehr zu empfehlen. In R kann dazu mit dem Paket `stargazer` und dessen `stargazer()`-Funktion ein Output sowohl in LaTeX als auch HTML angefordert werden. Unter `style` werden einige Vorlagen von Journals angegeben, die verwendet werden können.

```
install.packages("stargazer")
library(stargazer)
stargazer(modell, title = "Regressionsergebnisse", style = "all",
          decimal.mark = ",", out = "reg.html")
```

Der Output wird im Arbeitsverzeichnis gespeichert und sieht für das Standardmodell wie in Abbildung 14.5 gezeigt aus.

Regressionsergebnisse

	Dependent variable:
	Einkommen
IQ	2,247
	(4,054)
Bildungsjahre	92,273***
	(16,992)
Motivation	135,046***
	(47,313)
Geschlecht	-211,006*
	(124,847)
Erfahrung	87,312***
	(9,587)
Constant	344,616
	(489,289)
Observations	71
R^2	0,853
Adjusted R^2	0,842
Residual Std. Error	513,328 (df = 65)
F Statistic	75,361*** (df = 5; 65)
Note:	*p<0,1; **p<0,05; ***p<0,01

Abb. 14.5: Regressionsoutput mit dem Paket »stargazer« für das gerechnete Modell

Allerdings sind hierbei zwei Dinge besonders zu beachten:

1. p-Werte zwischen `0.05` und `0.1` sind auch mit einem * markiert und deuten Signifikanz an, obwohl nur in seltenen Fällen eine Signifikanz > `0.05` berichtenswert ist.[5]
2. Die im Falle von Heteroskedastizität berechneten robusten Standardfehler wie auch geänderte Signifikanzen sind NICHT in der Ausgabe und müssen manuell eingepflegt werden.

Für eine professionelle Ausgabe, speziell von großen Ergebnistabellen ist `RMarkdown` zu empfehlen. Dies würde aber den Rahmen dieses Buches deutlich sprengen.

14.2 Moderation und Mediation im Rahmen der linearen Regression

Im Rahmen einer linearen Regression fallen regelmäßig die Begriffe Moderation und Mediation. Diesem speziellen Thema widmen sich ganze Bücher.[6] Die Modellformulierung und Durchführung in R reiße ich dennoch zumindest kurz auf den nachfolgenden Seiten an, um einen Ausgangspunkt für weitere Auseinandersetzungen zu schaffen.

14.2.1 Moderation

Da im Rahmen der ANOVA bereits von Interaktionen gesprochen wurde, wird dies auch im Rahmen der linearen Regression getan. Der Begriff *Moderation* beschreibt genau dies: Der Einfluss eines Prädiktors (X) auf das Kriterium (Y) wird durch einen weiteren Prädiktor, den Moderator (M) beeinflusst, also verstärkt oder abgeschwächt.

Im Beispiel hat der IQ auf den Testscore einen Einfluss. Die Frage, die die Moderation zu beantworten versucht, ist, ob die Motivation (M) den Effekt des IQ (X) auf den Testscore (Y) beeinflusst und, wenn ja, ob dies verstärkend, oder abschwächend wirkt.

5 Vgl. grundlegend zur Diskussion um die »harte Grenze« von 0.05 und deren längst überfällige Aufweichung zugunsten einer kontextorientierten Interpretation: Wasserstein, R. L., Schirm, A. L., & Lazar, N. A. (2019). Moving to a world beyond "p< 0.05". The American Statistician, 73(1), 1–19.

6 Allen voran Andrew Hayes mit Hayes, A. F. (2022). Introduction to mediation, moderation, and conditional process analysis: Third Edition: A regression-based approach. Guilford publications.

Die Motivation agiert hier als sog. *Moderator*. Eine Moderatorvariable kann prinzipiell alle Skalenniveaus annehmen. Sollte sie ordinal oder kategorial sein, ist eine Faktorisierung (vgl. Abschnitt 4.7) im Vorfeld der Rechnung zu empfehlen. Im Beispiel ist die Motivation mit niedrig, mittel und hoch 3-stufig. Eine Interaktion wird mit einem * zwischen den Prädiktoren definiert und mathematisch wird das Produkt gebildet. Gleichzeitig werden modelltechnisch sowohl Moderator (hier »Motivation«) als auch der Prädiktor (hier »IQ«) noch als Einzeleffekte aufgenommen. Dies geschieht in R automatisch, wenn ein Moderator in ein lineares Modell (`lm()`) eingesetzt wird.

```
model <- lm(Score ~ IQ * Motivation, data = data)
summary(model)
```

Dies führt zu folgendem Output:

```
Residuals:
     Min       1Q   Median       3Q      Max
-167.378  -41.910    3.963   40.489  125.610

Coefficients:
                Estimate Std. Error t value Pr(>|t|)
(Intercept)      134.884    259.379   0.520  0.60801
IQ                 8.683      2.336   3.717  0.00113 **
Motivation2    -1089.824    403.951  -2.698  0.01284 *
Motivation3    -2297.079    419.992  -5.469 1.47e-05 ***
IQ:Motivation2    12.092      3.587   3.371  0.00263 **
IQ:Motivation3    24.183      3.767   6.420 1.50e-06 ***
---
Signif. codes:  0 '***' 0.001 '**' 0.01 '*' 0.05 '.' 0.1 ' ' 1

Residual standard error: 71.5 on 23 degrees of freedom
Multiple R-squared:  0.9414,      Adjusted R-squared:  0.9286
F-statistic: 73.84 on 5 and 23 DF,  p-value: 2.153e-13
```

Am Output ist erkennbar, dass der Interaktionseffekt aus IQ und Motivation signifikant ist, und zwar auf den beiden Stufen 2 und 3 von Motivation im Vergleich zur Stufe 1 von Motivation. Die signifikanten Haupteffekte für IQ sowie Motivation 2 und 3 verglichen zur Motivation 1 werden aufgrund der signifikanten Interaktion nicht interpretiert. Bei der Interpretation des Interaktionseffekts hilft ein Liniendiagramm, das je Ausprägung von Motivation eine separate Linie darstellt.

Das funktioniert am einfachsten über die `interact_plot()`-Funktion des `interactions`-Pakets. In sie wird das `model` sowie der Prädiktor (`pred`) und der Moderator (`modx`) eingegeben:

```
install.packages("interactions")
library(interactions)
interact_plot(model = model, pred = IQ, modx = Motivation)
```

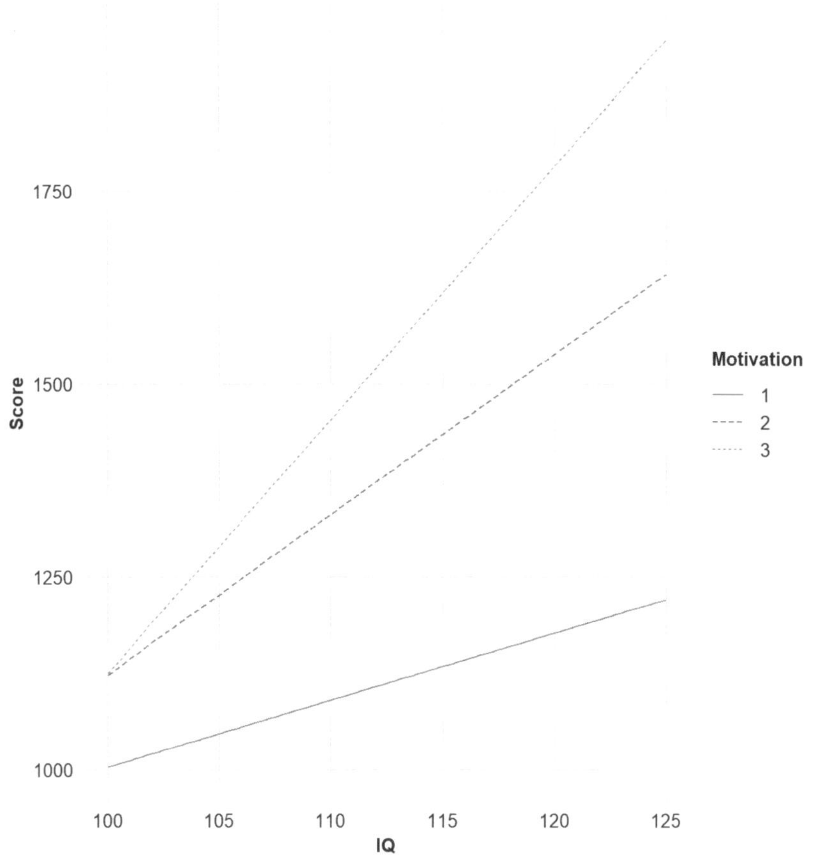

Abb. 14.6: Grafische Abbildung des Interaktionseffekts

Sollte der Moderator intervall- bzw. verhältnisskaliert sein, werden standardmäßig drei Linien geplottet: für den Mittelwert des Moderators sowie eine Standardabweichung darüber und darunter.

Wie zu erkennen ist, nimmt mit einer höheren Stufe der Motivation der Zusammenhang zwischen IQ und Score zu. Am Ende kann also attestiert werden, dass eine höhere Motivation den positiven Einfluss von IQ auf den Testscore verstärkt.

14.2.2 Mediation

Eine Mediation ist die Formulierung eines indirekten Effekts von X auf Y über einen Mediator. Ein Beispiel ist ein erreichter Testscore und dessen Einfluss auf das Selbstbewusstsein. Dieses Selbstbewusstsein wiederum wirkt auf die Glücklichkeit der Menschen. Es wird also eine Kette unterstellt: Testscore → Selbstbewusstsein → Glücklichkeit.

Um diese Kette zu rechnen, werden drei Modelle gerechnet. Zunächst ein direkter Effekt von Testscore auf die Glücklichkeit:

```
# (A) Direkter Effekt - X auf Y
m1<-lm(Glücklichkeit~Testscore,data)
summary(m1)

Coefficients:
            Estimate Std. Error t value Pr(>|t|)
(Intercept) 1056.022    125.810   8.394 5.27e-09 ***
Testscore     11.017      5.285   2.084   0.0467 *
```

Der Testscore zeigt sich als signifikanter Prädiktor für die Glücklichkeit (`p = 0.047`), unter absichtlicher Ignorierung anderer Einflussfaktoren. In einer einfachen linearen Regression entspricht der p-Wert des Prädiktors dem p-Wert des F-Tests, weswegen ich diesen hier ausgespart habe.

Anschließend wird der direkte Effekt von Testscore auf das Selbstbewusstsein gerechnet:

```
# (B) X auf M
m2<-lm(Selbstbewusstsein~Testscore,data)
summary(m2)

Coefficients:
            Estimate Std. Error t value Pr(>|t|)
(Intercept)  17.8178     2.3887   7.459 5.04e-08 ***
Testscore     0.2237     0.1004   2.230   0.0343 *
```

Der Testscore zeigt sich ebenfalls als signifikanter Prädiktor für das Selbstbewusstsein (`p = 0.034`), unter absichtlicher Ignorierung anderer Einflussfaktoren.

In einem dritten Schritt werden der parallele Einfluss von Selbstbewusstsein und Testscore auf die Glücklichkeit geprüft.

```
# (C) X und M auf Y
m3<-lm(Glücklichkeit~Selbstbewusstsein+Testscore, data)
summary(m3)

Coefficients:
                  Estimate Std. Error t value Pr(>|t|)
(Intercept)       225.8902   104.5991   2.160   0.0402 *
Selbstbewusstsein  46.5901     4.8169   9.672 4.22e-10 ***
Testscore           0.5929     2.7332   0.217   0.8299
---
Residual standard error: 120.2 on 26 degrees of freedom
Multiple R-squared:  0.8127,     Adjusted R-squared:  0.7983
F-statistic: 56.39 on 2 and 26 DF,  p-value: 3.499e-10

```

Hierbei zeigt sich, dass der Testscore kein signifikanter Prädiktor mehr für die Glücklichkeit ist, das Selbstbewusstsein jedoch schon. Offensichtlich gibt es keinen signifikanten Einfluss mehr durch den Testscore auf die Glücklichkeit, wenn das Selbstbewusstsein parallel ins Modell aufgenommen wird.

Schließlich kann mit der `mediate()`-Funktion des `mediation`-Pakets dieser indirekte Effekt auch weiter untersucht und quantifiziert werden. Hierzu müssen die Modelle (B) und (C) in diese Funktion gesetzt werden und die X-Variable als `treat =` und der Mediator als `mediator =` definiert werden. `Boot = T` ist ein empfohlenes Bootstrapping-Verfahren.

```
install.packages("mediation")
library(mediation)

results <- mediate(m2, m3, treat = "Testscore",
                   mediator = "Selbstbewusstsein", boot = T)
summary(results)
```

Der Output ist hierfür folgender:

```
Causal Mediation Analysis

Nonparametric Bootstrap Confidence Intervals with the Percentile Method

                Estimate 95% CI Lower 95% CI Upper p-value
ACME              10.424        2.966        17.89   0.004 **
ADE                0.593       -5.088         7.03   0.854
Total Effect      11.017        0.621        22.72   0.040 *
Prop. Mediated     0.946        0.486         2.72   0.040 *
---
Signif. codes:  0 '***' 0.001 '**' 0.01 '*' 0.05 '.' 0.1 ' ' 1
Sample Size Used: 29
Simulations: 1000
# ACHTUNG: Wegen Bootstrappings variieren die Ergebnisse bei jeder
Ausführung minimal.
```

Von besonderem Interesse ist hier `ACME`, der *average causal mediation effect*. Dies ist der indirekte Effekt vom Prädiktor »Testscore« über den Mediator »Selbstbewusstsein« auf das Kriterium »Glücklichkeit«. Er ist signifikant. Demnach konnte ein signifikanter indirekter Effekt beobachtet werden.

`ADE` ist der *average direct effect*, also der direkte Effekt des Prädiktors »Testscore« auf das Kriterium »Glücklichkeit«.

`Total Effect` ist die Summe von direktem (`10.424`) und indirektem Effekt (`0.593`).

`Prop Mediated` ist der prozentuale Anteil vom `ACME` am `Total Effect` (10.424/11.017 = 0.946).

14.3 Binär-logistische Regression

Eine binär-logistische Regression besitzt eine dichotome abhängige Variable. Klassische Untersuchungsszenarien sind die Identifikation von einer oder mehreren Einflussgrößen auf eine Krankheit (Krank, Gesund) oder eine Kaufentscheidung (Kauf, Nichtkauf). Zudem sagt das Modell vorher, mit welcher Wahrscheinlichkeit die abhängige Variable den Wert 1 annimmt.

Nullhypothese(n)

- Für das Modell im Likelihood-Ratio-Test: Das Modell leistet keinen signifikanten Erklärungsbeitrag.
- Für die Prädiktoren: Der Prädiktor hat keinen Einfluss auf das Kriterium.

Erneut verzichte ich an dieser Stelle auf streng mathematische Ausführungen und stelle die Durchführung und Interpretation in den Vordergrund. Die mathematischen Berechnungen im Hintergrund, speziell mit dem Logit-Modell entziehen sich sehr schnell der Vorstellungskraft und können bei Bedarf online auf Wikipedia oder in dedizierten Lehrbüchern[7] nachempfunden werden.

Eine multionomial logistische Regression ist analog zu rechnen und zu interpretieren. Allerdings werden im Output für die zweite bis *n*-te Ausprägung des kategorialen Prädiktors Konstanten angezeigt. Diese werden wie gewöhnlich nicht interpretiert.

14.3.1 Voraussetzungen

- Die abhängige Variable sollte binär/dichotom sein, also nur zwei Ausprägungen besitzen.
- Unabhängige Variablen können intervall- bzw. verhältnisskaliert oder dummycodiert sein.
- Ordinalskalierte unabhängige Variablen müssen entweder als intervall- bzw. verhältnisskaliert angesehen werden oder als Dummy codiert und interpretiert werden. Letzteres verbraucht mehr Freiheitsgrade und kann im Falle kleiner Stichproben kritisch für die Modellschätzung sein.
- Keine Multikollinearität.

14.3.2 Durchführung

Im fiktiven Beispiel ist das Kriterium eine »Krankheit«. Die drei Prädiktoren hierfür sind »Geschlecht«, »Alter« und »BMI«.

Die Voraussetzung Multikollinearität kann mit `ols()` des `rms`-Pakets und `vif()` geprüft werden:

7 Zum Beispiel Behnke, J. (2014). Logistische Regressionsanalyse: Eine Einführung. Springer-Verlag.

```
Install.packages("rms")
library(rms)

m <- ols(Krankheit ~ Geschlecht + BMI + Alter, data = data.bl)
vif(m)
```

Das Ergebnis zeigt keine bedenklichen VIF-Werte von > 10, auch die sehr konservative Grenze von 2 wird nicht überschritten.

```
Geschlecht=Frau              BMI           Alter
       1.127292         1.035601        1.162836
```

Somit liegt kein bedenkliches Niveau an Multikollinearität vor und es kann die binär-logistische Regression gerechnet werden.

Hierzu wird die `lrm()`-Funktion des `rms`-Pakets verwendet, die einen vollständigen Output liefert, der kaum Wünsche offenlässt (im Gegensatz zur `glm()`-Funktion). Das dichotome Kriterium wird gefolgt von ~ (AltGr + +) und den Prädiktoren (hier Geschlecht, BMI und Alter, jeweils durch + getrennt) eingegeben. Eine Faktorisierung von kategorialen Variablen (vgl. Abschnitt 4.7), speziell des Kriteriums, wird empfohlen. Die Modellergebnisse werden aufgrund weiterer späterer Verwendung in das Objekt `lmodel` gegeben.

```
lmodel <- lrm(Krankheit ~ Geschlecht + BMI + Alter, data = data.bl,
              x = TRUE, y = TRUE)
lmodel
```

14.3.3 Ergebnis

```
                      Model Likelihood
                            Ratio Test
  Obs            64   LR chi2       44.71
  Gesund         30   d.f.              3
  Krank          34   Pr(> chi2) <0.0001
 max |deriv| 1e-05

Discrimination     Rank Discrim.
        Indexes            Indexes
 R2          0.671    C          0.927
 R2(3,64) 0.479       Dxy        0.854
R2(3,47.8)0.582       gamma      0.855
```

```
Brier     0.111     tau-a    0.432

                    Coef      S.E.    Wald Z Pr(>|Z|)
Intercept          -34.9311 9.4892 -3.68  0.0002
Geschlecht=Frau     -2.2765 1.0723 -2.12  0.0338
BMI                  0.6106 0.1755  3.48  0.0005
Alter                0.3037 0.0934  3.25  0.0011
```

14.3.4 Interpretation

Das Ergebnis wird nachfolgend, aus Gründen der Übersichtlichkeit bei der Interpretation in drei Teilen sowie einem Zusatz, der sog. *ROC-Curve* dargestellt.

Modellzusammenfassung

```
                    Model Likelihood
                       Ratio Test
 Obs            64   LR chi2       44.71
 Gesund         30   d.f.              3
 Krank          34   Pr(> chi2) < 0.0001
max |deriv| 1e-05
```

`Obs` zeigt die Anzahl der Beobachtungen sowie darunter die Häufigkeit pro Ausprägung. Hier sind es 30 Gesunde und 34 Kranke.

Daneben findet sich der `Model Likelihood Ratio Test`. Das ist ein Likelihood-Quotient-Chi-Quadrat-Test. Dieser vergleicht das aktuelle Modell mit einem Modell ohne Prädiktoren (sog. *Nullmodell*). Die Teststatistik mitsamt den Freiheitsgraden (`df`) $Chi^2(3) = 44.71$ hat eine Signifikanz von $p < 0.001$. Der p-Wert liegt damit unter der typischen Verwerfungsgrenze von $\alpha = 0.05$.

Die Nullhypothese für das Modell, dass die Prädiktoren keinen signifikanten Erklärungsbeitrag leisten, wird somit verworfen. Hieraus kann geschlossen werden, dass das Modell mit den Prädiktoren Geschlecht, BMI und Alter besser geeignet ist als das Nullmodell ohne jene Prädiktoren.

Modellgüte

Zur Einordnung der Modellgüte dient der folgende Teil des Outputs:

```
Discrimination    Rank Discrim.
       Indexes          Indexes
R2         0.671    C        0.927
R2(3,64) 0.479    Dxy      0.854
R2(3,47.8)0.582   gamma    0.855
Brier      0.111    tau-a    0.432
```

Unter `Discrimination Indexes` findet sich `R2`. Das ist ein Pseudo-Bestimmtheitsmaß, um eine bessere Einordnung der Modellgüte vornehmen zu können. Aber Achtung, hier handelt es sich nicht um die Varianzaufklärung des Kriteriums, sondern lediglich um ein Pseudo-R^2, was den Vergleich mit anderen Modellen und deren Güte erleichtert. Hier ist mit `R2` das sog. *Nagelkerke* R^2, das Werte zwischen 0 und 1 erreichen kann, angegeben. Analog zur linearen Regression ist keine pauschale, sondern eine fachdisziplinspezifische Einordnung der Güte vorzuziehen.

Unter `Rank Discrim. Indexes` ist vor allem `Dxy` (= Somer's D) zu erwähnen. Es misst die Übereinstimmung aus Modellvorhersage und tatsächlicher Ausprägung des Kriteriums, das wir etwas später in einer sog. *ROC-Kurve* sehen werden.

Koeffiziententabelle

Schließlich ist die Koeffiziententabelle zu interpretieren. Der `Intercept` kann, wie auch bei der linearen Regression, ignoriert werden. Ein erster Blick geht auf die Signifikanzen. Diese liegen für alle Prädiktoren unter `α = 0.05`: Geschlecht (`p = 0.033`), BMI (`p < 0.001`) und Alter (`p = 0.001`). Somit kann allen Prädiktoren eine prädiktive Kraft in der Erklärung des Kriteriums, also ob die Probanden krank sind oder nicht, gegeben werden. Die Standardfehler (`S.E.`) und die standardisierten Wald-Statistiken (`Wald Z`) sind für die Interpretation nicht weiter wichtig.

```
                  Coef     S.E.   Wald Z Pr(>|Z|)
Intercept        -34.9311 9.4892 -3.68  0.0002
Geschlecht=Frau  -2.2765 1.0723 -2.12  0.0338
BMI               0.6106 0.1755  3.48  0.0005
Alter             0.3037 0.0934  3.25  0.0011
```

Anhand des Vorzeichens bei `Coef` kann erkannt werden, ob die Wahrscheinlichkeit, krank zu sein, höher oder niedriger ist, wenn die Prädiktoren eine höhere Ausprägung haben.

Beispiel: Der Koeffizient der intervallskalierten Variablen »BMI« ist mit `0.61` größer als `0` und somit steigt die Wahrscheinlichkeit einer Krankheit mit Zunahme des BMI – allerdings nicht linear mit `0.61` wie in der linearen Regression. Um die betragsmäßige Interpretation kümmern wir uns etwas später.

Gleichzeitig ist beim dichotomen »Geschlecht« erkennbar, dass der Koeffizient mit `-2.28` kleiner als `0` ist. Das bedeutet, dass für das Geschlecht mit der Ausprägung `Frau = 1` die Wahrscheinlichkeit, zu erkranken, niedriger ist. Bequemerweise wird dies hier auch direkt mit `Geschlecht = Frau` angezeigt.

Die betragsmäßige Interpretation der Prädiktoren erfolgt über deren jeweilige Odds-Ratios (vgl. hierzu auch Abschnitt 13.7). Sie müssen jedoch zuvor noch mit `exp(coef()` berechnet werden. Hierzu geben wir die im Objekt `lmodel` gespeicherten Modellergebnisse in die Funktion, die zusätzlich mit `round()` auf 3 Nachkommastellen gerundet wurde:

```
round(exp(coef(lmodel)),3)
```

Im Ergebnis erhält man folgende Odds-Ratios (OR). Das OR für den `Intercept` wurde bereits entfernt.

```
Geschlecht=Frau            BMI          Alter
          0.103          1.842          1.355
```

Da das OR bei Frauen `< 1` ist, kann das Reziprok gebildet werden (`1 / 0.103 = 9.71`). Die Aussage dreht sich dann aber um, wie auch der Koeffizient. Bei Männern ist die Wahrscheinlichkeit, dass sie erkranken, `9.71`-mal höher als bei Frauen, unter Konstanthaltung aller anderen Prädiktoren.

Die Formulierung, dass die Wahrscheinlichkeit von Frauen, zu erkranken, `0.103`-mal höher als bei Männern ist, ist nur schwer nachvollziehbar, weswegen dies umgewandelt wurde.

Für die die intervall- bzw. verhältnisskalierten Variablen »BMI« und »Alter« kann eine besser zugängliche Formulierung erfolgen:

Für jede Erhöhung des BMI um eine Einheit wird die Wahrscheinlichkeit einer Erkrankung mit dem 1,84-Fachen multipliziert (d.h. eine Erhöhung um 84 %), unter Konstanthaltung aller anderen Prädiktoren.

Analog wird für jede Erhöhung des Alters um eine Einheit die Wahrscheinlichkeit einer Erkrankung mit dem 1,36-Fachen multipliziert (d.h. eine Erhöhung um 36 %), unter Konstanthaltung aller anderen Prädiktoren.

Zusatz: ROC-Curve

Schließlich kann noch eine ROC-Curve (*Receiver Operating Characteristic*) angefordert werden. Hierzu bedarf es des `pROC`-Pakets und dessen `roc()`-Funktion. Allerdings muss dazu die logistische Regression mit der Basisfunktion von R erneut gerechnet werden, indem die `glm()`-Funktion verwendet wird. Die Formulierung des Modells ist analog zu `lrm()`, allerdings wird die binär-logistische Regression mit `family = binomial()` gerechnet.

```
install.packages("pROC")
library(pROC)
lmodel2 <- glm(Krankheit ~ Geschlecht + BMI + Alter,
               data = data.bl, family = binomial())
roc(Krankheit ~ lmodel2$fitted.values, data = data.bl, plot = TRUE)
```

Der Output ist zweigeteilt, zum einem textlich mit

```
Data: lmodel2$fitted.values in 30 controls (Krankheit Gesund) < 34
cases (Krankheit Krank).
Area under the curve: 0.927
```

sowie grafisch in Abbildung 14.7. Im Text-Output ist `Area under the curve: 0.927` angegeben. Das ist Somer's D aus der Modellgüte.

Für die Interpretation der Grafik in Abbildung 14.7 sollten die Begriffe »Sensitivität« und »Spezifität« bekannt sein, die sich an den Achsen finden.

Mitunter gibt es ROC-Curves, die an der x-Achse nicht die Spezifität, sondern die Falsch-positiv-Rate (1-Spezifität) abtragen.

Zur Erinnerung: Sensitivität ist im Kontext des Beispiels die korrekte Vorhersage einer Krankheit. Die Spezifität hingegen ist die korrekte Vorhersage keiner Krankheit, also dass der Mensch gesund ist.

In der oberen linken Ecke ist die Sensitivität 1 und die Spezifität 1. Das Modell hat alle Fälle korrekt klassifiziert und wäre ein perfektes Modell. Zur Erinnerung: Wir wissen, ob Patienten gesund oder krank sind, und unser Modell versucht, dies zu prognostizieren, und genau diese Gegenüberstellung aus »beobachtet« und »prognostiziert« sehen wir hier.

Je weiter sich die Kurve oben links befindet, desto mehr Fälle hat das Modell richtig klassifiziert. Im Beispiel handelt es sich um eine gute Klassifizierung und somit ein gutes Modell. Je näher die Kurve des Modells an der Diagonalen ist, desto schlechter ist es. Modelle mit einer nahe der Diagonalen liegenden Kurve sind demnach wertlos und es kann salopp ausgedrückt auch eine Münze zur Prognose geworfen werden.

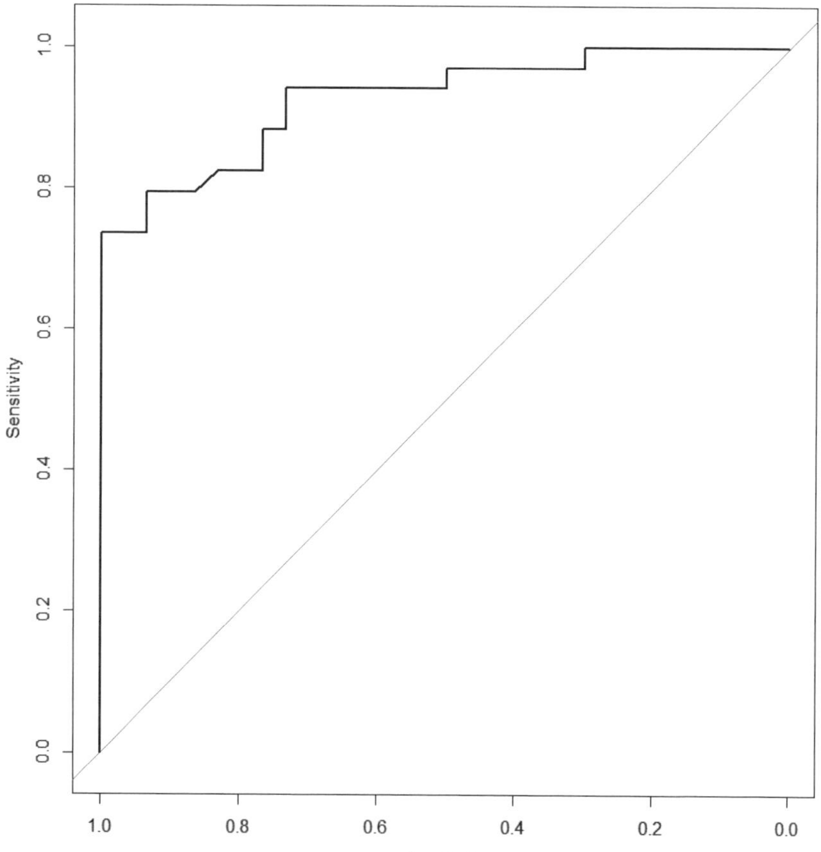

Abb. 14.7: ROC-Curve für die binär-logistische Regression

14.3.5 Reporting der Ergebnisse

Zu berichten ist die Chi²-Statistik samt Freiheitsgraden und p-Wert, die Modellgüte mit Nagelkerke R^2, wahlweise zusätzlich Somer's D. Die Signifikanz und Odds-Ratios der Prädiktoren sollten ebenfalls berichtet werden:

Das Modell zeigt mit `Chi²(3) = 44.71` einen signifikanten Erklärungsbeitrag des Modells. Die Modellgüte liegt bei `R² (Nagelkerke) = 0.67` sowie `Somer's D = 0.927`.

Geschlecht = Frau (`OR = 0.103`, `p = 0.034`), BMI (`OR = 1.842`, `p < 0.001`) und Alter (`OR = 1.355`, `p = 0.001`) zeigten sich als signifikante Prädiktoren für die Wahrscheinlichkeit einer Erkrankung.

Die Angabe einer Tabelle ist sehr zu empfehlen und kann analog zu Abschnitt 14.1 vorgenommen werden und wird hier nicht erneut gezeigt.

Für eine professionelle Ausgabe, speziell von großen Ergebnistabellen ist `RMarkdown` zu empfehlen. Dies würde aber den Rahmen dieses Buches deutlich sprengen.

14.4 Ordinal-logistische Regression

Die Debatte um die Anwendbarkeit einer linearen Regression bei einer ordinalskalierten abhängigen Variablen existiert schon eine Weile. Mittlerweile gilt als Konsens, dass lange Skalen, vor allem wenn im Fragebogen explizite Nummern mit angegeben sind, durchaus als metrisch (also intervall- bzw. verhältnisskaliert) angesehen werden können und eine lineare Regression statthaft ist.[8]

Dennoch gibt es Szenarien, in denen eine ordinale Regression zu rechnen ist, was nachfolgend geschieht. Die Merkmalsausprägungen sind hierbei in einer aufsteigenden Reihenfolge für die Variable »Motivation«: 1–5. Da die Abstände zwischen 1 »nicht motiviert« und 2 »wenig motiviert« nicht gleich zu 4 »etwas motiviert« und 5 »voll motiviert« sind, ist eine lineare Regression hier nicht angebracht.

8 Vgl. Moosbrugger, H., & Kelava, A. (2012). Testtheorie und Fragebogenkonstruktion, Springer. S. 55.

14.4.1 Voraussetzungen

- Die abhängige Variable sollte ordinalskaliert sein, also Ausprägungen besitzen, die eine Reihenfolge, aber keine identischen Abstände besitzen.
- Unabhängige Variablen können intervall- bzw. verhältnisskaliert oder dummycodiert sein.
- Ordinalskalierte unabhängige Variablen müssen entweder als intervall- bzw. verhältnisskaliert angesehen werden oder als dummycodiert und interpretiert werden. Letzteres verbraucht mehr Freiheitsgrade und kann im Falle kleiner Stichproben kritisch für die Modellschätzung sein.
- Keine Multikollinearität.

14.4.2 Durchführung

Im fiktiven Beispiel ist das Kriterium die Motivation, die drei Prädiktoren sind »Geschlecht«, »Bildungsjahre« und »Zufriedenheit«.

Die Voraussetzung »Multikollinearität« kann mit `ols()` des `rms`-Pakets und `vif()` geprüft werden:

```
Install.packages("rms")
library(rms)

m <- ols(Motivation ~ Geschlecht + Bildungsjahre + Zufriedenheit,
         data = data)
vif(m)
```

Das Ergebnis zeigt keine bedenklichen VIF-Werte von > 10. Die sehr konservative Grenze von 2 wird zwar überschritten, das mag aber an der im Hintergrund liegenden Korrelation von Bildungsjahren und Einkommen sowie Einkommen und Zufriedenheit liegen. Demzufolge wird eine Löschung eines Prädiktors an dieser Stelle nicht vorgenommen.

```
Geschlecht=Mann   Bildungsjahre   Zufriedenheit
       1.001902        2.212506        2.213888
```

Die ordinal-logistische Regression kann also nachfolgend gerechnet werden.

Hierzu wird die `orm()`-Funktion des `rms`-Pakets verwendet, die einen vollständigen Output liefert, der kaum Wünsche offen lässt. Das ordinalskalierte Kriterium wird gefolgt von ~ (AltGr + +) und den Prädiktoren (hier Geschlecht, Bildungsjahre und Zufriedenheit, jeweils durch + getrennt) eingegeben. Eine Faktorisierung von kategorialen, nicht dichotomen Variablen (vgl. Abschnitt 4.7) wird empfohlen. Die Modellergebnisse werden aufgrund weiterer späterer Verwendung in das Objekt omodel gegeben.

```
omodel <- orm(Motivation ~ Geschlecht + Bildungsjahre +
Zufriedenheit, data = data, x = TRUE, y = TRUE)
omodel
```

14.4.3 Ergebnis

```
Frequencies of Responses

  1  2  3  4  5
 16 18 11 12 14

                      Model Likelihood
                            Ratio Test
 Obs            71     LR chi2      15.04
 Distinct Y      5     d.f.             3
 Median Y        3     Pr(> chi2) 0.0018
 max |deriv| 9e-05     Score chi2   15.18
                       Pr(> chi2) 0.0017

Discrimination              Rank Discrim.
       Indexes              Indexes
R2                   0.199  rho      0.465
R2(3,71)             0.156
R2(3,67.9)           0.163
|Pr(Y>=median)-0.5| 0.162

                  Coef    S.E.   Wald Z Pr(>|Z|)
 y>=2             -0.7206 0.7239 -1.00  0.3195
 y>=3             -2.0322 0.7456 -2.73  0.0064
 y>=4             -2.8147 0.7931 -3.55  0.0004
 y>=5             -3.8242 0.8576 -4.46  <0.0001
 Geschlecht=Mann -0.1899 0.4271 -0.44  0.6565
 Bildungsjahre     0.0417 0.0734  0.57  0.5696
 Zufriedenheit     0.2201 0.1065  2.07  0.0388
```

14.4.4 Interpretation

Das Ergebnis wird nachfolgend aus Gründen der Übersichtlichkeit bei der Interpretation in drei Teilen dargestellt.

Modellzusammenfassung

```
Frequencies of Responses

  1  2  3  4  5
 16 18 11 12 14

                        Model Likelihood
                              Ratio Test
 Obs              71    LR chi2      15.04
 Distinct Y        5    d.f.             3
 Median Y          3    Pr(> chi2) 0.0018
 max |deriv| 9e-05      Score chi2  15.18
                        Pr(> chi2) 0.0017
```

`Frequencies of Responses` zeigt die die Häufigkeit pro Ausprägung an. 16-mal die 1, 18-mal die 2 usw.

Daneben findet sich der `Model Likelihood Ratio Test`. Das ist ein Likelihood-Quotient-Chi-Quadrat-Test. Dieser vergleicht das aktuelle Modell mit einem Modell ohne Prädiktoren (sog. *Nullmodell*). Die Teststatistik mitsamt den Freiheitsgraden (`df`) $Chi^2(3) = 15.04$ hat eine Signifikanz von `p = 0.0017`. Der p-Wert liegt damit unter der typischen Verwerfungsgrenze von $\alpha = 0.05$.

Die Nullhypothese für das Modell, dass die Prädiktoren keinen signifikanten Erklärungsbeitrag leisten, wird somit verworfen. Hieraus kann geschlossen werden, dass das Modell mit den Prädiktoren »Geschlecht«, »Bildungsjahre« und »Zufriedenheit« besser geeignet ist als das Nullmodell ohne jene Prädiktoren.

Modellgüte

Zur Einordnung der Modellgüte dient der folgende Teil des Outputs:

```
Discrimination              Rank Discrim.
       Indexes              Indexes
R2               0.199      rho      0.465
```

```
R2(3,71)             0.156
R2(3,67.9)           0.163
|Pr(Y>=median)-0.5| 0.162
```

Unter `Discrimination Indexes` findet sich `R2`. Das ist ein Pseudo-Bestimmtheitsmaß, um eine bessere Einordnung der Modellgüte vornehmen zu können. Aber Achtung, hier handelt es sich nicht um die Varianzaufklärung des Kriteriums, sondern lediglich um ein Pseudo-R^2, was den Vergleich mit anderen Modellen und deren Güte erleichtert. Hier ist mit `R2` das sog. Nagelkerke R^2, das Werte zwischen 0 und 1 erreichen kann, angegeben. Das Modell erreicht ein Nagelkerke R^2 von `0.199`. Analog zur linearen Regression ist keine pauschale, sondern eine fachdisziplinspezifische Einordnung der Güte vorzuziehen.

Koeffiziententabelle

Schließlich ist die Koeffiziententabelle zu interpretieren. Hier werden n-1 `Intercepts` angezeigt, die ignoriert und nicht interpretiert werden. Ein erster Blick geht auf die Signifikanzen. Diese liegen für die Prädiktoren »Geschlecht« und »Bildungsjahre« über `α = 0.05`. Lediglich »Zufriedenheit« wirkt signifikant auf die Motivation (`p = 0.04`). Die Standardfehler (`S.E.`) und die standardisierten Wald-Statistiken (`Wald Z`) sind für die Interpretation nicht weiter wichtig.

```
                 Coef    S.E.   Wald Z Pr(>|Z|)
y>=2             -0.7206 0.7239 -1.00  0.3195
y>=3             -2.0322 0.7456 -2.73  0.0064
y>=4             -2.8147 0.7931 -3.55  0.0004
y>=5             -3.8242 0.8576 -4.46  <0.0001
Geschlecht=Mann -0.1899 0.4271 -0.44  0.6565
Bildungsjahre     0.0417 0.0734  0.57  0.5696
Zufriedenheit     0.2201 0.1065  2.07  0.0388
```

Anhand des Vorzeichens bei `Coef` kann erkannt werden, ob die Wahrscheinlichkeit, eine höhere Ausprägung von Motivation zu beobachten, höher oder niedriger ist, wenn der Prädiktor »Zufriedenheit« eine höhere Ausprägung hat.

Beispiel: Der Koeffizient der intervallskalierten Variablen »Zufriedenheit« ist mit `0.22` größer als `0` und somit steigt die Wahrscheinlichkeit einer höheren Motivation mit Zunahme der Zufriedenheit – allerdings nicht linear mit

`0.22` wie in der linearen Regression. Zufriedenere Menschen sind demnach zunächst motivierter, unter Kontrolle des Geschlechts und der Bildungsjahre.

Die betragsmäßige Interpretation der Prädiktoren erfolgt über deren jeweilige Odds-Ratios (vgl. hierzu auch Abschnitt 13.7). Sie müssen jedoch zuvor noch mit `exp(coef()` berechnet werden. Hierzu geben wir die im Objekt `omodel` gespeicherten Modellergebnisse in die Funktion, die zusätzlich mit `round()` auf 3 Nachkommastellen gerundet wurde:

```
round(exp(coef(omodel)),3)
```

Im Ergebnis erhält man folgende Odds-Ratios (OR). Das OR für die `Intercepts` wurde bereits entfernt.

```
Geschlecht=Mann   Bildungsjahre   Zufriedenheit
          0.827           1.043           1.246
```

Das OR bei »Zufriedenheit« mit `1.25` besagt, dass die Wahrscheinlichkeit, dass eine höhere Stufe von Motivation vorliegt (d.h. 5 gegenüber 4 oder 2 gegenüber 1), 1.25-mal höher ist, wenn die Zufriedenheit um 1 Einheit steigt, unter Konstanthaltung aller anderen Prädiktoren.

Odds-Ratios von `< 1` können durch die Bildung des Reziproken (`1/OR`) verständlicher gemacht werden. Allerdings ist die Interpretation bzgl. des Kriteriums umzudrehen.

Beispiel: Das OR des Geschlechts für Männer ist `0.827`. Das Reziproke ist entsprechend `1/0.827 = 1.209` für Frauen. Wäre also das Geschlecht signifikant, wäre die Motivation für Frauen um das `1.209`-Fache höher, unter Konstanthaltung aller anderen Prädiktoren. Da die Signifikanz `> 0.05` ist, ist diese Interpretation nur illustrativ!

Für die intervall- bzw. verhältnisskalierte Variable »Berufserfahrung« kann eine besser zugängliche Formulierung erfolgen:

Für jede Erhöhung der Berufserfahrung um eine Einheit (hier ein Jahr) wird die Wahrscheinlichkeit, dass eine höhere Stufe von Motivation vorliegt (d.h. 5 gegenüber 4 oder 2 gegenüber 1) mit dem `1.041`-Fachen multipliziert (d.h. eine Erhöhung um `4.1 %`), unter Konstanthaltung aller anderen Prädiktoren. Achtung: Der Prädiktor ist nicht signifikant – die Ausführung ist nur exemplarisch für intervallskalierte Prädiktoren.

14.4.5 Reporting der Ergebnisse

Zu berichten ist die Chi^2-Statistik samt Freiheitsgraden und p-Wert, die Modellgüte mit Nagelkerke R^2, wahlweise zusätzlich Somer's D. Die Signifikanz und Odds-Ratios der Prädiktoren sollten ebenfalls berichtet werden:

Das Modell zeigt mit `Chi`^{2}`(3) = 15.04` einen signifikanten Erklärungsbeitrag des Modells. Die Modellgüte liegt bei `R`^{2} `(Nagelkerke) = 0.199`.

Zufriedenheit (`OR = 1.25`, `p = 0.04`) und Alter (`OR = 1.355`, `p = 0.001`) zeigte sich als signifikanter Prädiktor für eine erhöhte Wahrscheinlichkeit von Motivation.

Die Angabe einer Tabelle ist sehr zu empfehlen und kann analog zu Abschnitt 14.1 vorgenommen werden und wird hier nicht erneut gezeigt.

Für eine professionelle Ausgabe, speziell von großen Ergebnistabellen ist `RMarkdown` zu empfehlen. Dies würde aber den Rahmen dieses Buches deutlich sprengen.

Anhang

A.1 Übersicht der allgemeinen Befehle für Diagramme mit der Basisversion von R

A.1.1 Beschriftungen

- `main = " "` – Titel des Diagramms ändern
- `sub = " "` – Untertitel des Diagramms ändern
- `xlab = " "` – Beschriftung der x-Achse ändern
- `ylab = " "` – Beschriftung der y-Achse ändern

A.1.2 Schriftarten, Schriftvariation, Schriftgröße, Schriftfarben

Schriftart

In mit der Basisversion von R erstellten Diagrammen gibt es drei Schriftarten:

- `sans` – serifenlose Schriftart, ähnlich zu Arial
- `serif` – Serifenschriftart, ähnlich zu Times New Roman
- `mono` – Schreibmaschinenschriftart, ähnlich zu Courier

Innerhalb der jeweiligen `plot()`-Befehle wird die Schriftart für das komplette Diagramm mit z.B. `family = "mono"` geändert.

Schriftvariation

Die Schriftvariation wird auch *Schriftschnitt* genannt und beschreibt normalen Text, **fetten** Text, *kursiven* Text sowie ***fetten und kursiven*** Text. Sie wird mit `font` in Verbindung mit Zusatzargumenten angewandt, z.B. `font.main = 2` innerhalb von `plot()` für einen fett geschriebenen Titel.

- `font.main` – Titel
- `font.sub` – Untertitel
- `font.axis` – Achsenbeschriftung

- `font.lab` – Labels der Achsen
- `xlab = expression("Größe in m"^"2"*"geschätzt")` – Hochgestellter Text, hier z.B. an der x-Achse »m^2«
- `main = expression("H"[2]*"O"))` – Tiefgestellter Text, hier z.B. am Titel »H_2O«

Schriftgröße

Das Argument `cex` in Verbindung mit unten genannten Zusatzargumenten skaliert die Schriftgröße. `cex = 1` ist der Standard, `cex = 2` verdoppelt die Schriftgröße und `cex = 0.5` halbiert sie. Sie wird ebenfalls innerhalb von `plot()` verwendet.

- `cex.main` – Titel
- `cex.sub` – Untertitel
- `cex.axis` – Achsenbeschriftung
- `cex.lab` – Labels der Achsen

Schriftfarbe

Bezüglich der Farben können die Diagrammbestandteile ebenfalls angepasst werden. Mit `demo("colors")` besteht die Möglichkeit, sich sämtliche Farben anzeigen zu lassen, die mit `col` in Verbindung mit Zusatzargumenten angewandt werden können. Auch sie werden innerhalb von `plot()` verwendet.

- `col.main` – Titel
- `col.sub` – Untertitel
- `col.axis` – Achsenbeschriftung
- `col.lab` – Labels der Achsen

A.1.3 Achsenformatierung

Die Achsen können ebenfalls angepasst werden.

- `plot(xaxt = "n")` – x-Achse ausblenden
- `plot(yaxt = "n")` – y-Achse ausblenden
- `plot(xaxs = "i")` – x-Achse wird optisch nicht eingerückt, beginnt bei 0
- `plot(yaxs = "i")` – y-Achse wird optisch nicht eingerückt, beginnt bei 0

- `axis(3, at = seq(2,5, by = 1))` – 2. x-Achse, von 2 bis 5 mit 1er-Abständen. Separater Befehl außerhalb von `plot()`.
- `axis(4, at = seq(2,8, by = 2))` – 2. y-Achse, von 2 bis 8 mit 2er-Abständen. Separater Befehl außerhalb von `plot()`.
- `plot(las = 0)` – Achsenbeschriftung immer parallel zur Achse

  `las=1` – Achsenbeschriftung immer horizontal

  `las=2` – Achsenbeschriftung immer rechtwinklig zur Achse

  `las=3` – Achsenbeschriftung immer vertikal

A.1.4 Linienarten und Datenpunkteformate

Die folgenden Anpassungen von Linienarten und Datenpunktformaten sind auch für mit `ggplot2` erstellte Diagramme gültig.

Der Linientyp wird mit dem Argument `lty =` geändert, indem entweder die entsprechende Ziffer oder in " " die Bezeichnung angegeben wird.

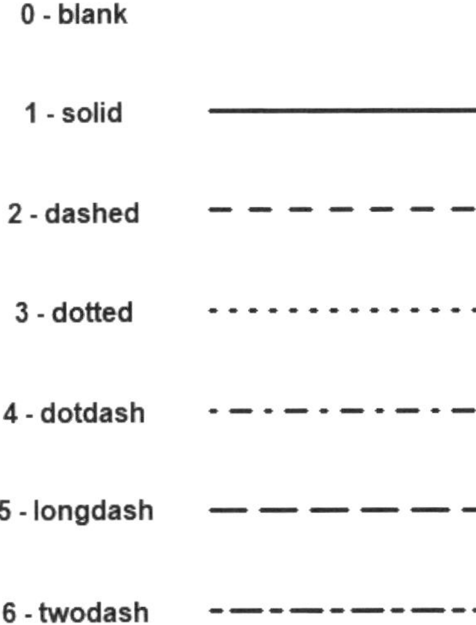

Abb. A.1: Überblick über Linienarten

Das Argument `pch =` verändert die Form des Datenpunkts mit Angabe der entsprechenden Ziffer.

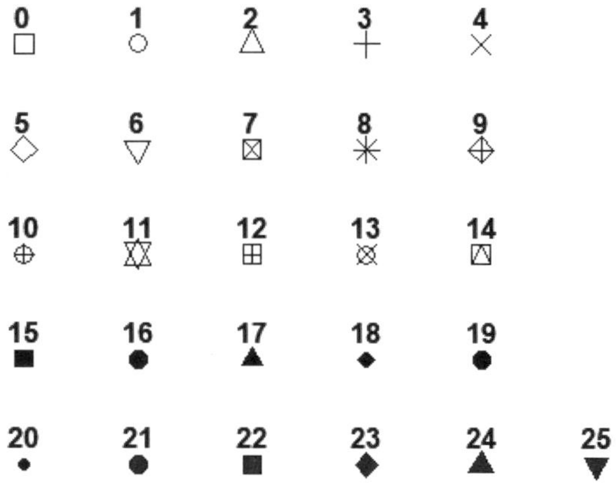

0 1 2 3 4

5 6 7 8 9

10 11 12 13 14

15 16 17 18 19

20 21 22 23 24 25

Abb. A.2: Überblick über Datenpunktformate

A.1.5 Legende

Eine Legende kann bei Bedarf mit dem `legend()`-Befehl eingefügt werden. Folgende Argumente können hierbei verwendet werden:

- `x =` und `y =` legen die Position der oberen linken Ecke der Legende fest.
- `Title =` legt den Legendentitel fest.
- `c("A", "B")` legt die Kategoriebeschriftungen fest, hier 2 (A und B).
- `col = c("darkblue", "darkred")` legt die Kategorienfarben fest, hier Dunkelblau und Dunkelrot.
- `lty =` legt die Linienart fest (Abschnitt 1.1.4).
- `pch =` legt das Datenpunktformat fest (siehe Abschnitt 1.1.4).
- `bg =` legt die Hintergrundfarbe der Legendenbox fest.
- `bty ="n"` entfernt den Legendenrahmen.
- `box.lty =` legt die Linienart des Legendenrahmens fest.
- `box.lwd =` legt die Dicke des Legendenrahmens fest.
- `box.col =` legt die Farbe des Legendenrahmens fest.

A.2 Übersicht der allgemeinen Befehle für Diagramme mit ggplot2

Wie bereits eingangs erwähnt, gibt es eine schier unendliche Vielfalt von Anpassungsmöglichkeiten von mit `ggplot2` erstellten Diagrammen. Diese hier aufzuführen, würde den Rahmen des Buches sprengen. Die wichtigsten Funktionen für die jeweilige Erstellung von Diagrammen sind nachfolgend aufgeführt:

- `geom_bar()`: Säulen- bzw. Balkendiagramm
- `geom_point()`: Streudiagramm
- `geom_line()`: Liniendiagramm
- `geom_histogram()`: Histogramm
- `geom_boxplot()`: Boxplot
- `geom_hline()` und `geom_vline()`: horizontale und vertikale Linien, z.B. als Referenzlinien

Weiterführende Informationen finden Sie im Überblick im sehr übersichtlichen Cheat Sheet: *https://raw.githubusercontent.com/rstudio/cheatsheets/main/data-visualization.pdf*

Glossar

Argument

Zusatzbefehl innerhalb einer R-Funktion.

Bootstrapping

Verfahren, das wiederholt zufällige Stichproben einer Verteilung zieht (sog. Resampling), um unbekannte Verteilungsfunktionen zu schätzen bzw. zu approximieren.

Dichotom – auch binär

Die Variable hat nur zwei Ausprägungen.

Dummycodiert

Möglichkeit, eine kategoriale Variable mit mehr als zwei Ausprägungen dichotom darzustellen und damit rechnen zu können. Jede kategoriale Variable mit n Ausprägungen kann mit n-1 Dummyvariablen dargestellt werden.

Funktion

Sammlung von Befehlen in R, die zur Berechnung oder Darstellung verwendet wird.

Gepoolte Standardabweichung

Gewichtete (gemeinsame) Standardabweichung für die beim t-Test mit unabhängigen Stichproben verwendeten Gruppen.

Item

Einzelne Variable, die mit anderen Items zusammen eine Skala darstellt und für die Messung latenter Konstrukte verwendet wird.

Lang-Format – auch Long-Format oder gestapelt

Stellt Messwiederholungen untereinander dar.

Latentes Konstrukt

Nicht direkt beobachtbarer oder messbarer Sachverhalt. Zum Beispiel ist Intelligenz nicht direkt messbar, kann aber mit Indikatoren (messbare Sachverhalte), sog. Items, operationalisiert werden. Latente Konstrukte werden durch Skalen abgebildet.

Likelihood-Ratio-Test

Verhältnis der Anpassungsgüte zweier statistischer Modelle zur Prüfung der Nullhypothese.

Likert-skaliert – auch ordinalskaliert

Beschreibt das Skalenniveau einer Variablen, das die Ausprägungen zwar in eine Reihenfolge zu bringen vermag, allerdings sind die Abstände zwischen den Ausprägungen unterschiedlich in ihrer Größe.

Mittelwertscore

Berechnung eines Mittelwerts für eine gewisse Anzahl an Items, die eine Skala repräsentieren.

Piping

Spezielle Technik, um in R Befehle übersichtlich zu schachteln bzw. zu verknüpfen.

Proxy

Verwendung eines empirisch erfassten Werts für einen empirisch nicht erfassten Wert, der inhaltlich ähnlich ist. Das Alter kann beispielsweise häufig als Proxy für die Berufserfahrung verwendet werden, da ältere Menschen in der Regel mehr Berufserfahrung besitzen.

Pseudobestimmungsmaß

Berechnung einer Kenngröße für den Modellfit im Rahmen einer logistischen Regression, die in ihrem Wertebereich an das Bestimmtheitsmaß der linearen Regression angelehnt ist.

Quer-Format – auch Wide-Format oder ungestapelt

Stellt Messwiederholungen nebeneinander dar.

Quartil

Unterteilung der Verteilung in vier gleiche Teile. 1. Quartil (25 % der Werte liegen unter dem 1. Quartil), 2. Quartil (50 %), 3. Quartil (75 %) sowie 4. Quartil (Maximalwert).

Quasi-metrisch

Variable, die in der Regel ein Mittelwertscore ist, der ein latentes Konstrukt abbildet.

Residuum

Unterschiedsbetrag zwischen geschätztem und beobachtetem Wert in linearen Modellen.

Skala

Messung eines latenten Konstrukts durch mehrere Fragen (»Items«).

Sphärizität

Annahme, dass die Varianzen der Unterschiede zwischen Zeitpunkten bei ANOVA mit Messwiederholungen gleich sind.

Variable

Gemessener oder errechneter Wert, der im Rahmen einer Analyse oder Darstellung verwendet wird.

Whisker

Antennen im Boxplot, die Maximal- und Minimalwerte anzeigen, die keine Ausreißer darstellen.

Wide-Format

Siehe Quer-Format.

Stichwortverzeichnis

D

E

T

U

V

W

Z

Philipp Hasper

C++ Schnelleinstieg

Programmieren lernen in 14 Tagen

Einfach und ohne Vorkenntnisse

- C++ programmieren lernen ohne Vorkenntnisse
- Alle Grundlagen für den professionellen Einsatz
- Einfache Praxisbeispiele und Übungsaufgaben

Mit diesem Buch gelingt Ihnen der einfache Einstieg in die C++-Programmierung.

Alle Grundlagen werden in 14 Kapiteln anschaulich und leicht nachvollziehbar anhand von Codebeispielen erläutert. Übungsaufgaben am Ende der Kapitel helfen Ihnen, das neu gewonnene Wissen schnell praktisch anzuwenden und zu vertiefen.

Der Autor führt Sie Schritt für Schritt in die Welt der Programmierung ein: von den Grundlagen über Objektorientierung bis zur Entwicklung von Anwendungen mit grafischer Benutzungsoberfläche. Dabei lernen Sie ebenfalls, was guten Programmierstil ausmacht und wie man Fehler in Programmtexten finden und von vornherein vermeiden kann.

So sind Sie perfekt auf den Einsatz von C++ im professionellen Umfeld vorbereitet.

ISBN 978-3-7475-0322-5

Probekapitel und Infos erhalten Sie unter:
www.mitp.de/0322